U0888754

普通高等教育教材

新污染物
分析方法与案例

陈春曌 李 月 陈 玲 主编

化学工业出版社
·北京·

内容简介

《新污染物分析方法与案例》聚焦环境科学前沿领域，系统阐述色谱分析技术在新污染物检测中的基础理论与创新应用。全书以新污染物的色谱分析为主线，重点介绍色谱及色谱-质谱联用技术原理，同时详述萃取、净化等关键预处理方法，构建了新污染物完整的分析体系。书中甄选16个具有代表性的典型案例，覆盖土壤、水体、大气、生物等复杂环境介质，通过对实际案例的深度剖析，生动呈现新污染物的赋存特征与迁移规律，实现理论知识与实践场景的融合衔接。

本书内容兼具科学性与实用性，既可作为高等院校环境科学、环境工程等环境类专业本科生、研究生的专业教材，也能为环境监测、分析检测领域的科研人员和技术工作者提供参考，助力提升新污染物精准识别与治理能力。

图书在版编目（CIP）数据

新污染物分析方法与案例 / 陈春婴，李月，陈玲主编. -- 北京：化学工业出版社，2026. 2. --（普通高等教育教材）. -- ISBN 978-7-122-49481-8

Ⅰ. X132

中国国家版本馆 CIP 数据核字第 2025B5P255 号

责任编辑：满悦芝　　　　文字编辑：郭丽芹
责任校对：宋　玮　　　　装帧设计：张　辉

出版发行：化学工业出版社
（北京市东城区青年湖南街 13 号　邮政编码 100011）
印　　装：北京科印技术咨询服务有限公司数码印刷分部
787mm×1092mm　1/16　印张 13　字数 296 千字
2026 年 2 月北京第 1 版第 1 次印刷

购书咨询：010-64518888　　售后服务：010-64518899
网　　址：http://www.cip.com.cn
凡购买本书，如有缺损质量问题，本社销售中心负责调换。

定　　价：58.00 元

目录

分析方法理论篇

第 1 章

第 2 章

介绍多元环境介质中新污染物分析的典型案例。参加编写的人员主要有陈春曌［北京师范大学（珠海）］、李月和杨静（华东师范大学），以及陈玲（同济大学）等，马瑜博士参与了本教材文字校对、统稿和图表绘制等工作。本教材兼具学术性与实用性，不仅适用于高等院校环境类专业本科、硕士和博士生“环境仪器分析”等类课程教学，还可满足环境监测、分析领域不同层次的科研人员及技术人员的学习与工作参考。

本书出版得到了化学工业出版社的大力支持，在此表示深深的谢意。

由于水平和经验有限，书中可能还存在疏漏和不足之处，敬请同行专家、学者和广大读者指正。

编　者

2025 年 10 月

前言

新污染物是一类进入环境后会使其组成和性质发生有害于人类的变化，引起极大关注但尚未被有效管控的物质。目前，国际上广为关注的新污染物主要有持久性有机污染物、内分泌干扰物、抗生素和微塑料四大类。与常规污染物相比，新污染物具有污染隐蔽性、环境持久性、种类多样性、危害复杂性、释放途径广泛性等特点，其污染已成为生态安全和人类健康的常态化威胁。随着工业化与城市化进程的持续推进，新的化学品和物质大量涌现，新污染物的种类与数量也在不断增加，其复杂性和不确定性给环境领域科学研究带来了前所未有的挑战。

在环境科学与交叉学科研究中，色谱分析技术以其卓越的分离效能与高灵敏度检测特性，成为新污染物定性定量分析的核心手段。该技术能够实现复杂环境介质中新污染物的高效分离，并通过精准的定量解析，系统阐明其存在形态、环境赋存浓度及空间分布特征。然而，环境样品基质的复杂性导致共存组分易干扰色谱分离与检测过程，影响分析结果的准确性与可靠性。环境样品预处理作为色谱分析的前置关键环节，通过萃取、净化、浓缩等标准化操作流程，可有效消除基质干扰，实现目标污染物的定向富集，显著降低基质效应，优化样品适用性。这一过程不仅能够提升色谱分离效率与检测灵敏度，更能确保分析数据的准确性与重现性，为新污染物的科学研究提供坚实的数据支撑。基于此，本教材系统整合色谱分析、色谱-质谱联用技术与环境样品预处理方法，构建从样品前处理到目标物检测的全流程技术体系，为新污染物的精准识别与定量分析提供理论与实践指导。

本教材以新污染物色谱分析方法和应用为核心，精心甄选 16 个典型实践案例，通过系统剖析，清晰展现新污染物在土壤、水体、大气等复杂环境介质中的存在形态与浓度分布，以促进色谱分析理论与工程实践的深度融合。读者可通过真实案例的学习，学会运用色谱技术解决环境新污染物检测难题，切实提升复杂环境问题的应对能力。同时，教材系统梳理了新污染物色谱分析技术体系，结合多元案例深入研讨，助力读者构建知识框架、培育科研思维、强化实践能力，为新污染物监测与管控筑牢理论与实践根基。

本书共分两篇：分析方法理论篇重点介绍新污染物分析的理论和方法，应用案例篇则是

应用案例篇

分析方法理论篇

第1章

新污染物分析概述

1.1 新污染物种类及其特征

新污染物（emerging contaminants）通常指那些在环境或生物体内新近发现或被关注，对生态环境或人体健康存在风险，尚未纳入管理或者现有管理措施不足以有效防控其风险的污染物。与此对应的是，国际上一般认为新污染物是指那些仅在过去二三十年中因缺少能够在复杂基质中检测痕量浓度（μg/L 水平）的分析方法而未被广泛研究的环境污染物。这些新污染物具有以下共同的特征。

① 长期性：能在环境中长期存在，不易降解。

② 生物蓄积性：易在生物体内累积，通过食物链传递，浓度逐渐增加。

③ 迁移性：能通过大气、水体等介质长距离迁移，影响范围广泛。

④ 复杂性：来源多，包括工业生产、农业使用、生活排放等，且化学结构复杂。

⑤ 潜在危害性：对人类健康和生态环境可能构成潜在威胁，如具有内分泌干扰效应、生殖毒性、致癌性等。

新污染物在生产、加工和消费的全过程均可能存在环境排放，即使在环境中的浓度很低，但数量庞大，进入食物链后，仍会对生态环境和人类造成相当大的伤害，而常规的污染物管控措施无法有效控制其环境风险。由于新污染物涉及行业众多，产业链长，替代品和替代技术研发较难，因此需要多部门跨领域协同治理，实施全生命周期环境风险管控。

目前国际上广泛关注的新污染物主要分为 4 大类，即持久性有机污染物（persistent organic pollutants）、抗生素（antibiotics）、内分泌干扰物（endocrine disrupting chemicals）以及微塑料（microplastics）。简要介绍如下。

1.1.1 持久性有机污染物

持久性有机污染物（POPs）是指人类合成的，具有持久性、生物积累性、生物毒性，并且能够进行长距离迁移的物质。表 1-1-1 给出的是《关于持久性有机污染物的斯德哥尔摩公约》（简称《斯德哥尔摩公约》、POPs 公约）中的物质名录，包括 2001 年首批列入的 POPs 共 12 种，2009 年第二批列入的 9 种以及 2011 年《斯德哥尔摩公约》缔约国大会以全体票数通过的硫丹。在过去的 20 多年里，这份“黑名单”在不断更新，目前已增至 36 类（详见本教材附录 A）。我国生态环境部发布的《重点管控新污染物清单（2023 年版）》列出了 14 类新污染物，其中 10 类属于 POPs 名录（详见本教材附录 B）。

表 1-1-1 持久性有机污染物名录

分类	用途	污染物
高急性毒性类	有机氯农药	艾氏剂、狄氏剂、异狄氏剂、滴滴涕、六氯苯、毒杀芬、氯丹、灭蚁灵、七氯、硫丹
	精细化工品	多氯联苯
	非故意生产副产品	多氯代二苯并对二噁英、多氯代二苯并呋喃
低急性毒性类	农药类	林丹、α-六氯环己烷、β-六氯环己烷、十氯酮、五氯苯、五氯苯酚及其盐类和酯类、三氯杀螨醇、甲氧滴滴涕、毒死蜱
	阻燃剂类	四溴二苯醚和五溴二苯醚、六溴二苯醚和七溴二苯醚、十溴二苯醚、六溴联苯、六溴环十二烷、得克隆、短链氯化石蜡、六氯丁二烯、多氯萘
	表面活性剂类	全氟辛酸及其盐类和相关化合物、全氟己基磺酸及其盐类和其相关化合物、全氟辛基磺酸及其盐类和全氟辛基磺酰氟、长链全氟羧酸及其盐和相关化合物
	紫外线吸收剂	UV-328 类有机物

注：表中信息更新至 2025 年 5 月。

《斯德哥尔摩公约》控制的有机污染物清单是开放性的，依据公约规定的筛选程序和标准可对清单进行修改和补充。通过不断更新和完善 POPs 名录，全球范围内对持久性有机污染物的管控力度不断加强，各国政府和企业积极采取有效措施减少和消除 POPs 的生产、使用和排放，共同保护人类健康和生态环境安全。

1.1.2 抗生素

抗生素（antibiotics）是由微生物（包括细菌、真菌、放线菌）或高等动植物所产生的具有抗病原体或其他活性的一类次级代谢产物，同时具有干扰其他生物细胞生长发育的化学物质。临床使用的抗生素主要是微生物的提取物以及使用化学方法半合成或者合成的。目前抗生素的种类已达千种，在临床上常用的亦有百种。其主要分为 5 类：β-内酰胺类（β-lactams）、四环素类（tetracyclines，TCs）、磺胺类（sulfonamides，SAs）、大环内酯类（macrolides，MLs）、喹诺酮类（quinolones，QNs）。除了上述几类外，还包括其他很多种类，如氯霉素类、多肽类、含磷多糖类等。由于抗生素并不能被生物体完全利用和吸收，其中60%～90%的抗生素短暂停留于生物体后，以原抗生素形态或代谢中间体的形式随排泄物排出。在我国许多河流中均不同程度地检出了磺胺类（SAs）、喹诺酮类（QNs）、大环内酯类（MLs）和四环素类（TCs）等抗生素，在农业土壤中四环素类土霉素、金霉素和四环素等检出频次逐年增多。由于抗生素半衰期较长，其在环境中的累积逐渐增多，给生态系统和人类健康带来潜在风险。

抗生素衍生物——抗生素抗性基因（antibiotic resistance genes，ARGs）是细菌为抵抗抗生素进化出来的一种基因，也是受关注度较高的新污染物。

在长期使用抗生素的过程中，占多数的敏感菌株不断被杀灭，而耐药菌株得到大量繁殖机会，从而代替了敏感菌株，使得细菌对该种药物的耐药性不断升高，药物的治疗作用就会明显下降。以葡萄球菌（MRSA）为例，我国20世纪80年代初，它对甲氧西林的耐药率为5%；目前甲氧西林已基本对MRSA无效。虽然人类新发现以及研制的抗生素药物还在不断地增加，但其速度却远远无法赶上耐药菌的繁殖速度。据报道，近年来已经在多地发现了超级耐药细菌，这类细菌携带编码NDM-1的基因，这种罕见酶的编码基因存在于大肠埃希菌的DNA中，促使其产生广泛的抗药性，人被感染后很难被治愈。编码NDM-1的基因复制能力超强，传播速度快，并且容易发生基因突变，因此携带该基因的细菌是一种非常危险的超级细菌。

全球抗生素的应用大致可分为两部分：一部分用于治疗人体细菌性疾病；另一部分则应用于农业、食品等领域，主要集中在养殖业。中国作为抗生素的生产和使用大国，消费量占比高达全球的50%。随着我国抗生素需求的持续扩大，2020年抗生素产量达到了22.3万吨。随着我国逐渐步入深度老龄化社会以及人们生活水平的提高，抗生素作为治疗感染性疾病的重要药物，其需求自然会随之上升。而由抗生素以及抗性基因带来的环境问题应引起高度关注。

1.1.3 内分泌干扰物

内分泌干扰物（EDCs）是一类外源性的干扰内分泌系统的化学物质，可以模仿、阻断或以其他方式干扰体内的天然激素，致使激素平衡改变，导致人类和动物的发育、生殖、神经和免疫系统问题。环境中典型EDCs主要有烷基酚类、双酚A、邻苯二甲酸酯类、有机氯农药和多氯联苯（PCBs）等。

这些物质能够干扰动物体内一系列与内分泌系统紧密相关的生理过程。EDCs可模仿或阻碍体内正常激素的生成与释放。例如，玩具中如果含有过量的邻苯二甲酸酯，儿童在接触过程中，该物质可能通过皮肤吸收进入体内，影响儿童的内分泌系统发育。再如双酚A这类常见的内分泌干扰物，能与雌激素受体结合，模拟雌激素的作用，影响生殖系统的正常发育与功能。同时，EDCs还可能干扰机体对激素的正常消除机制，使得激素在体内长时间累积，持续破坏内分泌系统的平衡。

1.1.4 微塑料

从首个完全人工合成的酚醛塑料问世至今，塑料的发明已有120余年，其工业化生产也超过60年。凭借质轻、价廉、易加工和安全性高等优势，塑料广泛应用于各领域，成为现代社会的“四大基础材料”之一。然而，塑料带来便利的同时，不规范生产、使用及废弃物处理引发的塑料污染也在增加资源环境压力。国际社会逐步认识和重视塑料污染的历程可分为三个阶段：从20世纪70年代到2017年，主要聚焦海洋垃圾和微塑料，部分国家出台了禁/限一次性塑料制品的政策；2018年起，各国开始结合循环经济理念推行塑料污染防治；2022年，第五届联合国环境大会续会通过《终止塑料污染决议（草案）》，启动制定具有法律约束力的国际文书，开启国际塑料污染治理合作新阶段。

作为新污染物，微塑料定义为尺寸≤5mm的异质混合塑料，包括塑料纤维、颗粒和碎片，主要来源是工厂为特定应用而加工制成的产品，如化妆品、药物载体以及工业工程应用等，次要来源是重复使用的塑料产品、环境因素降解塑料制品等。

微塑料在海洋环境中广泛存在，其体积微小，容易被海洋生物误食。例如，浮游生物会将微塑料颗粒当作食物摄入，并随着食物链的传递不断积累和放大。许多鱼类、贝类等海洋生物也会因误吞微塑料而导致肠道堵塞、营养不良甚至死亡。在我国土壤环境中，微塑料积累途径主要有过度使用的农用薄膜和地膜、土壤改良剂、农田灌溉用水以及大气沉降等。由于人们对塑料制品的需求量大，微塑料污染问题也越来越突出。虽然微塑料在土壤中积累对土壤生产力以及土壤质量所产生的直接影响尚未明确，但土壤质量对农作物的安全有着直接影响，因此还需对微塑料的潜在生态风险与高效降解途径深入研究，达到实时监管，从源头减少污染的目的。

1.2 新污染物环境行为和分析方法

1.2.1 新污染物环境行为

新污染物的出现和扩散，给生态系统带来了深远的影响。微生物、植物和动物在新污染物的影响下，其生理和生态功能可能遭到破坏，从而影响整个生态系统的平衡。同时，新污染物对人类健康的影响复杂且多样，涉及致癌、内分泌干扰、神经系统损伤以及免疫功能抑制等多个方面。

新污染物的环境行为主要涉及其在环境中的迁移转化和降解转化过程：

迁移转化：新污染物可以通过空气、水和土壤等介质在环境中迁移转化。它们可以从污染源附近扩散到更远的区域，甚至通过食物链在生物体内富集。在这个过程中，新污染物的化学性质可能会发生变化，如发生水解、氧化、还原等反应，生成新的化合物或降解产物。

降解转化：新污染物在环境介质中降解非常缓慢。由于新污染物的种类繁多且化学性质各异，因此其降解过程或降解产物往往十分复杂且难以预测。

新污染物的生物效应主要体现在对生物体的毒性影响方面，包括：

生物毒性：新污染物在环境中长期存在，会蓄积在生物体内，进而影响生物体的正常生理功能。新污染物多具有器官毒性、神经毒性、生殖和发育毒性、免疫毒性、内分泌干扰效应、致癌性、致畸性等多种生物毒性。

生态连锁损害：新污染物的毒性会对生态系统的各个层次产生影响，造成生态连锁损害。例如，部分新污染物可以干扰动物体内的内分泌系统，影响其繁殖和发育；而有些新污染物则可能对土壤中的微生物群落产生负面影响，进而影响整个生态系统的稳定性和功能。

影响物种多样性：新污染物在环境中大量且广泛存在会影响生态系统中的物种多样性，甚至可能导致某些敏感物种的灭绝或数量锐减，从而破坏生态平衡。

1.2.2 新污染物分析方法

针对特定的新污染物可以用传统分析方法检测，如气相色谱、气质联用、液相色谱、液质联用等。目前在新污染物分离、检测、定性定量方面出现了一些新技术，如基于高分辨质谱法的非靶向筛选方法、超声辅助萃取-气相色谱-质谱联用、被动采样与超高效液相色谱/高分辨率四极杆飞行时间质谱相结合等。其中，气相色谱-高分辨质谱联用（GC-HRMS）基于大气压光电离（APPI）界面已被证实能测定如多氯联苯、多环芳烃、邻苯二甲酸酯、中性含氟化合物以及多氯萘等污染物。

新污染物的分析方法主要包括筛查识别、定量分析等。下面将对这些新污染物分析方法进行详细阐述。

（1）筛查识别

随着工业的快速发展和新型材料的广泛应用，新污染物不断涌现，给传统的环境分析领域带来了巨大挑战。传统环境分析方法由于仅针对特定的已知污染物，难以应对日益复杂的污染现状。近年来发展迅速的非靶向高通量筛查技术恰好填补了这一空白。在这个过程中，样本中的各类化学物质都会被“记录在案”，通过专业的数据处理软件和强大的数据库比对，能够快速甄别并从海量信息中精准捕捉到新污染物的信息。例如，在对某化工园区周边土壤进行检测时，该技术凭借其高灵敏度和高分辨率，成功发现了此前未被关注的新型有机化合物，为后续的污染评估和治理提供了关键线索。

（2）定量分析

通过聚焦非靶向筛查“捕捉”到的新污染物信息，结合传统的靶向精准定量分析，调整监测重点，增加对该新污染物的监测频次和深度分析，能够全方位提升环境监测的效能与精度，确保及时发现并掌握新污染物的动态变化，为环境保护和污染治理提供有力的数据支持。

因此，非靶向高通量筛查技术与靶向定量分析结合，可同时对新发现污染物和已知污染物进行定量分析。如在某化工园区周边环境监测中，通过靶向定量分析掌握常规排放污染物的变化（污染物的准确含量、时空分布等），再利用非靶向高通量筛查技术筛查新出现的污染物（种类、可能来源等信息），可为污染治理提供全面且准确的信息，助力制定出更科学合理的治理策略。

1.3 新污染物标准和管控策略

1.3.1 新污染物及其相关标准

2024 年 9 月，我国生态环境部发布了《新污染物生态环境监测标准体系表（2024 年版）》（简称《体系表》）和新污染物生态环境监测标准体系框架图。《体系表》涵盖 170 项标准项目，包括生态环境监测技术规范、生态环境监测分析方法标准和生态环境标准样品三大类。监测介质主要为水和废水、环境空气和废气、土壤和沉积物、固体废物等。表 1-1-2 重点列出的是《体系表》对标《新污染物治理行动方案》要求，涵盖的国际公约《关于持久性有机污染物的斯德哥尔摩公约》以及我国当前《重点管控新污染物清单（2023 年版）》中所列持久性有机污染物、内分泌干扰物、抗生素等，同时也包含了微塑料等其他重点新污染物。

表 1-1-2 《体系表》涵盖的新污染物清单

序号	依据	新污染物指标
1	重点管控新污染物清单（2023 年版）	全氟化合物类：全氟辛基磺酸及其盐类和全氟辛基磺酰氟（PFOS 类）、全氟辛酸及其盐类和相关化合物（PFOA 类）、全氟己基磺酸及其盐类和其相关化合物（PFHxS 类）。 阻燃剂类：十溴二苯醚、短链氯化石蜡、得克隆及其顺式异构体和反式异构体、六溴环十二烷、多氯联苯。 内分泌干扰物：壬基酚。 挥发性有机物：六氯丁二烯、二氯甲烷、三氯甲烷、三氯乙烯、四氯乙烯。 有机氯农药类：氯丹、灭蚁灵、六氯苯、滴滴涕、α-六氯环己烷、β-六氯环己烷、林丹、硫丹原药及其相关异构体、三氯杀螨醇、五氯苯酚及其盐类和酯类。 抗生素。 微塑料
2	关于持久性有机污染物的斯德哥尔摩公约	全氟化合物类：全氟辛基磺酸及其盐类和全氟辛基磺酰氟（PFOS 类）、全氟辛酸及其盐类和相关化合物（PFOA 类）、全氟己基磺酸及其盐类和其相关化合物（PFHxS 类）。 阻燃剂类：十溴二苯醚、六溴二苯醚和七溴二苯醚、四溴二苯醚和五溴二苯醚、六溴联苯、六溴环十二烷、短链氯化石蜡、得克隆、多氯联苯、多氯萘。 二噁英类：多氯代二苯并对二噁英、多氯代二苯并呋喃。 有机氯农药：艾氏剂、氯丹、十氯酮、狄氏剂、异狄氏剂、七氯、六氯苯、六氯丁二烯、α-六氯环己烷、β-六氯环己烷、林丹、灭蚁灵、五氯苯、硫丹、滴滴涕、毒杀芬、五氯苯酚及其盐类和酯类

续表

序号	依据	新污染物指标
3	优先控制化学品名录（第一批）和优先控制化学品名录（第二批）	全氟化合物类：全氟辛酸（PFOA）及其盐类和相关化合物、全氟辛基磺酸及其盐类和全氟辛基磺酰氟（PFOS类）。 挥发性有机物类：1,3-丁二烯、1,1-二氯乙烯、二氯甲烷、三氯甲烷、1,2-二氯丙烷、三氯乙烯、四氯乙烯、六氯代-1,3-环戊二烯、六氯丁二烯、萘、苯、甲苯。 硝基苯：2,4-二硝基甲苯。 麝香类：二甲苯麝香。 氯苯类：五氯苯、六氯苯、1,2,4-三氯苯。 醛类：甲醛、乙醛。 内分泌干扰物：壬基酚及壬基酚聚氧乙烯醚。 阻燃剂类：短链氯化石蜡、十溴二苯醚、六溴环十二烷。 多环芳烃类：苯并[*a*]蒽、苯并[*a*]菲、苯并[*a*]芘、苯并[*b*]荧蒽、苯并[*k*]荧蒽、蒽、二苯并[*a*,*h*]蒽。 二噁英类：多氯代二苯并对二噁英和多氯代二苯并呋喃。 苯胺类：邻甲苯胺、*N*,*N*′-二甲苯基对苯二胺。 有机磷阻燃剂：磷酸三(2-氯乙基)酯、异丙基苯酚磷酸酯。 酚类化合物：2,4,6-三叔丁基苯酚、五氯苯酚及其盐类和酯类。 其他：烷基汞
4	第一批化学物质环境风险优先评估计划	全氟化合物类：全氟壬酸及其钠盐和铵盐。 邻苯二甲酸酯类：邻苯二甲酸二(*α*-乙基己基)酯、邻苯二甲酸二丁酯、邻苯二甲酸丁苄酯、邻苯二甲酸二异丁酯、邻苯二甲酸二辛酯、邻苯二甲酸二异癸酯、邻苯二甲酸二异壬酯。 挥发性有机物类：1,2-二氯乙烷、1,4-二氯苯、1,1,2,2-四氯乙烷、1-溴丙烷。 烷基酚及双酚A类：4-叔辛基苯酚、双酚A。 紫外吸收剂类：2-(2*H*-苯并三氮唑-2-基)-4,6-双(1,1-二甲基乙基)苯酚(UV-320)、2-(5-氯-2*H*-苯并三唑-2-基)-4,6-二(1,1-二甲基乙基)苯酚(UV-327)。 卡拉花醛。 有机锡类：三丁基锡化合物(类)。 有机磷酸酯类：三(2,3-二溴丙磷酸酯)磷酸盐、磷酸二甲酚(1∶3)酯

在图1-1-1涵盖的各种新污染物的分析方法标准中，不同物质中全氟化合物、微塑料、抗生素和壬基酚等指标的分析均使用液相色谱/三重四极杆质谱法，涉及60种方法标准；二氯甲烷、三氯甲烷和六氯丁二烯的分析多采用吹扫捕集/气相色谱-质谱法和顶空/气相色谱法，共8项方法标准已发布；二噁英类、六溴联苯醚类、多氯联苯和短链氯化石蜡分析采用气相色谱-高分辨质谱法，共涉及23项方法标准，其中2项已发布，其他为拟制定/在研状态。同时，短链氯化石蜡分析多采用液相色谱-高分辨质谱法。相关分析方法标准可参见生态环境部官方网站。

这些标准为我国新污染物分析提供了明确的技术规范和方法指引，有助于准确识别和监测新污染物，为新污染物治理提供有力支撑。

1.3.2 新污染物管控中环境分析的重要作用

国际上对新污染物认识进而管控的历程是一个逐步发展和完善的过程，涉及多个国际公

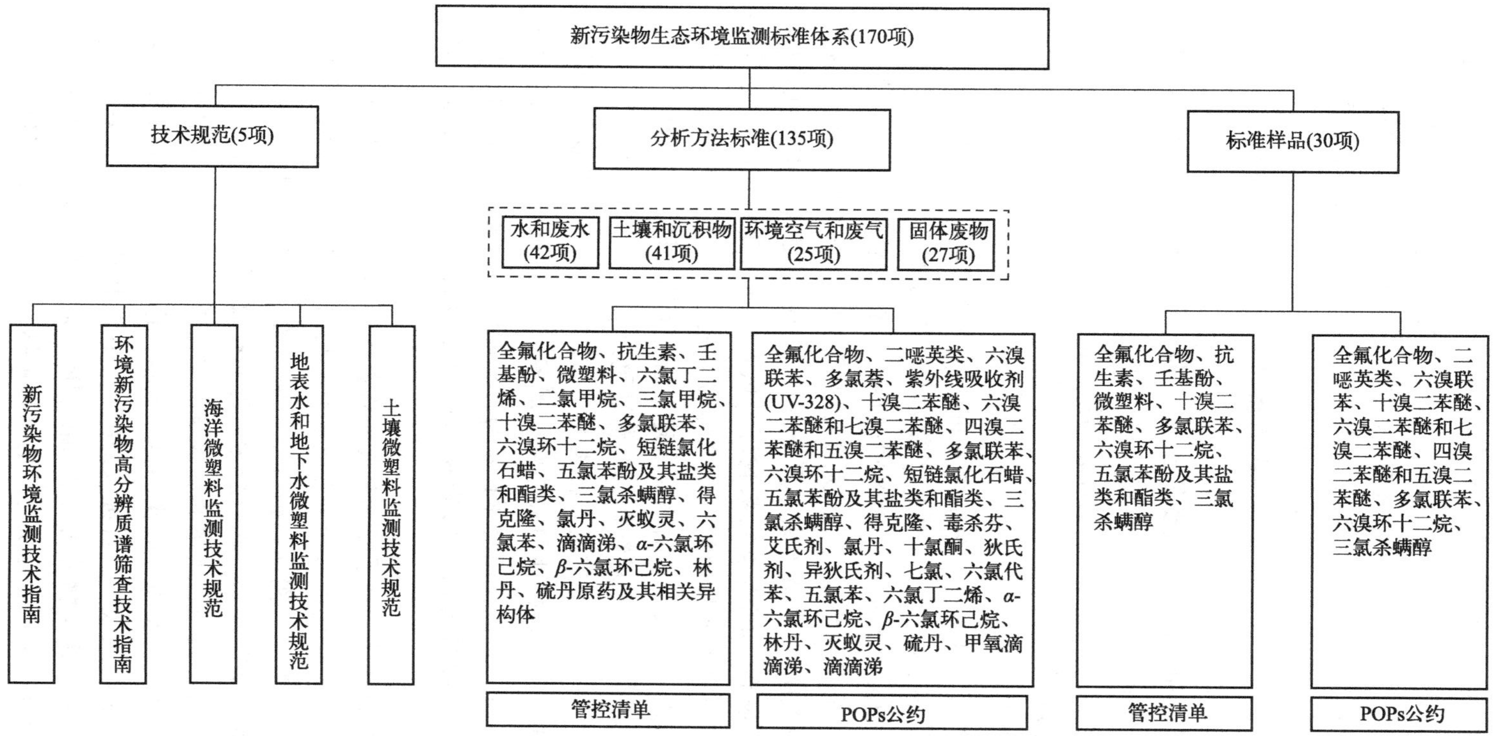

图 1-1-1　新污染物生态环境监测标准体系框架图（来源：生态环境部办公厅）

约和国家法规的制定与实施。世界各国管控历程简要介绍如下：

《斯德哥尔摩公约》的签署：2001 年，国际社会通过了《斯德哥尔摩公约》，旨在减少或消除持久性有机污染物（POPs）的环境风险。截至 2025 年 5 月该公约管控的持久性有机污染物已有 36 类，通过全球行动，其中十余类的生产和使用已在全球被淘汰。

美国相关法规：美国早在 20 世纪 70 年代就开始立法管控有毒有害化学物质的环境风险。美国环保署（USEPA）自 20 世纪 90 年代中期使用“emerging contaminants”来表示没有管理标准、因分析检测水平提高而在天然河流中被发现可能对水生生物有害的化学物质或其他物质。

欧盟的相关指令和项目：欧盟委员会 2005 年资助开展的 NORMAN 项目，是专门对新兴环境物质进行监测的项目。NORMAN 发布了常见的新兴物质和新污染物列表并动态更新。此外，欧盟还制定了关于水环境优先污染物的指令（Directive2013/39/EU），规定了新污染物的定义和管理要求。

中国的新污染物治理行动方案：

2020 年，党的十九届五中全会强调要重视新污染物治理；2022 年 5 月，国务院办公厅发布《新污染物治理行动方案》，明确了新污染物治理的总体要求、行动举措和保障措施；2022 年 10 月，党的二十大报告明确要求开展新污染物治理，这一决策高瞻远瞩且意义深远；2023 年 7 月，全国生态环境保护大会把新污染物治理作为国家基础研究和科技创新重点领域；2023 年 12 月，《中共中央　国务院关于全面推进美丽中国建设的意见》提出强化新污染物治理，明确到 2035 年新污染物环境风险得到有效管控的重大部署；2024 年 7 月，中国共产党第二十届中央委员会第三次全体会议通过的《中共中央关于进一步全面深化改革、推进中国式现代化的决定》明确要求建立新污染物协同治理和环境风险管控体系。这一系列重大部署，表明我国政府对新污染物治理更为重视，治理目标更加明确。

鉴于新污染物呈现出来源广泛、种类繁杂以及治理难度大等显著特征，在对其进行分析的过程中，面临选择性、多样性和未知性等诸多难题，同时还存在标准规范不完善的问题。在此背景下，加强新污染物环境监测技术与方法的研究，致力于研发出更为精准、高效的分析方法及检测手段，以提升对新污染物的识别与检测能力，已成为当前亟待解决的重要挑战。

环境分析技术的发展推动了新污染物管控技术的创新。随着对新污染物分析检测的深入研究，对其化学性质、环境行为和毒性机制有了更清晰的认识，为开发针对性的污染治理和修复技术提供了理论指导。例如，根据新污染物的分子结构和化学特性，研发高效的吸附剂、催化剂或生物降解剂，以实现对新污染物的有效去除或转化。

因此，基于新污染物分析领域的现状与需求，通过对过往针对新污染物所开展的各类分析方法，从理论基础、实验设计到实际操作流程，进行全面梳理；对成功应用案例，从应用场景、实施过程到最终成效，进行细致剖析。并在此基础上，逐步建立起一个结构清晰、内容翔实、分类科学的新污染物分析方法和案例库，对于推动统一标准的制定而言，意义重大且深远。不仅能为标准制定者提供可靠的参考依据，又有充足的实例可依，确保所制定的统一标准既具科学性，又有实用性与前瞻性。

环境分析技术贯穿于新污染物管控的全过程，从识别、监测到风险评估以及管控技术研发，都离不开先进的环境分析技术支持。基于此，本教材既有分析方法的理论分析，也提供了丰富的应用案例，旨在帮助拟开展新污染物研究的师生构建研究思路、设计实验方案；研究人员在面对复杂问题、寻求创新突破时，能借助其中切实可行的经验与方法，少走弯路。同时，新污染物分析技术也在持续创新和发展，其检测灵敏度、准确性和分析效率不断提高，必将在新污染物管控领域发挥更加重要的作用，为打赢新污染物治理攻坚战奠定坚实基础。

第2章

环境样品预处理

环境样品中有机物数量众多、种类繁杂。根据其挥发性、溶解性和极性的不同，这些有机物能够以离子态、胶体态或溶解态形式存在于不同的环境介质中，且其存在形式、浓度及结合方式差异也会比较大。因此，必须针对目标新污染物的化学结构、物理性质等特性，精准选择合适的预处理技术，如对挥发性和极性不同的新污染物，分别采用顶空固相微萃取、固相萃取等针对性技术。同时，鉴于新污染物在环境中常处于痕量水平，预处理技术需具备高效富集能力，处理过程中尽可能减少目标物损失，以提升仪器分析的检测灵敏度。例如，通过优化液-液微萃取的萃取剂种类和条件参数，实现对目标物的高效富集与高回收率。同时，为适配气相色谱-质谱（GC-MS）、液相色谱-质谱（LC-MS）等仪器分析检测手段，有时还需要多类型预处理方法的协同应用，保证提取试液能够满足仪器对试液浓度、形态以及纯净度的基本要求，以提升对复杂样品的分析能力。

预处理技术还应考虑绿色环保试剂的采用，减少有毒有害有机溶剂的使用，如离子液体萃取技术就具备挥发性低、毒性小的优势。

2.1 固相萃取

基于液相色谱分离原理的固相萃取（solid-phase extraction，SPE）技术，可近似看作一个简单的色谱过程。吸附剂作为固定相，而流动相是萃取过程中的水样。当流动相与固定相接触时，其中的痕量目标物就保留在固定相中。随后用少量的合适溶剂进行目标物洗脱，实现目标物的富集和纯化。

固相萃取根据吸附剂性质可分为四种：反相固相萃取、正相固相萃取、离子交换固相萃取和混合型固相萃取。对于水中有机物的预处理通常采用反相固相萃取。

2.1.1 固相萃取柱

图 1-2-1 给出的是固相萃取装置，在使用过程中，选择合适的固相萃取柱十分重要。通常，可根据待测目标组分的性质选择合适的 SPE 填料，萃取小柱已经商品化，主要有 ENVI-18、弗罗里硅土、离子交换树脂、石墨碳等填料形式，应用范围列于表 1-2-1。同时，依据目标物在水中浓度水平，选择填料的用量（200mg、500mg 或 1000mg 等）。

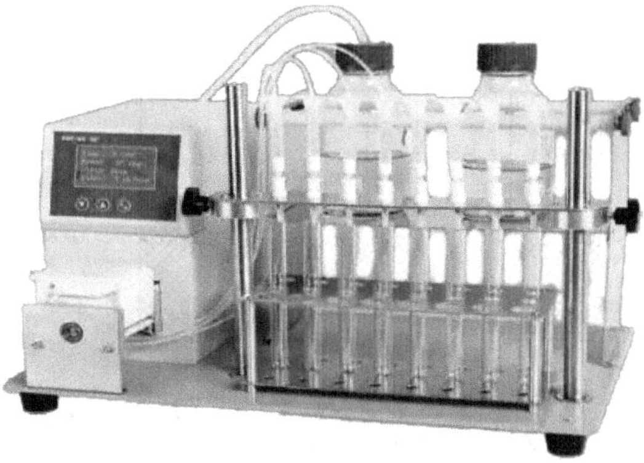

图 1-2-1 固相萃取装置

表 1-2-1 不同类型 SPE 吸附剂及相关应用

吸附剂	分离机理	洗脱溶剂	目标物性质	环境分析中的应用
键合硅胶 C_{18}、C_8	反相	有机溶剂	非极性～弱极性	氨基偶氮苯、多氯苯酚类、多氯联苯类、芳烃类、多环芳烃类、有机磷和有机氯农药类、烷基苯类、邻苯二甲酸酯类、多氯苯胺类、非极性除草剂类、脂肪酸类、氨基蒽醌类
多孔苯乙烯-二乙烯基苯共聚物	反相	有机溶剂	非极性～中等极性	苯酚、氯代苯酚、苯胺、氯代苯胺、中等极性的除草剂(三嗪类、苯磺酰脲类、苯氧酸类)
多孔石墨碳	反相	有机溶剂	非极性～相当极性	醇类、硝基苯酚类、相当大极性的除草剂、碳水化合物、有机酸
丙胺键合硅胶	正相	有机溶剂	极性化合物	有机酸、酚类、酸性农药(苯氧酸、草甘膦)、糖类
硅酸镁	正相	有机溶剂	极性化合物	醇、醛、胺、除草剂、杀虫剂、有机酸、苯酚类、类固醇类
离子交换树脂	离子交换	一定 pH 的水溶液	阴阳离子型有机物	苯酚、次氮基三乙酸、苯胺和极性衍生物、邻苯二甲酸类
抗体键合吸附剂	免疫亲和反应	甲醇/水溶液	特定污染物	多环芳烃、多氯联苯、有机磷、有机氯农药类及染料等

SPE 步骤包括：

① 活化：除去填料上杂质，并使疏水性填料溶剂化，以提高 SPE 的效率。

② 上样：水样以控制流速通过 SPE 柱，使目标物尽量吸附于吸附剂上（整个过程中，应避免液体流干导致气泡进入 SPE 柱）。

③ 淋洗：除去吸附于吸附剂上的少量杂质。

④ 洗脱：用合适溶剂尽可能完全地将待测分析物洗脱下来，收集用于后续仪器分析。

整个过程如图 1-2-2 所示。

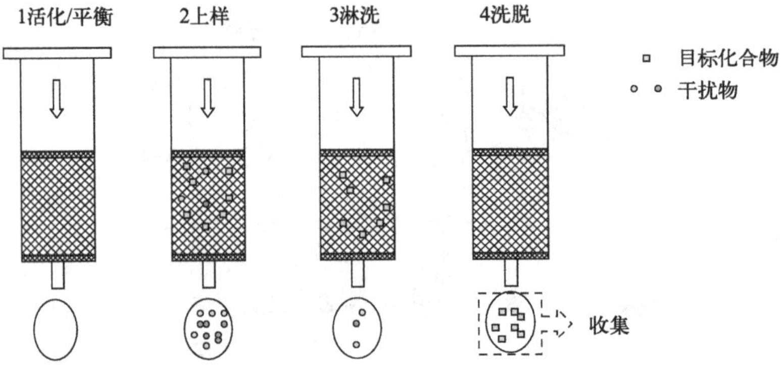

图 1-2-2　SPE 过程示意图

SPE 过程中，萃取填料的用量与目标物性质（极性、挥发性）及其在水样中的浓度直接相关。增加吸附剂用量可以增加对目标物的保留，并可通过绘制吸附曲线确定吸附剂用量。

在 SPE 中，洗脱溶剂的选择与目标物性质及使用的吸附填料密切相关。对反相吸附剂如键合硅胶 C_{18}，一般使用甲醇或乙腈作为洗脱溶剂。洗脱正相吸附剂吸附的目标物时，则要用到非极性有机溶剂，如正己烷、四氯化碳等。

离子交换吸附剂最常采用的洗脱溶剂是高离子强度（>0.5mol/L）的缓冲液，如一定 pH 的水溶液等。目的是中和目标物的官能团所带电荷［酸性物质要比其 pK_a 低两个单位，而碱性物质比其 pK_a 高两个单位，pK_a 为酸解离常数（K_a）的负对数］，或者中和键合硅胶官能团上所带电荷，这样静电吸引被破坏，目标物随之被洗脱。

为了确定洗脱溶剂的体积，建议通过多次洗脱法（小体积多次法），根据回收率的变化找到最佳的洗脱液体积。如果使用了较大体积的洗脱液，需要进一步采用氮吹浓缩步骤，来实现痕量目标物的富集浓缩目的。当然也可以尝试更换洗脱溶剂，洗脱溶剂的性质可参见表 1-2-2。

表 1-2-2 常用溶剂极性、沸点

溶剂名称	极性	沸点/℃	溶剂名称	极性	沸点/℃
正戊烷(*n*-pentane)	0.0	36	四氢呋喃(tetrahydrofuran)	4.2	66
石油醚(petroleum ether)	0.0	30～60	乙醇(ethanol)	4.3	79
己烷(hexane)	0.1	69	乙酸乙酯(ethyl acetate)	4.3	77
环己烷(cyclohexane)	0.1	81	异丙醇(*i*-propanol)	4.3	82
三氟乙酸(trifluoroacetic acid)	0.1	72	氯仿(chloroform)	4.4	61
环戊烷(cyclopentane)	0.2	49	甲基乙基甲酮(methyl ethyl ketone)	4.5	80
正庚烷(*n*-heptane)	0.2	98	二氧六环(dioxane)	4.8	102
四氯化碳(carbon tetrachloride)	1.6	77	吡啶(pyridine)	5.3	115
甲苯(toluene)	2.4	111	丙酮(acetone)	5.4	57
对二甲苯(*p*-xylene)	2.5	138	硝基甲烷(nitromethane)	6.0	101
氯苯(chlorobenzene)	2.7	132	乙酸(acetic acid)	6.2	118
乙醚(diethyl ether)	2.9	35	乙腈(acetonitrile)	6.2	82
苯(benzene)	3.0	80	苯胺(aniline)	6.3	184
异丁醇(isobutyl alcohol)	3.0	108	*N*,*N*-二甲基甲酰胺(dimethyl formamide)	6.4	153
二氯甲烷(methylene chloride)	3.4	40	甲醇(methanol)	6.6	65
正丁醇(*n*-butanol)	3.9	117	乙二醇(ethylene glycol)	6.9	197
乙酸丁酯(*n*-butyl acetate)	4.0	126	二甲亚砜(dimethyl sulfoxide)	7.2	189
正丙醇(*n*-propanol)	4.0	98	水(water)	10.2	100

2.1.2 固相萃取膜片

在对环境样品中痕量有机物进行富集与分析时，固相萃取（SPE）膜片起着至关重要的作用。固相萃取膜片（SPE disk），由聚四氟乙烯（PTFE）纤维薄膜与 SPE 吸附剂颗粒构成，主要用于大体积水样快速萃取。膜片类型多样，如 Empore™ 固相萃取膜片以聚四氟乙烯纤维为骨架，吸附剂颗粒小且分布均匀，其直径有 47mm 和 90mm 两种规格，厚度通常小于 1mm；还有杯型、柱型等不同形状的膜片（图 1-2-3）。膜片表面积大，适用于大体积水样快速萃取，能减少堵塞，提高萃取效率和重复性，在环境分析领域得到广泛应用。

近年来，SPE 膜片技术发展很快，带有特殊官能团的高分子聚合物（如分子印迹固相萃取材料等）被应用于 SPE 膜片的制备，这些特殊设计使得膜片对特定种类的有机物具有更强的选择性吸附能力，大幅提升了水中有机物的萃取效率和富集能力。以非极性有机物为例，富含疏水性官能团的膜片材料能显著提升这类物质的吸附和富集能力。同时，多层复合结构的 SPE 膜片通过结构组合形成不同功能层，使膜片既拥有高吸附容量，还具备良好的机械性能与化学稳定性。外层的坚固支撑层，能确保膜片在处理复杂水样时不易破损，而内层的高效吸附层则发挥着快速富集水中痕量有机物，实现精准萃取、富集的作用。

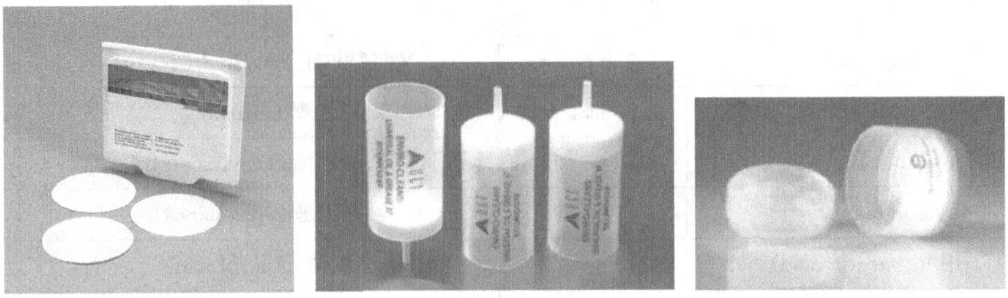

(a) 常规膜片　　(b) 柱型膜片　　(c) 杯型膜片

图 1-2-3　固相萃取膜片类型

2.1.3　固相微萃取

固相微萃取（solid phase micro-extraction，SPME）技术是 20 世纪 90 年代兴起的一项样品前处理与富集技术，属于非溶剂型选择性萃取法。其原理是分析组分在样品基质与萃取剂之间的分配平衡过程。其装置类似于一支气相色谱的微量进样器（图 1-2-4），萃取头是在一根石英纤维上涂上固相微萃取涂层，外套细不锈钢管以保护石英纤维不被折断，纤维头可在钢管内伸缩。

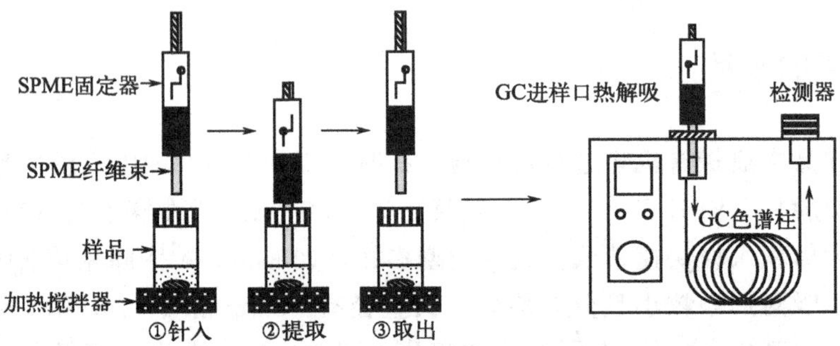

图 1-2-4　固相微萃取（SPME）与 GC 分析过程示意图

萃取过程：将纤维头浸入样品溶液中或顶空气体中一段时间，同时搅拌溶液以加快两相间达到平衡的速度，待平衡后将纤维头取出插入气相色谱汽化室，热解吸涂层上吸附的物质。被萃取物在汽化室内解吸后，靠流动相将其导入色谱柱，完成提取、分离、浓缩的全过程。

固相微萃取法可用于气相色谱和液相色谱分析。固相微萃取装置在气相色谱分析时操作比较简单，无需额外附件，已得到广泛应用。由于 SPME 法具有样品用量少、对待测物的选择性高、方便、快捷的特点，已成功地应用于气态、水体、固态中的挥发性有机物、半挥发性有机物以及无机物的分析。同时，SPME 法可以对环境中的污染物进行监测，如酚类、多氯联苯（PCBs）、多环芳烃、脂肪酸、胺类、醛类、苯系物（BTEXs）、非离子表面活性剂以及有机金属化合物、无机金属离子等。固相微萃取技术几乎可以用于气体、液体、固体及生物基质样品中各类挥发性或半挥发性物质的分析。经过短短 10 年的发展，该技术已在环境、生物、工业、食品、临床医学等领域的各个方面得到广泛的应用。

2.2 液液萃取

2.2.1 传统液液萃取

液液萃取（liquid-liquid extraction，LLE）法又称溶剂萃取分离法，是最经典的前处理方法。该方法是以物质在不同的溶剂中具有不同的溶解度为理论基础的。在含有待测物的水溶液中，加入与水不相混溶的有机溶剂，振荡，使其达到溶解平衡。目标组分进入有机相中，非目标组分仍留在水相中，从而达到萃取分离的目的。

（1）间歇萃取

通常在 60～125mL 的梨形分液漏斗中进行。将待萃取水样放入梨形分液漏斗中，加入一定体积的与水不相混溶的有机溶剂（或含有适宜的萃取剂）进行振荡，使物质在两相中达到分配平衡，静置分层后分离。

（2）连续萃取

连续萃取分为高密度溶剂萃取和低密度溶剂萃取两类方法。

当萃取溶剂相的密度比被萃取溶剂相的密度高时，采用装置 1（图 1-2-5）。圆底烧瓶中的高密度溶剂受热蒸发，蒸气在回流冷凝管中冷凝后形成萃取剂液滴，经转向口进入低密度被萃取溶液相，在流经被萃取溶液时，将待测物质萃取，萃取溶剂相经底部的弯管流回。

当萃取溶剂相的密度比被萃取溶剂相的密度小时，采用装置 2（图 1-2-6）。圆底烧瓶中的低密度萃取溶剂受热蒸发，蒸气在回流冷凝管中冷凝后形成净萃取溶剂液滴，滴入接收管中，当管中液柱的压力足够大时，萃取溶剂从管底部流出，流出的净萃取溶剂流经并萃取高密度溶液相，进入低密度的萃取溶液相，流回圆底烧瓶，如此循环，连续萃取。

（3）多级萃取

多级萃取又称错流萃取，将水相固定，多次用新鲜的有机相进行萃取，可提高分离效果。

2.2.2 液液微萃取技术

在很多实际样品分析时，样品量非常少，而且目标物浓度又非常低。通常，气相色谱

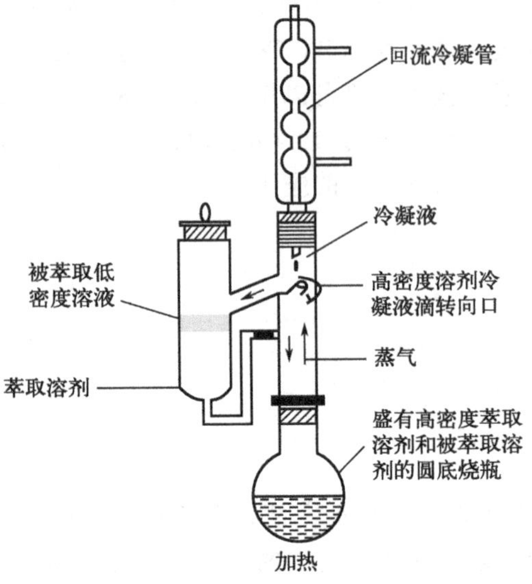

图 1-2-5 连续液液萃取法
(装置 1：高密度溶剂萃取)

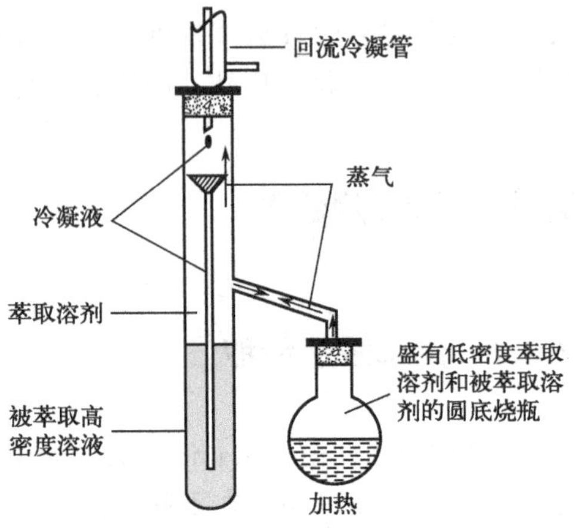

图 1-2-6 连续液液萃取法
(装置 2：低密度溶剂萃取)

(GC) 分析所需样品的体积约在 1～3μL；在高效液相色谱与石墨炉原子吸收光谱 (HPLC-GFAAS) 中，样品用量约 5～20μL。因此，传统的样品萃取方法对样品量以及萃取溶剂的用量要求会造成样品不必要的稀释以及试剂浪费。

鉴于固相微萃取 (SPME) 技术在高水溶性挥发性有机物的萃取方面存在的“瓶颈”，20 世纪 90 年代液液微萃取技术作为一种新的样品前处理技术问世并得到发展。液液微萃取技术最初是由 Jeannot 和 Cantwell 提出的，该技术是在液液萃取的基础上发展起来的。与传统液液萃取相比，液液微萃取技术灵敏度高、富集效果佳。同时，该技术集采样、萃取和浓缩于一体，操作简单，而且还具有快捷、廉价等特点。另外，液液微萃取技术所需要的有机溶剂非常少，一般只需几微升至几十微升，是一项环境友好的样品前处理新技术，特别适用于环境样品中痕量、超痕量有机污染物的前处理。

单滴液液微萃取的萃取过程非常简单，只需将悬挂有机萃取溶剂液滴的针头浸入水样中，搅拌萃取一段时间后，将悬挂的液滴吸回（不要将溶液中的水带入），并直接注入色谱分析仪器中进行检测分析。萃取时间依据目标物而定，萃取过程中对样品进行搅动，以加快目标物进入吸收液的速度。如图 1-2-7 所示，单滴液液微萃取是将萃取液滴直接浸入水样中进行的接触式萃取。此方法适用于水等和萃取剂不溶的极性液体样品。

大部分单滴液液微萃取技术的设计包括大体积的水溶液及小体积不溶于水的有机相液液萃取。单滴液液微萃取被广泛用于将疏水性的目标有机物转移到一滴有机溶剂中，然后再进一步进行气相色谱 (GC) 和高效液相色谱 (HPLC) 分析。

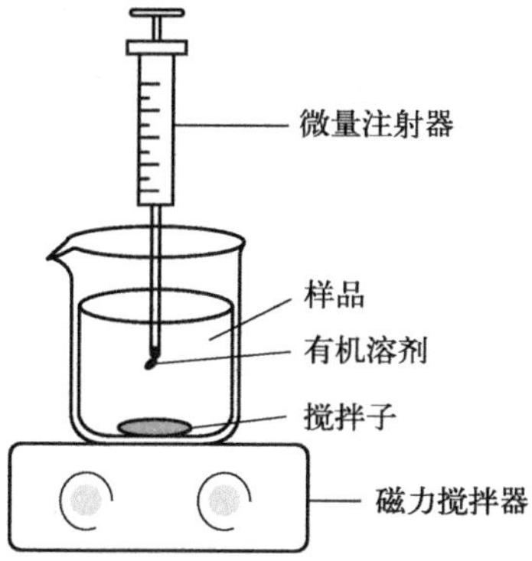

图 1-2-7　单滴液液微萃取示意图

2.3 索氏提取

索氏提取（Soxhlet extraction）器是利用溶剂回流及虹吸原理，使固体物质连续不断地被纯溶剂萃取，既节约溶剂，又提高萃取效率，其结构如图 1-2-8 所示。萃取前先将固体物质研碎，以增加固液接触的面积。然后将固体物质放在滤纸筒内，置于提取器中，提取器的下端与盛有提取溶剂的圆底烧瓶相连，上面接回流冷凝管。加热圆底烧瓶，使溶剂沸腾，蒸气通过提取器的支管上升，被冷凝后滴入提取器中，溶剂和固体接触进行萃取，当溶剂面超过虹吸管的最高处时，含有萃取物的溶剂虹吸回烧瓶，因而萃取出一部分物质，如此重复，使固体物质不断为纯溶剂所萃取，将萃取出的物质富集在烧瓶中。

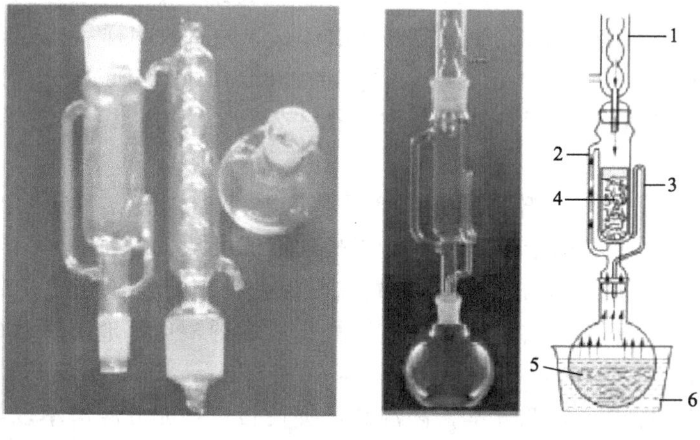

图 1-2-8　传统索氏提取器

1—冷凝管；2—蒸气导管；3—虹吸管；4—滤纸筒（固体样品）；5—提取瓶；6—水浴锅

传统的索氏提取方法存在着一些不足之处，如提取时间长、溶剂使用量大、手工操作烦琐等。基于传统索氏提取原理，智能化索氏提取（automated Soxhlet extraction）新技术问世，其基本结构如图 1-2-9 所示。智能化索氏提取实现了批量化和智能控制，提取条件可控，提取效率提高。

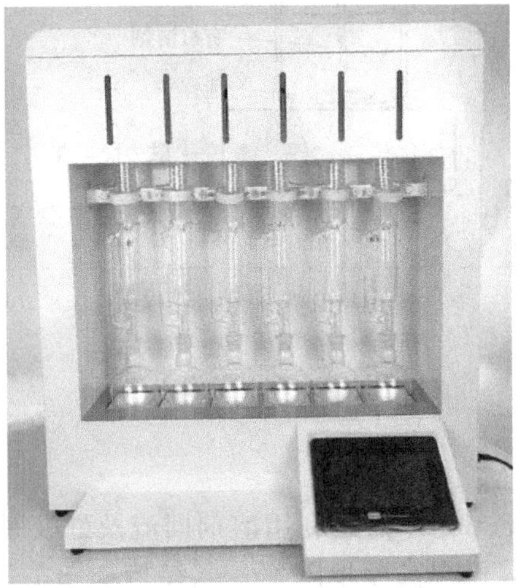

图 1-2-9 智能化索氏提取仪

2.4 加速溶剂萃取

加速溶剂萃取（accelerated solvent extraction，ASE）法又称加压液相萃取（pressurized liquid extraction，PLE）法。加速溶剂萃取法是一种高效的样品前处理技术，在较高温度（50～200℃）和压力（1000～3000psi，1psi=6.89476×10^3Pa）下，用有机溶剂对固体或半固体样品中目标有机物进行自动化萃取（图 1-2-10）。该方法已被美国环保署选定为推荐的标准方法。

ASE 原理基于三方面：①升高温度，降低溶剂黏度，加快溶剂分子扩散，减弱目标物与基质间相互作用，加速解吸溶解。例如，当提取液温度从 50℃升高至 150℃后，蒽的溶解度提高了约 15 倍。②提升压力，让溶剂在高温时保持液态，快速充满样品孔隙，提升传质效率。③依据相似相溶原理，按目标物性质选择合适溶剂，更好地溶解目标物。

ASE 优势明显，萃取高效快速，一般仅需 10～15min，远短于传统索氏提取方法；溶剂用量少，几十毫升即可，降低成本；高温高压促使目标物充分溶解萃取，萃取率高；自动化程度高，可批量处理，操作简便且减少人为误差。在环境监测、食品分析、药物研发、石油化工、土壤分析等领域应用广泛，能萃取土壤、沉积物中的多环芳烃和农药残留，食品中的脂肪、维生素，植物中的有效成分以及聚合物中的添加剂等多种目标化合物。

ASE是在高压下加热，高温时间一般少于10min。所以，热降解现象并不明显，但必须通过加萃取目标物标样的萃取实验来评价热降解的程度。

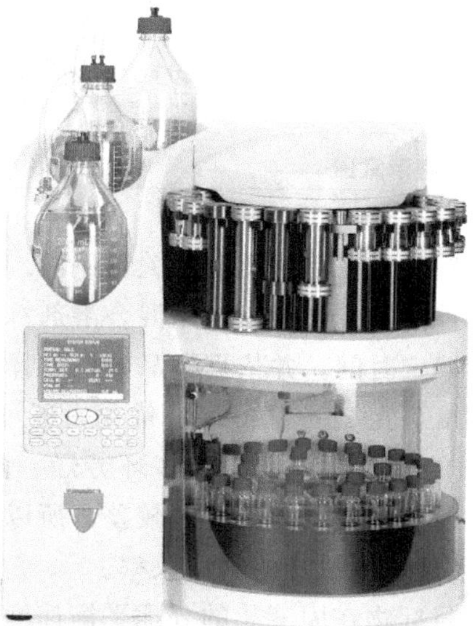

图1-2-10 加速溶剂萃取仪

2.5 微波辅助溶剂萃取

微波辅助溶剂萃取（microwave assisted solvent extraction，MASE）法是一种利用微波能量加速溶剂萃取目标分析物的高效样品预处理技术。

微波的频率范围在300MHz～300GHz之间，对应的波长约在1m～1mm之间。MASE的基本原理是基于微波对极性分子（如水或有机溶剂）的选择性加热作用。当样品与溶剂暴露在微波场中时，极性分子会快速吸收微波能量并产生剧烈振动，导致局部温度迅速升高。这种加热方式不仅使溶剂迅速渗透到样品基质中，还能破坏目标分析物与基质之间的相互作用力（如氢键、范德瓦耳斯力等），从而加速目标物的解吸和溶解过程。而且，微波加热是内部加热，热量直接作用于样品和溶剂，避免了传统加热方式的热传导损失，因此萃取效率更高，耗时更短。通常只需几分钟到十几分钟即可完成萃取，且溶剂用量少，适用于环境、食品、药物等领域中多种目标物的快速提取。图1-2-11是在线微波辅助溶剂萃取过程示意图。

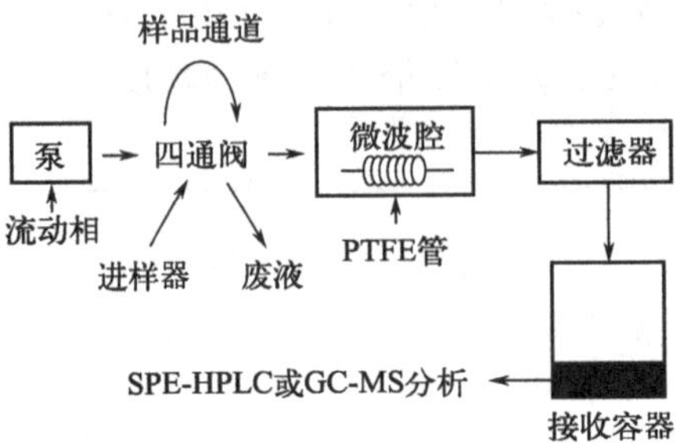

图 1-2-11　在线微波辅助溶剂萃取过程示意图

优化微波辅助溶剂萃取参数是提高萃取效率的关键手段。具体如下：从溶剂选择上，依据目标物性质选择极性或非极性溶剂，必要时采用混合溶剂；在微波参数设定方面，通过预实验优化功率、梯度时间实验确定时间，并依据样品特性选择萃取模式。样品前处理时，可控制其粒度和含水量；萃取温度可在 30～80℃区间优化，还可添加辅助剂来提升萃取效率。如在萃取样品中存在极性较弱的有机污染物（如多环芳烃、多氯联苯等），多选用正己烷、二氯甲烷等萃取剂，但非极性溶剂吸收微波的能力较差，所以常添加一定量互溶的极性较强的溶剂（如丙酮），改善萃取溶剂对微波能的利用效率。

微波萃取只是加快了萃取目标物在固液相的分配平衡速度，不能改变分配比；微波萃取结束，温度下降，部分萃取目标物会再次被吸附到固体基质上。所以单次萃取率有限，萃取率为 50%～80%，可通过多次微波萃取提高萃取率。

2.6　超声萃取

超声萃取（ultrasonic extraction）是借助超声波空化作用和振动匀化作用，加速介质质点运动，分散固体样品，增大样品与萃取溶剂之间的接触面积，提高目标物从固相转移到液相的传质速率，实现分析物从固相到液相的转移，便于后续分析。

超声萃取方法的机理主要表现为以下三个方面：①加速介质质点运动。高于 20kHz 声波频率的超声波在连续介质（例如水）中传播时，根据惠更斯波动原理，在其传播的波阵面上将引起介质质点（包括样品的质点）的运动，使介质质点运动获得巨大的加速度和动能。由于介质质点将超声波能量作用于萃取样品质点上并使之获得巨大的加速度和动能，使样品颗粒能迅速分散到萃取溶剂中。②空化效应。超声波在液体介质中传播产生特殊的“空化效应”，“空化效应”不断产生无数内部压力达到上千个大气压的微气穴并不断“爆破”产生微观上的强大冲击波作用在样品基质上，使其中有机污染物逸出基质，加速有机污染物的浸出提取。③超声波的振动匀化使样品介质内各点受到的作用一致，使整个样品萃取更完全。

影响超声萃取固体中有机物萃取效率的主要因素如下：

（1）萃取溶剂

依据目标有机物的性质选择合适的萃取溶剂。如对于非极性的有机物可选择非极性的有机溶剂，如正己烷、环己烷等；对于极性较强的有机物，如酚类化合物，则应选择极性溶剂，如甲醇、乙醇及其与水的混合溶剂。同时还要充分考虑溶剂的沸点和挥发性，沸点较低、挥发性较强的溶剂在超声萃取过程中容易挥发，不仅会造成溶剂损失，还可能改变萃取体系的组成，影响萃取效果，且挥发的有机溶剂会危害操作人员健康。因此使用这类溶剂时，需在通风良好处操作，并可考虑采用密封的萃取装置。

（2）超声频率和功率

不同有机物在合适的超声频率和功率下有最佳萃取效果。较高的超声功率可产生更强烈的空化效应，利于有机物萃取，但过高功率可能导致样品分解或溶剂过热。超声频率一般控制在 20～100kHz 之间，需根据具体样品和目标有机物优化。例如萃取热敏性有机物时，需采用较低的超声功率和频率，防止有机物降解。

（3）超声时间

适当延长超声时间可提高萃取效率，但超声时间过长可能引起副反应，如有机物的氧化、聚合等，且随着超声时间延长，萃取效率提高幅度会逐渐减小。通常超声时间可在 10～60min 之间优化，具体要依据样品性质、目标有机物含量等因素确定。

值得注意的是：超声时间延长或超声功率提升，都可能促进萃取剂在样品中的扩散和溶解，从而提高萃取效率，但过高的温度可能导致样品破坏或萃取剂挥发，影响萃取效率。因此，超声过程控制萃取体系的温度十分重要。

2.7 超临界流体萃取

超临界流体是指处于温度高于临界温度、压力高于临界压力的热力学状态的流体，其性质介于气体和液体之间，兼具气体和液体的特性，如二氧化碳、一氧化二氮、乙烯等，其中二氧化碳最为常用。

超临界流体萃取（supercritical fluid extraction，SFE）法是一种先进的有机物萃取技术。其原理基于超临界流体独特的性质，其密度接近液体，溶解能力较强，能有效溶解目标物质；而黏度又接近气体，扩散系数比液体大得多，传质速率快，能快速渗透到样品基质中。在萃取时，处于超临界状态的流体与样品充分接触，使目标成分溶解于其中，然后通过改变温度、压力等条件，使超临界流体变为普通气体或液体，从而与目标物质分离，实现萃取。

SFE 方法的优势在于：①常用的二氧化碳无毒、不燃、廉价且易与产物分离；②超临界流体的传质和溶解性能优异，大幅缩短萃取时间；③通过调节温度和压力可实现对不同物质的选择性萃取。

但 SFE 法对一些极性大、分子量大的物质，萃取效果欠佳，需要选择性地加入合适的夹带剂来改善萃取效果。目前，SFE 法广泛应用于环保、食品、医药、香料等领域，如从土壤中提取残留农药、从植物中提取有效成分、从咖啡豆中去除咖啡因等。

2.8 样品净化

环境样品，特别是沉积物、土壤、生物等固体或半固体样品，经过萃取后，萃取液中往往存在一定量共萃取的干扰组分。样品净化的目的主要是去除萃取液中的各类干扰物。例如，分析石油污染土壤中多环芳烃时，需要使用凝胶渗透色谱法（GPC）来去除高沸点的大分子，采用活性铜粉去除萃取液中的单质硫，利用硅胶来去除色谱分析中影响目标组分定量的干扰峰组分。

美国环保署公布的许多有机污染物测定方法要求采用相应的净化方法。例如，Method 8310 高效液相色谱法测定废物中 16 种多环芳烃，推荐使用 Method 3630 硅胶净化减少干扰物对分析测定的影响。许多基质要求同时采用多种净化方法来保证正常的分析测定，但每种净化过程都或多或少引起目标分析物的损失，降低分析的灵敏度。因此，在净化过程中，操作要格外仔细严格。

2.8.1 样品净化的常用方法

通常来讲，样品净化的常用方法有吸附色谱法、凝胶渗透色谱法、单质硫净化法。

2.8.1.1 吸附色谱法

吸附色谱法（adsorption chromatography）是色谱法的一种。根据萃取液中组分极性的不同，采用吸附材料（如氧化铝、硅胶、弗罗里硅土等）将一定极性范围的目标物与其他极性范围共萃取组分相分离。适用于大多数中等分子量样品（分子量小于 1000 的低挥发性样品）的分离，尤其是脂溶性成分，如有机氯/磷农药、多环芳烃、邻苯二甲酸酯、亚硝基胺等，一般不适用于高分子量样品如蛋白质、多糖或离子型亲水性化合物等的分离。

（1）氧化铝

色谱法用氧化铝为多孔、颗粒状氧化铝，可以在酸性、中性、碱性三种 pH 范围下进行色谱分离，分别称为酸性氧化铝、中性氧化铝和碱性氧化铝。碱性氧化铝（pH 为 9～10）可用于净化亚硝基胺类等碱性或中性有机物，不宜用于醛、酮、内酯等类型的化合物分离；因为有时碱性氧化铝可与上述成分发生次级反应，如异构化、氧化、消除反应等。中性氧化铝（pH 为 6～8）仍属于碱性吸附剂的范畴，可用于醛、酮、醌、酯、内酯等类型化合物的分离，如邻苯二甲酸酯类化合物的净化，但其吸附活性与碱性氧化铝相比大大降低，该吸附剂也适用于酸性成分的分离。酸性氧化铝（pH 为 4～5）主要用于分离酸性色素，在环境样品预处理中应用较少。

（2）硅胶

色谱法用硅胶是一种多孔性弱酸性物质，具有硅氧烷的交联结构，同时在颗粒表面又有很多硅醇基，其能通过氢键吸附水分，随着吸水量的增加硅胶的吸附力降低，含水率达到10%可使其失活。所以，硅胶在使用前要经过活化，即加热到150～160℃除去氢键吸附的水分。当温度升高至500℃时，硅胶表面的硅醇基也会脱水缩合转变为硅氧烷键而丧失活性。在环境样品预处理过程中，硅胶适用于多环芳烃、多氯联苯、有机氯农药等有机污染物的净化。

（3）弗罗里硅土

色谱法用弗罗里硅土呈碱性，学名硅酸镁，可用于农药残留和其他氯代碳氢化合物的净化，可用于从碳氢化合物中分离含氮碳氢化合物，从脂肪类化合物中分离芳烃类化合物，也可用于类固醇、酯、酮、甘油酯和糖类的分离。弗罗里硅土共有四种级别，其中只有两种（Florisil PR 和 Florisil A）适用于提取物的净化过程：Florisil PR 在 675℃下活化，主要用于农药残留的净化；Florisil A 在 650℃下活化，主要用于其他分析物的净化。

待分离的物质、吸附材料和洗脱剂是吸附色谱法中的三个关键要素，彼此紧密相关。在特定吸附剂与洗脱剂的条件下，各个组分的分离情况与该物质的结构、性质密切相关。对极性吸附剂而言，分离组分的极性越大，吸附力越强，目标物被洗脱下来，而极性较强的干扰物保留在吸附色谱柱中。

2.8.1.2 凝胶渗透色谱法

凝胶渗透色谱法（gel permeation chromatography）是一种通过分子筛效应、有机溶剂洗脱，按照分子量大小将萃取组分分离的分子排阻净化方法。

凝胶渗透色谱法的固定相是惰性的珠状凝胶颗粒，凝胶颗粒的内部具有立体网状结构，呈现多孔穴。当包含多种组分（分子大小不同）的样品进入凝胶渗透色谱柱后，各个组分就向固定相的孔穴内扩散，组分的扩散程度取决于孔穴的大小和组分分子尺寸。比孔穴孔径大的分子不能扩散到孔穴内部，完全被排阻在孔外，只能在凝胶颗粒外的空间随流动相向下流动，其经历的流程短，流动速度快，所以率先流出。较小的分子则可以完全渗透进入凝胶颗粒内部，经历的流程长，流出色谱柱的时间长，所以最后流出。分子尺寸介于二者之间的分子在流动中部分渗透，其流出的时间介于二者之间，分子越大的组分越先流出，分子越小的组分越后流出。样品经过凝胶后，各个组分便按分子从大到小的顺序依次流出，从而达到了分离的目的。这说明，可根据分离组分的分子量大小，选取合适排阻尺寸范围的凝胶，将其中大分子组分与小分子组分分离。

在环境样品预处理中，凝胶渗透色谱法主要用于去除样品中大分子高沸点物质，减少或避免分析柱及仪器受其污染。

2.8.1.3 单质硫净化法

单质硫具有独特的化学性质，能与样品中一些杂质发生化学反应。如许多有机污染物会与单质硫发生硫化反应，从而被固定或转化为其他易于分离的形态，使得样品中有机杂质得到有效去除，减少其对目标分析物检测的干扰。同时，一些重金属离子也能与单质硫形成沉淀或配合物，易于从样品中分离出来，实现对重金属杂质的净化。单质硫净化过程相对温和，能较好地保留目标物的原有形态和化学性质，在色谱、质谱等分析中能够更准确地测定目标物的含量和结构，提高了环境样品分析结果的准确性和可信度。

在土壤样品预处理中，单质硫能有效去除因工业污染、农业活动残留带来的有机污染物以及重金属杂质；对于水体样品，尤其是受工业废水、生活污水污染的水样，可有效去除其中的有机污染物和重金属离子；当需检测生物体（如植物、动物组织样品）内污染物积累情况时，可去除生物组织本身含有的脂类等干扰物质。因此，单质硫在不同类型的环境样品预处理中发挥着重要的净化作用。

2.8.2 生物脱脂净化

环境生物样品（如植物、动物组织及微生物）中脂类物质会给色谱、质谱等分析带来严重干扰。因此，在生物样品预处理过程中，选择性去除脂类的同时保留目标污染物（如有机污染物、药物残留等）是保证后续分析结果准确的重要基础。

常见的脱脂处理方法有：

（1）索氏提取法

这是经典的脱脂方法，利用溶剂回流和虹吸原理，使样品中的脂肪不断地被纯溶剂萃取。将样品包在滤纸筒内放入索氏提取器，选择合适的有机溶剂如石油醚，在加热回流过程中，溶剂反复萃取脂肪，直至提取完全。该方法操作简单、成本低，但耗时久，且大量使用有机溶剂，易造成环境污染。

（2）超声辅助提取法

借助超声波的空化作用、机械振动和热效应，加速脂肪从样品中溶出。把样品与适量有机溶剂混合，置于超声仪中，超声作用破坏细胞结构，使脂肪快速释放到溶剂里。此方法提取效率高、时间短，能减少溶剂用量，但可能对样品中某些成分有破坏作用。

（3）固相萃取法

基于目标物与固相萃取柱上固定相的相互作用实现分离。选择合适固相萃取柱，让样品溶液通过，脂肪被吸附在柱上，而目标成分流出。该方法选择性好、能有效去除杂质，还可实现自动化操作。如选用弗罗里硅土（Florisil）柱、硅胶（silica gel）柱或 QuEChERS 柱等选择性截留脂类，用于生物样品中多环芳烃、农药残留分析时的脱脂净化。

2.9 浓缩方法

浓缩方法在环境样品有机物预处理中主要用于提高目标物浓度，以满足检测要求。环境样品中的有机物浓度通常较低，通过浓缩可富集目标物，提升检测灵敏度和准确性。常用方法包括液液萃取（LLE）、旋转蒸发和固相萃取（SPE）等。LLE 利用目标物在不同溶剂中的分配差异实现浓缩；旋转蒸发通过减压加热去除溶剂；SPE 通过吸附-洗脱选择性富集目标物并去除干扰。浓缩过程需注意避免高温或氧化导致易挥发或热不稳定组分损失。合理选择浓缩方法可显著提高回收率和分析效率，为后续检测提供可靠基础。近年来，环境样品有机物预处理中的浓缩方法和技术取得了显著进展，逐步从传统的单一样品处理模式向高通量、自动化方向发展。新型浓缩技术如平行蒸发系统、高通量固相萃取装置以及在线浓缩联用技术的应用，不仅实现了批量样品的同步浓缩处理，还显著提高了浓缩效率和定量准确性。具体介绍如下。

2.9.1 KD 浓缩法

由于环境样品中目标物质的含量往往极低，而样品体积较大，直接检测不仅难度大，检测灵敏度也难以保证。KD 浓缩法（Kuderna-Danish concentration method）是一种基于减压蒸馏原理，在较低温度下使液体样品中的溶剂快速蒸发，实现目标有机物浓缩的方法，在环境样品分析领域应用广泛。

KD 浓缩装置主要由 KD 浓缩瓶、Snyder 柱和接收瓶组成，如图 1-2-12 所示。Snyder 柱是该装置的关键部件，其带有不同数量的球泡，这些球泡起到增加气液接触面积、提高蒸馏效率和分馏效果的作用。不同规格的 Snyder 柱适用于不同沸点范围和浓缩要求的样品，并可通过调节真空度控制蒸发速率。

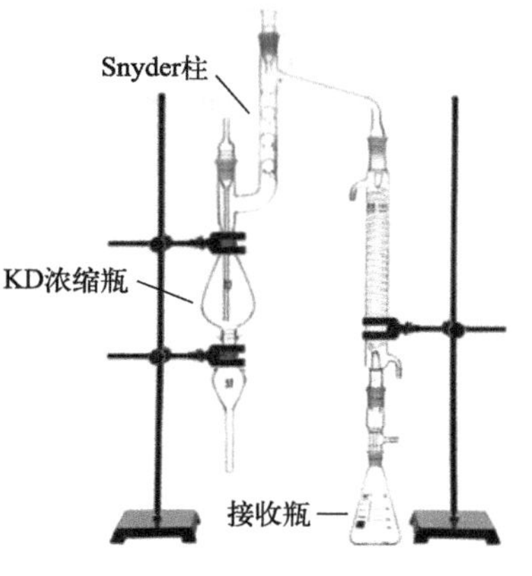

图 1-2-12 KD 浓缩装置

这种低温浓缩方式能避免高温导致的目标物质分解或挥发，尤其适用于浓缩对热不稳定的环境污染物，比如多环芳烃、有机氯农药等。经过 KD 浓缩，样品体积大幅减小，目标物质得以富集，从而显著提高后续检测分析的灵敏度。

2.9.2 氮吹浓缩法

氮吹浓缩法是一种利用高纯氮气加速溶剂挥发的样品前处理技术，广泛应用于环境、食品等领域中有机物的浓缩富集。其原理是通过将氮气以稳定流速吹向加热的样品表面，形成气液界面，促进溶剂快速蒸发，同时避免目标物氧化。操作时可通过控制氮气流速、加热温度和水浴条件，平衡浓缩效率与目标物回收率。为提高重现性，常配备自动定容功能。氮吹浓缩可与固相萃取、液液萃取等前处理技术联用，进一步净化样品。近年来，多通道平行氮吹仪（图 1-2-13）的发展显著提升了处理效率，而冷阱装置的引入则减少了易挥发组分的损失。尽管存在浓缩时间较长、可能引入污染等局限，但该方法具有操作简便、设备成本低、适用性广等特点，尤其适合挥发性和半挥发性有机物的浓缩。目前，氮吹浓缩仍是实验室常用的高效浓缩方法之一，在痕量有机物分析中发挥着重要作用。

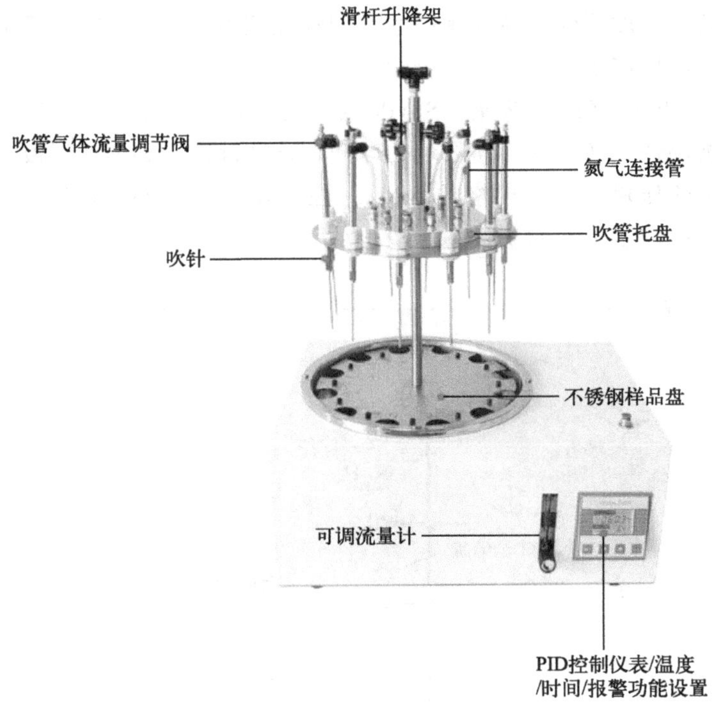

图 1-2-13　氮吹装置

2.9.3　真空平行浓缩法

真空平行浓缩仪是一种广泛应用于实验室的样品浓缩设备，其核心工作原理基于真空技术，通过降低溶剂的沸点来实现样品的快速浓缩和干燥。

真空平行浓缩仪主要由真空腔室和若干个相互独立又平行的浓缩通道（微流控样品盘）构成，还配有温度控制单元、冷凝回收系统和智能控制系统等，如图 1-2-14 所示。当把待浓缩样品置于真空腔室中，抽真空后，腔室内压力急剧下降，原本在常压下 100℃沸腾的水，在真空环境下可能只需几十摄氏度甚至更低的温度就能沸腾蒸发。这就使得样品在较低温度下实现了快速浓缩，有效避免了因高温导致的热敏性物质损失。装置配备多个相互独立又平行的浓缩通道，每个通道仅能放置一个样品管。在同一真空环境下，各通道内的样品同时进行浓缩操作，显著提高了实验效率，满足了现代科研和生产中对大量样品快速处理的需求。

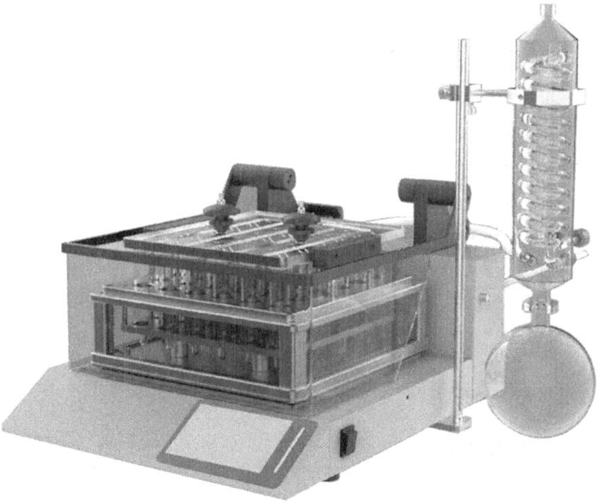

图 1-2-14　真空平行浓缩装置

在环境样品预处理中，真空平行浓缩法具有以下特点：

① 防交叉污染：通道间采用物理隔断+单向气流设计。

② 高通量处理：单次可完成 96 个样品同时浓缩，如水样中多环芳烃或有机氯农药的同步浓缩。进一步配合氮吹辅助功能，可将 100mL 水样浓缩至 0.5mL，富集倍数达 200 倍。

2.9.4　真空离心浓缩法

真空离心浓缩法结合了离心力、真空和加热技术，通过在真空状态下对样品进行离心分离，利用超低温冷阱捕捉并蒸发溶剂，实现样品的快速浓缩或干燥。

真空离心浓缩装置由离心系统、真空系统和温控系统三部分组成，如图 1-2-15 所示。

（1）真空系统

借助真空泵营造真空环境，真空度控制范围在 0.1～100mbar（1mbar＝100Pa）。在真空离心浓缩过程中，气压的降低促使溶剂沸点大幅下降，原本在常温下难以蒸发的溶剂，在低气压环境下能够在较低温度下迅速蒸发，加速了溶剂的蒸发进程，为样品的高效浓缩奠定了基础。例如，在标准大气压下，水的沸点为 100℃，但当气压降至 10mbar 时，水的沸点可降至约 7℃。

（2）离心系统

在真空环境形成后，离心力开始发挥关键作用。设备运转时，样品被固定在高速旋转的转子上，转速范围为800～2000r/min，随之产生强大的离心力。这一离心力促使样品均匀地分布在离心管的管壁上，溶剂的蒸发面积得以大幅增加。与传统静置蒸发方式相比，更多的溶剂分子能够直接与真空环境接触，从而加快了蒸发速度。

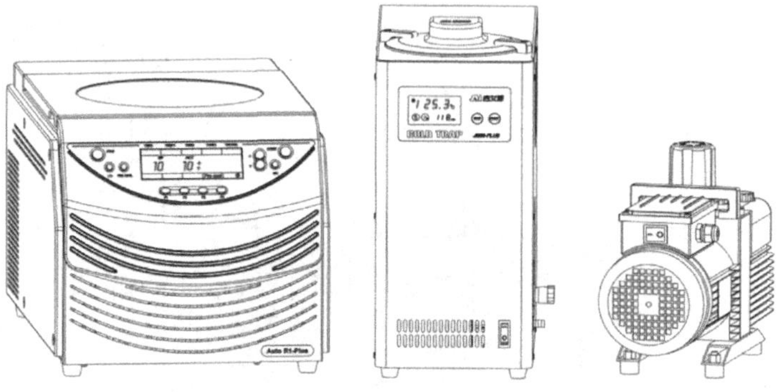

(a) 真空离心主机　(b) 冷阱　(c) 真空泵

图 1-2-15　真空离心浓缩成套装置示意图

(3) 温控系统

在真空离心浓缩过程中，一般将温度控制在室温至100℃范围内。为进一步提升溶剂的蒸发速率，温控系统通常会采用多种方式进行热量补给，常见的有电加热块加热、红外加热以及水蒸气加热等。以电加热块加热为例，电流通过电阻产生热量并传递至样品溶液，溶剂分子获得能量后，运动加剧，蒸发速率大幅提升。此过程中，尽管样品中目标物也吸收热量，但溶剂持续蒸发会带走大量热能，使样品温度保持相对稳定。这种热量调控方式，既能促使溶剂快速蒸发，又能避免温度过高破坏样品中的目标物，保障目标物的完整性与活性，为后续精准分析奠定基础。

与传统的旋转蒸发法相比，真空离心浓缩法在浓缩效率上具有显著优势。由于在低温、真空环境下进行，溶剂沸点大幅降低，离心力使样品均匀分布，增大了蒸发面积，加速了溶剂的蒸发，大幅提高了浓缩效率。该方法特别适用于热敏性强的样品处理。真空离心浓缩可以同时处理几十个样品，无交叉污染现象，样品溶液不产生泡沫，样品损失少。

真空离心浓缩样品常用溶剂有甲醇、乙醇、乙腈、乙酸乙酯、乙酸、二氯甲烷、二氯乙烷、苯、甲苯、正己烷、正庚烷、环己烷、水等。

新型真空离心浓缩系统已实现了全流程自动化操作，通过内置传感器和智能控制系统，自动识别样品类型，精准调节真空度、转速和温度等参数，大幅减少人为操作误差，提高了实验的重复性和可靠性。

第3章

新污染物色谱分析

色谱分析凭借其强大的分离与检测能力，成为新污染物研究的关键技术。以气体作为流动相的气相色谱（GC），适用于分析具有挥发性和热稳定性的新污染物，例如具有挥发性或半挥发性的有机氯农药、多氯联苯等；以液体作为流动相的液相色谱（LC），则适用于分析极性、热不稳定以及大分子的新污染物，如内分泌干扰物、抗生素等。超高效液相色谱（UPLC）的问世，进一步提高了分离效率和分析速度，能够在更短时间内实现对痕量新污染物的精确检测。色谱-质谱联用技术，如气相色谱-质谱联用仪（gas chromatography-mass spectrometry，GC-MS）、液相色谱-质谱联用仪（liquid chromatography-mass spectrometry，LC-MS），将色谱的分离能力与质谱的高灵敏度、高分辨率相结合，不仅可以准确给出新污染物的结构信息，还能在极低浓度下实现定量测定，为全面了解新污染物在环境中的分布、迁移转化规律以及风险评估提供了有力的数据支撑，在新污染物研究领域发挥着不可替代的重要作用。

3.1 气相色谱法

3.1.1 气相色谱仪

气相色谱仪主要由气路系统、进样系统、分离系统、检测系统和数据处理系统等部分构成，如图 1-3-1 所示。

（1）气路系统

气路系统包括气源、净化干燥管和载气流速控制及气体化装置，通过该系统可以获得纯净的、流速稳定的载气。常用的载气有氢气、氮气和氦气，纯度要求 99%以上。载气的选择除了要考虑对柱效的影响外，还要与分析对象和所用的检测器相配。

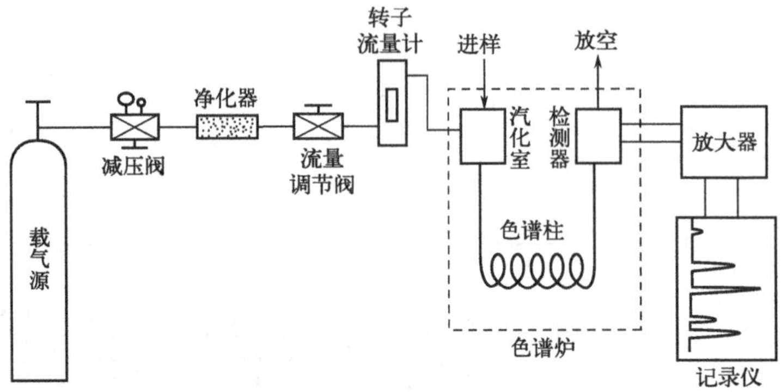

图 1-3-1　气相色谱仪结构示意图

（2）进样系统

由进样器、汽化室和加热系统组成。根据试样的状态不同，可采用微量注射器手动进样和自动进样器进样。汽化室的作用是将液体或固体试样瞬间汽化为蒸气。加热系统的作用是将液体或固体试样在进入色谱柱之前瞬间汽化，然后快速定量地载运到色谱柱中。

（3）分离系统

由柱室、色谱柱、温控部件组成。分离系统是色谱仪的心脏；色谱柱是色谱仪的核心部件，其作用就是把样品中的各个组分分离开来。

（4）检测系统

通常由检测元件、放大器、数模转换器三部分组成。检测器是色谱仪的眼睛，被色谱柱分离后的组分依次进入检测器，按其浓度或质量随时间的变化，转化成相应电信号。

（5）数据处理系统

对检测信号进行定量数据处理，绘制出色谱图，可测量色谱峰的面积，直接提供定量分析的准确数据。先进的气相色谱仪还配有电子计算机，并自动对色谱分析数据进行处理。

3.1.2　气相色谱柱及选择

色谱柱是实现样品中组分分离的关键。色谱柱的分离效能主要取决于柱中固定相的选择和制备工艺。同时，色谱柱的种类、材料、形状、尺寸，以及安装、密封、老化等都对样品的分离检测有较大影响。

在气相色谱中，流动相是气体，选择性比较小，欲达到满意的分离效果，关键是选用合适的色谱柱。色谱柱分为填充柱和毛细柱两大类。

① 填充柱：在柱内装有填料的色谱柱称为填充柱。

② 毛细管柱：柱子内径在 1mm 以下，通常为 0.1～0.53mm 的金属、石英管柱。

色谱的分离过程发生在色谱柱内部。由流动相输送样品流经色谱柱，与柱固定相发生作用，作用能力的不同导致组分最终的流出时间不同，进而实现分离。毛细管和填充柱相比，传质阻力小、渗透性大，若使用较长的柱子，可得到更高的理论塔板数和更好的分离效果。

色谱柱选择遵循“相似相溶”原理，其选择原则如下。

① 依据固定相性质选择：若分析非极性化合物，如烷烃类，非极性的二甲基聚硅氧烷固定相色谱柱是首选，二者通过范德瓦耳斯力相互作用，符合相似相溶原理，可保证良好分离效果。分析极性化合物，如醇类、酯类，要选极性固定相色谱柱。如聚乙二醇（PEG）类固定相，其分子结构含大量极性羟基，与极性目标物通过氢键、偶极-偶极相互作用，使目标物在柱内有足够保留时间，实现有效分离。

② 依据化学结构契合性选择：目标物含特殊官能团时，选择含类似官能团固定相的色谱柱。比如分析含氰基的化合物，含氰丙基的固定相色谱柱能与之产生更强相互作用，提升分离度，利于精准分析。

③ 依据目标物沸点特性选择：对于沸点低于 150℃的物质，如常见的挥发性有机化合物（VOCs）中的甲醛、苯等，宜采用短且内径小的毛细管柱，其柱效高、传质阻力小，能快速分离低沸点物质，防止峰展宽。并且，固定相膜厚要薄，以减少物质在柱内扩散，加快分离速度。沸点高于 300℃的物质，像多环芳烃等，需长毛细管柱增加分离路径，实现充分分离。同时，选择高沸点固定相，其热稳定性好，在高温下不易流失，能保证对高沸点物质的有效保留和分离，避免固定相分解影响分析结果。

④ 对于易形成氢键的样品：如醇、酚、胺和水等的分离，一般选择极性或氢键型的固定相，这时样品中各组分按与固定液分子形成氢键的能力大小先后流出，不易形成的先流出，最易形成氢键的最后流出。

3.1.3 色谱柱温度选择

色谱柱温度是气相色谱分析的关键参数，其会对分离度、分析时间、峰形等产生影响。对于沸点范围较窄且普遍低于 100℃的样品，如常见的挥发性卤代烃，柱温可设置为稍高于样品中最高沸点组分的温度，一般比最高沸点高 10～20℃。这样既能保证各组分快速汽化并在合理时间内出峰，又能避免因柱温过高导致峰展宽严重，影响分离度。当样品沸点高于 200℃，如多环芳烃类物质，柱温需接近或略低于样品平均沸点。以分析萘、蒽等多环芳烃为例，柱温可设定在 250～280℃。较高的柱温能使高沸点物质顺利汽化通过色谱柱，但又不能过高，防止固定相流失加剧、柱寿命缩短，同时避免某些热不稳定物质分解。

若混合物样品沸点跨度大，如从几十摄氏度到几百摄氏度，采用程序升温是理想选择。初始柱温设为低于低沸点组分的温度，以实现低沸点物质的良好分离；然后按一定速率升温，使高沸点物质在合适温度下汽化并分离。例如分析汽油样品，其中既有低沸点的轻质烃，又有高沸点的重质烃，初始柱温可设为 30℃，保持一段时间让轻质烃出峰，之后以 5～10℃/min 的速率升温至 250℃左右，完成重质烃的分离。

在对复杂样品进行精细分析，要求各组分完全分离时，适当降低柱温有助于提高分离度。较低柱温下，不同组分在固定相和流动相之间的分配平衡更充分，分子扩散相对较慢，相邻峰之间的分离效果更好。但柱温过低会使分析时间大幅延长，且峰形可能拖尾。因此，需在满足分离度要求的前提下，尽量选择较高一些的柱温。比如分析同分异构体时，可通过实验摸索，将柱温控制在使相邻峰分离度达到 1.5 以上的较低温度区间。

对于一些对分离度要求不太高、只需要快速得到大致组成信息的样品分析，可适当提高柱温。较高柱温能加快物质在柱内的传质速度，使各组分快速出峰，缩短整体分析时间。不过要注意，温度升高可能导致分离度下降，所以要平衡好分析时间和分离度的关系。例如在对工业废气进行快速筛查分析时，可将柱温提高到能使主要污染物在较短时间内出峰，同时又不严重影响关键组分分离的温度。

3.1.4 常用检测器

常用的检测器有热导检测器（thermal conductivity detector，TCD）、氢火焰离子化检测器（flame ionization detector，FID）、电子捕获检测器（electron capture detector，ECD）、火焰光度检测器（flame photometric detector，FPD）、氮-磷检测器（nitrogen-phosphorus detector，NPD）等。这几类典型检测器在环境领域的污染物识别、痕量浓度检测，以及污染物的积累、代谢、迁移和转换过程分析等方面都有广泛应用。下面简要介绍几种在新污染物分析中常用的检测器。

（1）氢火焰离子化检测器

氢火焰离子化检测器（flame ionization detector，FID）问世于 1957 年，它主要适用于含有碳氢键的有机物分析。FID 对水、空气没有响应，而几乎对所有有机物均有响应，稳定性好，特别适合于做微量到常量的常规有机物分析。

FID 的结构见图 1-3-2。从色谱柱中流出的待测组分气体在氢火焰中电离成带电粒子（正离子、负离子、电子），在电场中产生电流，通过电子部件放大后输出。当只有纯载气流过时，产生一个对流速恒定的电流，这个恒定电流就称基流，一般基流越小越好。当载气中含有被测样品时，组分分子被电离，电荷粒子数目显著增加，电流增大，于是信号被记录，形成的离子主要是 CHO^+，其与水蒸气进一步发生离子-分子反应，产生大量的水合氢离子 H_3O^+。因此，H_3O^+ 是氢火焰电离生成的主要离子。当有机化合物燃烧时，产生的离子数量增加，极化电压把这些离子吸收到火焰附近的收集极上，产生的电流与燃烧的待测组分量成正比，此电流可被电流计检测并转换成数字信号。FID 要求选择的主要参数是极化电压、载气的种类和纯度、气体流速与配比、检测器的温度等。

（2）电子捕获检测器

电子捕获检测器（electron capture detector，ECD）主要用于含卤族元素等电负性较强的有机物检测。ECD 灵敏度高、选择性好、结构简单、操作方便，但线性范围略窄。图 1-3-3 是 ECD 的结构示意图。当纯载气分子通过离子源时，在 β 粒子的轰击下会被电离，生成正离子和自由电子。在所施加电场作用下，离子和电子将作定向移动，因为电子移动的速度比正离子快得多，所以正离子和电子的复合概率很小。在条件控制参数一定时，就形成了一定的离子流（基流），当载气带有微量的电负性组分进入离子室时，亲电子的组分大量捕获电子形成负离子或带电负分子。因为负离子（分子）的移动速度和正离子差不多，正负离子的复合概率比正离子和电子的复合概率高 $10^5 \sim 10^8$ 倍，因而基流明显下降。将基流的下降量放大，这样就输出了一个负极性的电信号，因此与 FID 相反，在 ECD 上被测组分显示负峰。

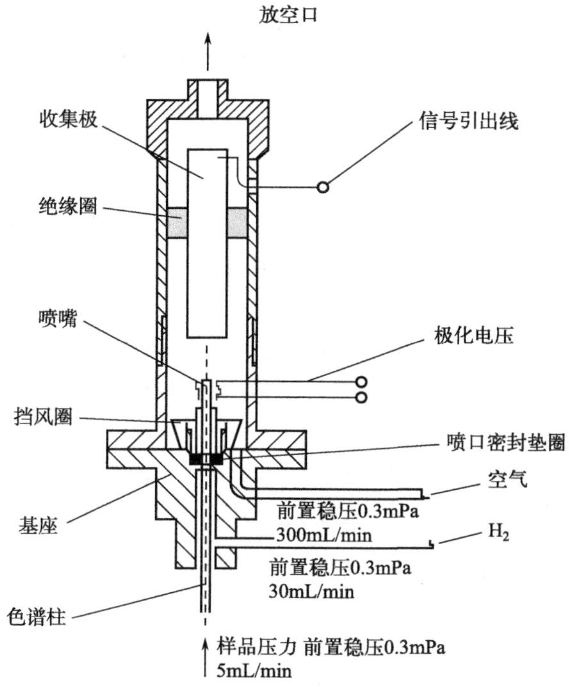

图 1-3-2　FID 结构

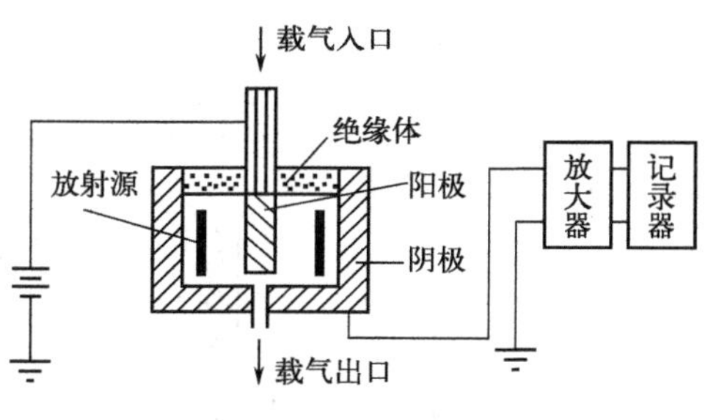

图 1-3-3　ECD 的结构示意图

ECD 使用的放射源是 ^{63}Ni，生成的是 β 射线。虽然 β 粒子的能量相对较低，不易穿透皮肤，但通过手、口进入体内是较危险的。所以，在任何情况下不得用手直接触摸放射源片。

3.2 液相色谱法

液相色谱（liquid chromatography，LC）法以液体作为流动相，基于不同物质在固定相和流动相之间分配系数的差异实现分离。当样品注入流动相后，各组分在两相间不断进行分配。分配系数大的组分，在固定相中停留时间长；分配系数小的组分，则随流动相快速通过色谱柱。通过这种差异，原本混合在一起的物质得以逐步分离，先后流出色谱柱进入检测器被检测。

液相色谱的主要类型如下：

（1）正相液相色谱

采用极性固定相（如硅胶、氨基键合相等）和非极性或弱极性流动相（如正己烷、氯仿等），适用于分离极性化合物，极性强的组分在柱中保留时间长，后流出色谱柱。

（2）反相液相色谱

使用非极性固定相（如 C_{18}、C_8 等烷基键合相）和极性流动相（如水、甲醇、乙腈等混合溶剂），是目前应用广泛的液相色谱模式，适合分析非极性至中等极性的化合物，非极性组分在柱中保留时间长。

此外，还有离子交换色谱、体积排阻色谱、亲和色谱等多种类型，分别基于离子交换、分子尺寸排阻、生物分子特异性亲和等原理进行分离。

3.2.1 高效液相色谱仪

高效液相色谱仪由高压输液泵、进样装置、色谱柱、检测器和数据处理（色谱工作站）等部分组成。还可根据需要配置流动相在线脱气装置、梯度洗脱装置、自动进样系统、柱后反应系统和全自动控制系统等。图 1-3-4 是具有基本配置的液相色谱仪结构示意图。

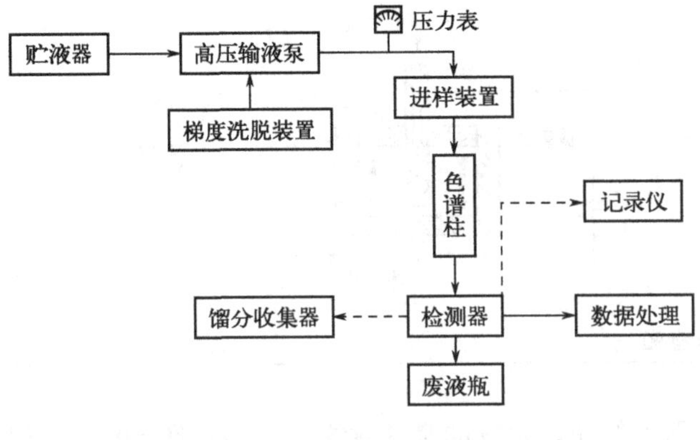

图 1-3-4　高效液相色谱仪结构示意图

3.2.2 液相色谱柱及选择

色谱柱是实现待测混合物分离的核心部件。色谱柱管材多用不锈钢制成，为提高柱效，减小管壁效应，不锈钢柱内壁多经过抛光。色谱柱两端的柱接头内装有烧结不锈钢或钛合金的筛板，孔径在0.2～20μm（5～10μm），防止填料漏出。

色谱柱按用途分为分析型和制备型两类，尺寸规格也不同：①常规分析柱，内径2～5mm（通常为4.6mm），柱长10～25cm；②窄径柱（又称细管径柱、半微柱等），内径1～2mm，柱长10～20cm；③毛细管柱（又称微柱），内径0.2～0.5mm。为了延长色谱柱的使用寿命，通过卡套将色谱柱与保护短柱（又称“卫柱”）紧密结合，充分发挥“卫柱”易更换和经济性高的特点。液相色谱柱的保护柱结构比较如图1-3-5所示。

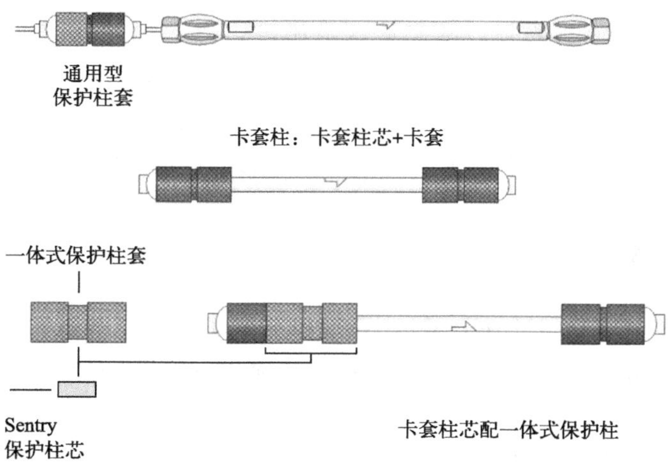

图1-3-5 液相色谱柱的保护柱结构比较

液相色谱柱填料由基质和功能层两部分构成。①基质（常称作担体）：主要由数微米至数十微米粒径的硅胶和有机高分子聚合物微球制备而成，具有一定的刚性，能承受一定的压力，对分离基本无作用。②功能层：通过化学或物理的方法结合固定在基质表面的、对样品分子的保留起实质作用的有机分子或功能团。

通常根据分析需求进行色谱柱的选择，选择依据可参见表1-3-1。

表1-3-1 不同硅胶基质的色谱柱的适用性

类型	固定性性质	应用范围
烷基柱	非极性	中等极性化合物，溶于水的高极性化合物
苯基柱	弱极性	非极性至中等极性化合物
酚基柱	弱极性	中等极性化合物，保留特性与—C_8相似，但对多环芳烃、极性芳香族化合物、脂肪酸等保留特性不同

续表

类型	固定性性质	应用范围
氰基柱	极性	正相相似于硅胶吸附，为氢键供体，适合分析极性化合物
氨基柱	极性	正相可分离极性化合物，如脂类、含氯的农药；反相分离单糖、双糖

3.2.3 液相色谱流动相

液相色谱的输液系统由溶剂贮存器、高压泵、脱气系统、梯度洗脱装置等构成。

HPLC有等度（isocratic）洗脱和梯度（gradient）洗脱两种方式。等度洗脱是在同一分析周期内流动相组成保持恒定，适合于组分数目较少，性质差别不大的样品。而梯度洗脱则是在一个分析周期内程序控制流动相的组成，如溶剂的极性、离子强度和pH值等，适用于分析组分数目多、性质差异较大的复杂样品体系。采用梯度洗脱可以缩短分析时间，提高分离度，改善峰形，提高检测灵敏度，但是常常会引起基线漂移并影响系统稳定性。

梯度洗脱可以采用一元溶剂～三元溶剂组合的线性梯度洗脱方式，二元溶剂组成的梯度洗脱方式应用最为广泛，二元溶剂的比例及梯度洗脱方式可通过条件优化获得。

3.2.4 常用检测器

环境分析中所用的检测器主要有紫外检测器、荧光检测器、光电二极管阵列检测器和示差折光检测器等，其中荧光检测器、光电二极管阵列检测器常应用于新污染物分析中。

(1) 荧光检测器（fluorescence detector）

带有荧光色基的有机化合物，被一定强度和波长的紫外光照射后，会发射出较激发光波长要长的荧光，在一定浓度范围内其荧光强度与激发光强度、量子效率和样品浓度成正比。有些有机化合物虽然自身无荧光基团，但可以与具有荧光基团的物质先进行反应，生成的新物质可以采用荧光法进行分析。

由于荧光检测器具有非常高的灵敏度和良好的选择性，而且所需样品量少，特别适合于药物和生物化学样品的分析。

(2) 光电二极管阵列检测器（photodiode array detector）

光电二极管阵列检测器是20世纪80年代出现的一种光学多通道检测器，可以对每个洗脱分离的组分进行光谱扫描，得到光谱和色谱结合的三维图谱。其中吸收光谱用于待测组分的定性分析，色谱信息则用于定量分析。

以光电二极管阵列作为检测元件的紫外-可见光（UV-VIS）检测器，可构成多通道并行的工作模式，同时检测由光栅分光，再入射到阵列式的接收器上的全部波长的信号，并对二极管阵列快速扫描采集数据，得到的是时间、光强度和波长的三维谱图。与传统UV-VIS检测器不同的是，光电二极管阵列检测器是先让光源发出的光都通过流动池，然后通过系列分光技术，使所有波长的光在接收器上被检测，得到待测样品的全光谱信息。其结构示意如图 1-3-6 所示。

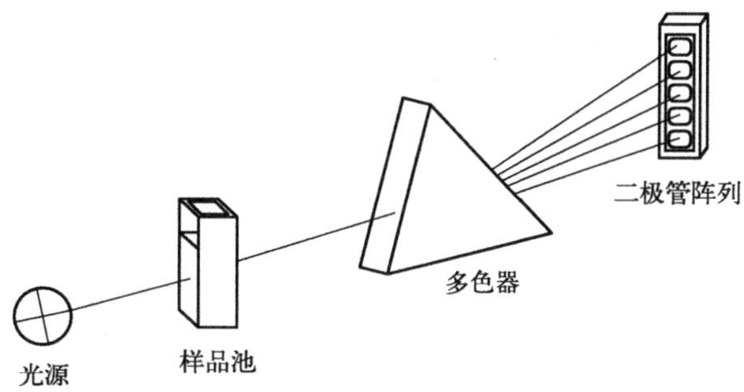

图 1-3-6　光电二极管阵列检测器结构示意图

HPLC 光电二极管阵列检测器的主要特点如下：

① 对每个分离得到的色谱峰检测记录吸收全光谱，获取最大吸收波长。

② 由于每个组分都有全波段的光谱吸收图，因此可利用色谱的保留值规律和光谱特征吸收曲线综合进行目标物的定性分析。

③ 在色谱运行期间可以逐点进行光谱扫描，获得以时间-波长-吸收值为坐标的目标物质的三维分析图形。

3.3　色谱定性和定量分析

定性分析可准确鉴别环境样品里是否存在新污染物，如在土壤、水体等复杂环境基质中，能快速判断是否有新型持久性有机污染物、内分泌干扰物等，助力早期发现潜在环境风险；定量分析则能精确测定新污染物在环境介质中的含量，例如在研究新污染物在食物链中的传递规律时，通过定量分析不同生物体内新污染物的含量，了解其生物放大效应。

3.3.1　色谱图基本信息

色谱法是一种先分离后检测的分析方法，典型的色谱图中都有一系列色谱峰。色谱峰是当载气带着样品组分经过检测器时，检测器的输出信号与时间构成的曲线。理想的色谱峰为正态分布函数，其峰形是对称的，如图 1-3-7 所示。

没有色谱峰的地方所画的平线称为基线。当在色谱图上形成峰时，从峰顶点到基线间的垂直距离称为峰高，以 h 来表示。

而峰的拐点是指流出曲线上二阶导数为零的两个点。经计算拐点位于 0.607 峰高处，拐点之间的距离是 2σ，这里 σ 为标准偏差。

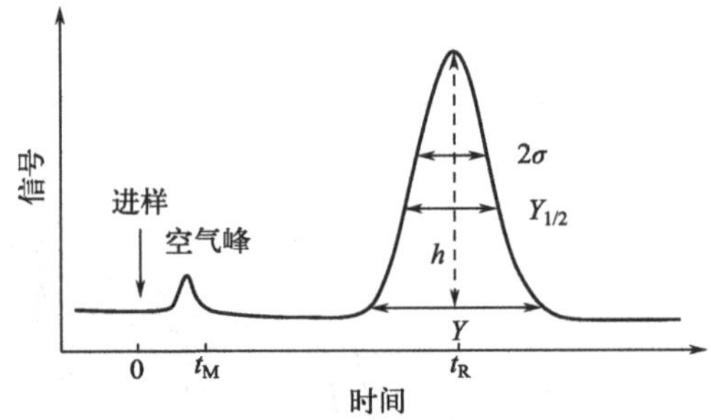

图 1-3-7　正态分布的色谱峰

t_M—死时间，指不与固定相作用的物质（如空气等）从进样到柱后出现浓度极大值（空气峰顶点）所需的时间；t_R—保留时间，指被测组分从进样开始到柱后出现浓度极大值时所经历的时间；h—色谱峰峰高；Y—峰底宽；$Y_{1/2}$—半峰宽；2σ—标准偏差的两倍

峰宽也称基线宽度（Y），其值是四倍的 σ，指从峰两拐点作切线与基线相交的两点之间的宽度。

峰高一半处的峰宽度称为半峰宽（$Y_{1/2}$），半峰等于 2.354 倍的 σ，区别于峰宽的一半。

色谱流出曲线与基线之间构成的面积即为峰面积（A）。面积常用近似的计算法处理：

$$A = hY_{1/2} \tag{1-3-1}$$

3.3.2　色谱定性方法

待测样品中目标物的高效分离是色谱定性分析的基础，目前常用的定性方法如下。

（1）标准物直接对照法

利用标准样品对未知化合物定性是最常用的液相色谱定性方法，基本依据是两个相同的物质在相同的色谱条件下应该有相同的保留值。在一定的色谱条件下，一个未知物只有一个确定的保留时间，将已知标准样品在相同的色谱条件下（包括流动相选择、色谱柱种类、柱温等因素）的保留时间与未知物的保留时间进行对比，可以定性鉴定未知物。若二者保留时间不同，则可确定二者不是同一种物质；若保留时间相同，则未知物可能是已知的纯物质，但无法确定，如果要进一步确定未知物结构则需要一些辅助技术。

（2）与质谱仪联用

较复杂的混合物经色谱柱分离后，通过质谱的识别鉴定进行定性。该方法是目前解决复杂未知物定性问题的最有效手段。还可以借助与红外光谱及原子发射光谱检测器等联用法进行定性确认。

（3）利用光电二极管阵列检测器的全波长扫描信息

光电二极管阵列检测器-液相色谱分析在待测组分定性方面具有独特优势。即可同时比较目标物的保留时间和光谱图，如果两项均一样，则可基本上确定为同一物质；如果保留时间一样，而紫外光谱图有较大差别时，则可判定两者不是同一物质。该方法具有灵敏度高、噪声低、线性范围宽等优势，但是局限性在于只能检测有紫外吸收的物质。

3.3.3 色谱定量方法

环境分析中常用的色谱定量方法为外标法和内标法。

（1）外标法

当能够精确控制进样量的时候，通常采用外标法进行定量。这种方法采用标准物质单独进样分析，从而确定待测组分的校正因子；实际样品进样分析后，依据此校正因子对待测组分色谱峰进行计算得出含量。其特点是标准物质和未知样品分开进样，虽然看上去是二次进样，但实际上未知样品只需要一次进样分析就能得到结果。外标法使用绝对校正因子的计算公式进行定量计算：

$$c_i = g_i \times A_i \tag{1-3-2}$$

式中，c_i 表示被测组分 i 的含量；g_i 表示被测组分 i 的校正因子；A_i 表示被测组分 i 色谱峰的峰面积。

外标法的优点是操作简单，只针对目标组分进行分析。缺点是对进样精度要求很高，每次进样量的差异都会给分析结果带来较大影响，同时对仪器稳定性要求很高。该方法适用于日常质量控制和大量同类样品的分析。

（2）内标法

选择适宜的物质作为待测组分的内标物，定量添加到实际样品中去，依据待测定组分和内标物在检测器上的响应值（峰面积或峰高）之比和内标物加入量进行定量分析的方法叫内标法。特点是待测组分和内标组分同时进样，一次进样。内标法的优点在于不需要精确控制进样量，由进样技术和仪器稳定因素造成的误差不会带到结果中；缺陷在于内标物很难寻找，而且分析操作前需要较多的处理过程，操作复杂，并可能带来误差。

内标物应该满足以下要求：与待测组分性质相近，但样品中并不存在；性质稳定，不能与待测组分发生反应；色谱图上内标物的峰和待测组分的峰相邻近，且与待测组分完全分离。

内标法的计算公式推导如下：

$$\begin{aligned}\omega_i &= \frac{m_i}{m} \times 100\% = \frac{m_i}{m_s} \times \frac{m_s}{m} \times 100\% \\ &= \frac{A_i g_{wi}}{A_s g_{ws}} \times \frac{m_s}{m} \times 100\% = \frac{A_i}{A_s} \times G_{wi/s} \times \frac{m_s}{m} \times 100\%\end{aligned} \tag{1-3-3}$$

式中，ω_i 表示待测组分 i 的质量分数；以百分数形式呈现；m_i、m_s 和 m 分别表示待测组分、内标物和样品的质量；A_i、A_s 分别表示待测组分 i 和内标物的峰面积；g_{wi} 表示待测组分 i 以质量为基础的校正因子；g_{ws} 表示内标物以质量为基础的校正因子；$G_{w_{i/s}}$ 表示待测组分对于内标物的相对质量校正因子。

3.4 质谱分析

3.4.1 质谱分类

对于环境学科而言，检测分析主要涉及的质谱仪种类为无机质谱仪和有机质谱仪。其中，无机质谱仪以电感耦合等离子体质谱仪（ICP-MS）为主；有机质谱仪用于分析各类环境样品中有机化合物，主要包括各种类型的GC-MS、LC-MS等。随着环境学科与其他学科不断地交叉和发展，同位素质谱仪和生物质谱仪也开始应用于环境样品的研究分析中，如稳定同位素比质谱仪、基质辅助激光解吸飞行时间质谱仪等。在此，主要介绍有机质谱仪及其在环境学科中的应用。

质谱分析法是按照离子的质荷比（m/z）大小对离子进行分析和测定，从而对样品进行定量和定性分析的一种方法。被分析的样品首先要进行离子化，然后利用不同离子在电场或磁场中的运动行为的不同，把离子按质荷比（m/z）分开而得到质谱图，通过样品的质谱图及相关信息，可以得到样品的定性和定量结果。

3.4.2 质谱仪组成

质谱仪是利用电磁学原理使离子按照质荷比进行分离，从而对样品进行定量和定性分析的仪器。如图1-3-8所示，质谱仪由进样系统、离子源、质量分析器和检测器构成。

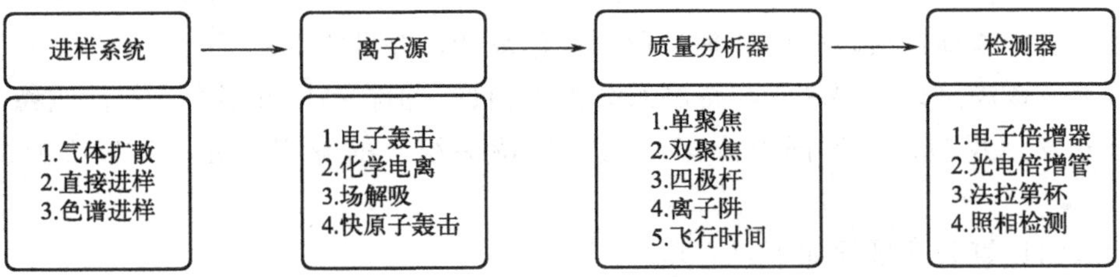

图1-3-8 质谱仪结构

3.4.3 离子源

离子源（ion source）是质谱的核心，其作用是将被测样品分子电离成为带电的离子，并对离子进行加速使其进入质量分析器。目前，质谱仪主要包括电子电离（electron ionization，EI）源、化学电离（chemical ionization，CI）源、快原子轰击（fast atomic bombardment，FAB）电离源、电喷雾电离（electrospray ionization，ESI）源、大气压化学电离（atmospheric pressure chemical ionization，APCI）源等。下面将对有机质谱中常用的离子源进行简要的介绍。

（1）电子电离源

电子电离（electron ionization，EI）源是应用最为广泛的离子源之一，主要用于挥发性样品的电离。图 1-3-9 是电子电离源的原理图，由 GC 或直接进样杆进入的样品，以气体状态进入离子源后，受到灯丝发出的高能电子（通常为 70eV）的轰击，使样品分子吸收一定的能量（一般约为 20eV）而发生一系列的变化。首先，样品分子失去一个电子发生电离，形成自由基阳离子，即分子离子（M^+），此过程一般约需要 10eV 的能量，则形成的分子离子还具有约 10eV 的剩余能量，这远大于有机物分子 4～5eV 的键能，会导致键断裂或分子内原子重排，形成碎片离子或重排离子（图 1-3-10），形成的分子离子或重排离子之间也可能发生反应而生成加合离子。这样，一个样品分子可以产生很多带有结构信息的离子，对这些离子进行质量分析和检测，可以得到具有样品信息的质谱图。由分子离子可以确定化合物分子量，由碎片离子可以得到化合物的结构。

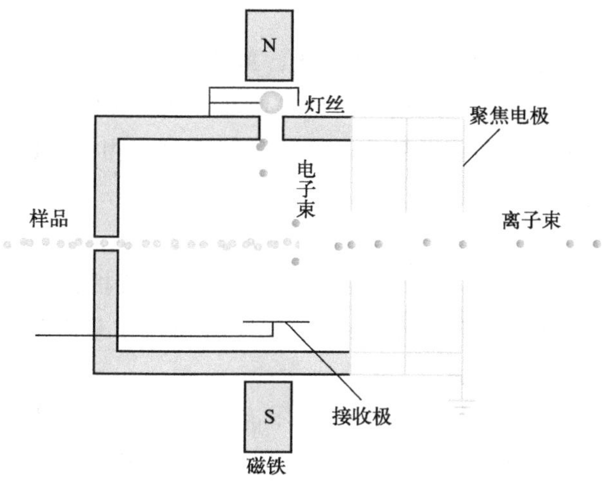

图 1-3-9　电子电离源原理图

电子电离源主要适用于易挥发有机样品的电离，在 GC-MS 联用仪中也有较广泛的应用。其主要优点是技术成熟、工作稳定可靠、离子化效率高、结构信息丰富、有标准质谱图可以检索等；主要缺点是只适用于易汽化的有机样品分析，不适合极性大、热不稳定化合物的分析，并且部分化合物无法获得分子离子峰。

（2）化学电离源

EI 源的主要缺点之一就是在电子轰击过程中可以赋予分子离子额外的能量，而对某些不稳定的化合物而言，这种剩余能量会导致分子离子快速裂解，使其在质谱图中不出峰，造成分析信息的缺失，并降低质谱仪的应用价值。为了减少电离过程中不稳定化合物分子离子的裂解，而开发出化学电离（chemical ionization，CI）技术。CI 和 EI 在结构上没有多大差别，或者说主体部件是共用的，主要差别是 CI 源在工作过程中需要引进一种反应气体，反应气体一般可以采用甲烷、丙烷、氨等。

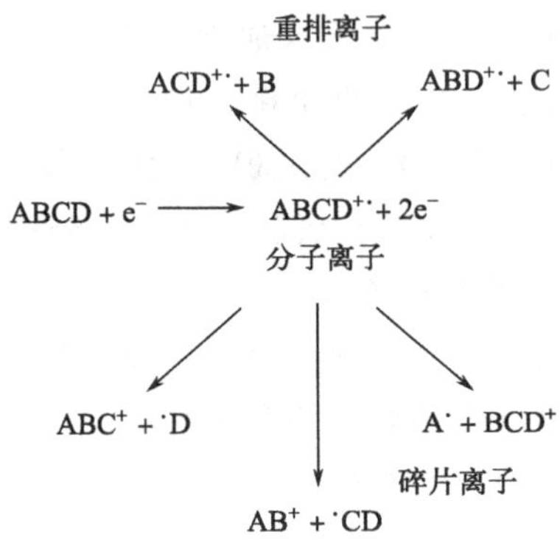

图 1-3-10　电子电离的主要电离过程

CI 源电离的基本原理：先使反应气离子化，再使样品分子离子化。即将甲烷或氨气等反应气体加入离子源，使其量大大超过样品量，使其在离子源中受到电子轰击并离子化；离子化的气体再与样品分子相撞使得样品分子离子化。不过，由于 CI 得到的质谱不是标准质谱，所以不能进行库检索。

（3）电喷雾电离源

电喷雾电离（electrospray ionization，ESI）源解决了液相色谱和质谱离子源的接口问题，从而“真正”实现了液相色谱-质谱（LC-MS）联用，即 ESI 源既是液相色谱和质谱之间的接口装置，同时又是电离装置。

ESI 源及其电离过程示意图如图 1-3-11 所示。当样品溶液由泵输送从毛细管流出的瞬间，在雾化气（N_2）、强电场（2～5kV）和干燥气（N_2）的作用下，溶剂在毛细管端口发生雾化，产生带电液体微粒（液滴），所以称为“电喷雾”。随着液滴中溶剂的挥发，液滴逐渐缩小，当电荷间的斥力克服了液滴的内聚力时，发生“库仑爆炸”（Coulomb explosion），较小的液滴继续蒸发，电场增强，离子向表面移动，表面的离子密度越来越大，当增大到某个临界值时，离子就可以从表面蒸发出来，从而产生单电荷或多电荷离子。当离子产生后，借助于喷嘴与锥孔之间的电压，穿过取样孔进入质量分析器。

实用时，加到喷嘴上的电压可以是正电压，也可以是负电压。当所加的电压为正电压时，即在正离子模式下，分子结合 H^+、Na^+ 或 K^+ 等阳离子，而得到 $[M+H]^+$、$[M+Na]^+$ 或 $[M+K]^+$ 等离子；当所加的电压为负电压时，即在负离子模式下，分子的活泼氢电离，而得到 $[M-H]^-$。所以，通过调节极性，可以得到正离子或负离子的质谱图。

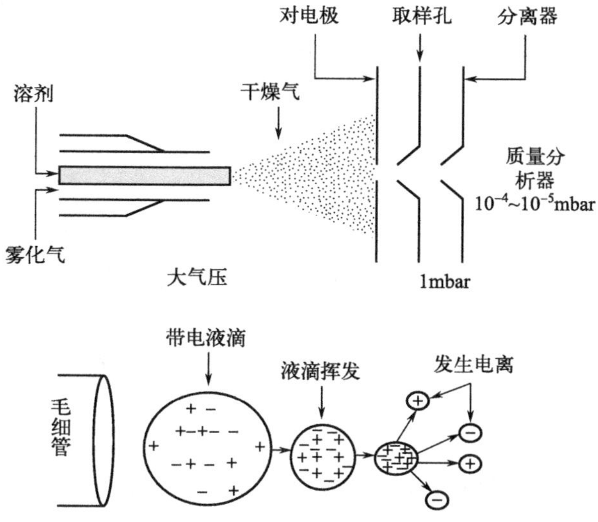

图 1-3-11　电喷雾电离示意图

ESI 源还是一种软电离方式，即便是分子量大、稳定性差的化合物，也不会在电离过程中发生分解，它适用于分析极性强的大分子有机化合物，如蛋白质、肽、糖等。

(4) 大气压化学电离源

最常用的大气压化学电离（atmospheric pressure chemical ionization，APCI）源，其接口由样品引入毛细管组成，在其周围环绕着同轴喷雾毛细管。喷雾发生在加热管内，并用辅助气流减小目标分析物和管壁的相互作用。在加热管前端存在一个电晕放电针，用来激发 APCI 源的两阶段电离，即通过放电针的高压放电，使空气中的某些中性分子发生电离，产生 H_3O^+、N_2^+、O_2^+和 O^+ 等离子，此外溶剂分子也会发生电离，这些离子和目标分析物分子进行离子-分子反应，使目标分析物分子离子化，如图 1-3-12 所示。

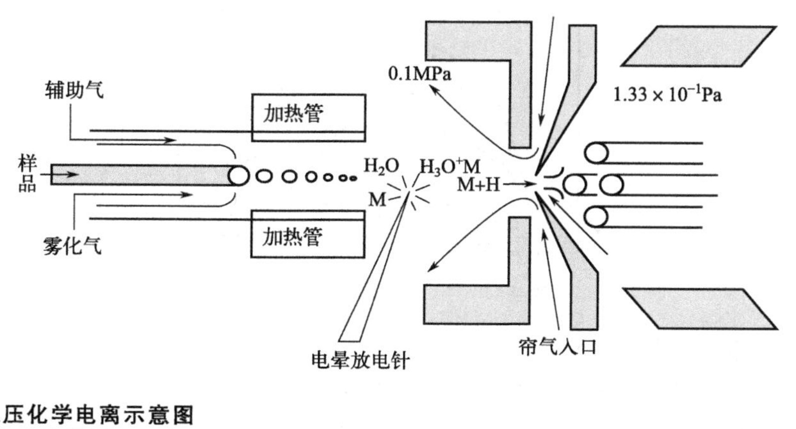

图 1-3-12　大气压化学电离示意图

在 APCI 源内，电离的开始必须存在自由电子，而自由电子的生成有多种方法，最常用的方法是利用电晕放电针和对电极之间 3～5kV 电压维持的强电场或者是利用^{63}Ni 箔产生的 β 射线等。APCI 主要产生的是单电荷离子，所以分析的化合物分子质量一般小于 1000Da。用这种电离源得到的质谱很少有碎片离子，主要是准分子离子。

3.4.4 质量分析器

质量分析器（mass analyzer）的作用是将离子源产生的离子按照质荷比（m/z）的大小分开并排列成谱图。用于有机质谱的质量分析器有单聚焦质量分析器、磁式双聚焦质量分析器（double focusing mass analyzer）、四极杆质量分析器（quadrupole mass analyzer）、离子阱质量分析器（ion-trap mass analyzer）、飞行时间质量分析器（time-of-flight mass analyzer）和轨道阱质量分析器等。

（1）单聚焦质量分析器

单聚焦质量分析器是在 1918 年由登普斯特（A. J. Dempster）开发出来的。在离子源中产生的离子经电场加速后经过狭缝 S_1 进入分析器，在磁场 B 的作用下做圆周运动，其运动轨道半径可由下式表示：

$$\frac{m}{z}=\frac{H^2R^2e}{2V} \tag{1-3-4}$$

式中，m/z 表示质荷比；H 表示磁场强度；V 表示加速电压；R 表示轨道半径。

由上式可知，在加速电压和磁场强度不变的条件下，m/z 不同的离子其运动半径不同，而质荷比（m/z）相同的离子，虽然由电场加速后的速度不同，色散角度也不同，但是经磁场偏转后，会重新聚集在一点上，即静磁场具有方向聚焦的功能，所以称为单聚焦质量分析器。如果检测器位置不变，即轨道半径不变，连续改变加速电压或磁场强度，则可以使 m/z 不同的离子按顺序进入检测器，实现质量扫描，得到样品的质谱图。单聚焦质量分析器（图 1-3-13）的偏转角度可以是 180°，也可以是 90°或其他角度，因为形状像一把扇子，所以又称为磁扇形质量分析器。

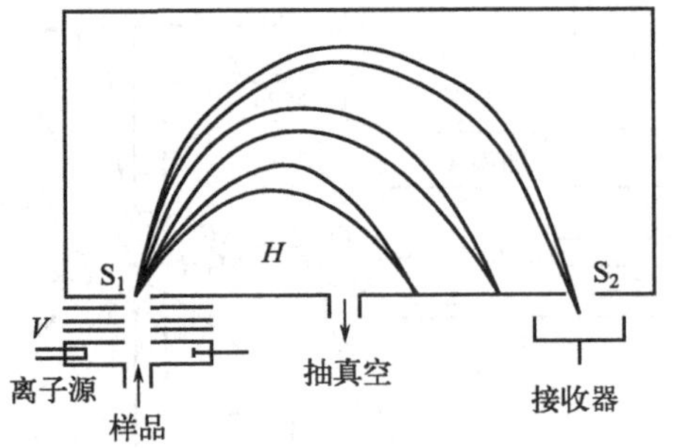

图 1-3-13　单聚焦质量分析器示意图

S_1—离子源射出离子后的出口狭缝，起到限制离子束形状和方向的作用；S_2—离子到达接收器前的入口狭缝，用于筛选到达的离子；H—磁场强度；V—电压单聚焦质量分析器结构简单，操作方便，但是分辨率很低，不能满足有机物分析的要求，目前只用于同位素质谱仪和气体质谱仪。

（2）双聚焦质量分析器

双聚焦质量分析器是在单聚焦质量分析器的基础上发展而来的，是质谱仪中用于提高离子质量分析精度和分辨率的核心组件，主要通过同时实现方向聚焦和能量（速度）聚焦来提升分析性能，故名“双聚焦”。

双聚焦质量分析器由静电分析器（electrostatic analyzer，ESA）和磁分析器（magnetic analyzer，MA）串联组成。静电分析器由两个扇形圆筒电极构成，施加静电场，根据离子的动能（速度）进行分离。只有动能（或速度）满足特定条件的离子才能通过，实现能量聚焦。而磁分析器中施加的是均匀磁场，根据离子的质荷比（m/z）使离子发生偏转。相同质荷比但入射方向不同的离子会汇聚于一点，实现方向聚焦。

聚焦机制在于离子先通过静电分析器按能量筛选，再进入磁分析器按质荷比偏转，最终使能量相同、方向不同但质荷比相同的离子汇聚到检测器同一点，显著提高了分辨率。

由表 1-3-2 可知，双聚焦质量分析器通过能量与方向的双重聚焦，解决了单聚焦分析器中离子能量分散导致的分辨率受限问题，是质谱技术中实现高分辨、高精度分析的经典方案。尽管其扫描速度较慢，但其在复杂样品结构解析和同位素研究中具有不可替代性。

表 1-3-2 双聚焦与单聚焦两种质量分析器的分析对比

类型	聚焦方式	分辨率	质量精度	典型应用
单聚焦	仅磁分析器方向聚焦	低（＜1 万）	低	常规定性、快速筛查
双聚焦	静电 + 磁双聚焦	高（＞10 万）	高	高精度定性、同位素分析

（3）四极杆质量分析器

四极杆质量分析器（quadrupole analyzer）由四根径向平行的圆柱形或双曲面形电极组成，在一对电极上加$+(U+V\cos\omega t)$的电压，在另一对电极上加$-(U+V\cos\omega t)$的电压，其中，U是直流电压，$V\cos\omega t$是射频电压，并且加在两对电极上的射频电压的相位差为180°，由此形成一个四极场，如图 1-3-14 所示。在电压一定的情况下，只有特定m/z的离子能够通过四极杆形成的电场，到达检测器。改变四极杆的直流电压和射频电压，就能将离子按照m/z的大小分离开来，形成质谱图。射频电压的改变可以是连续式的，也可以是跳跃式的。当射频电压连续式改变时，就会得到全扫描谱图；当射频电压跳跃式改变时，只能检测某些m/z的离子，称为选择离子监测模式（selected ion monitoring，SIM）。当样品量较少，而且样品中特征离子已知时，可以采用 SIM 模式，这种扫描方式灵敏度高，并且通过选择适当的离子可以消除组分间的干扰。SIM 模式比较适合做定量分析，但是因为扫描方式不是全扫描，所以不能进行质谱库检索和定性分析。

四极杆质量分析器是一种低分辨率的质量分析器，只能检测m/z接近整数的离子，即仅具有单位分辨率，因此不适用于离子的元素成分分析。但是由于四极杆质量分析器的扫描速度非常快，可以在相对较高的压力下运行，而这种情况在 LC-MS 中经常遇到，所以四极杆质量分析器是 LC-MS 系统中非常理想的质量分析器。

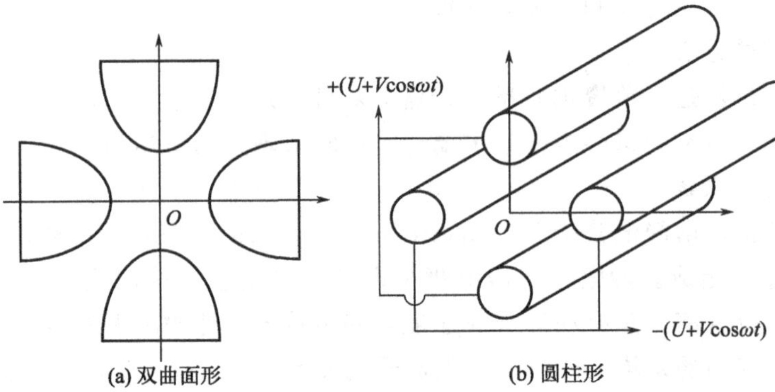

图 1-3-14　四极杆分析器示意图

U—直流电压；*V*cos*ωt*—按余弦规律变化的射频电压

（4）飞行时间质量分析器

飞行时间（time-of-flight，TOF）质量分析器是目前应用最广泛的质量分析器，其关键性技术突破和较广泛应用是在 20 世纪 90 年代实现并发展起来的。其主要组成部分是一个离子漂移管（图 1-3-15），由离子源产生的所有离子在加速电压 V 的作用下，获得同样的动能，并进入离子漂移管，若管长为 d，则有下式成立：

$$t^2=\frac{md^2}{2z\mathrm{eV}}=\frac{m}{z}\left(\frac{d^2}{2\mathrm{eV}}\right) \tag{1-3-5}$$

式中，t 表示飞行时间；m/z 表示质荷比。由式（1-3-5）可知，离子在漂移管内飞行时间的平方与离子质荷比成正比，即能量相同的离子，离子的质荷比越大，到达检测器所用的时间越长，质荷比越小，所用的时间越短，根据这一原理，可以把质荷比不同的离子分开，从而形成质谱图。

TOF 质量分析器的主要优点是离子传输效率高、扫描速度快、质量范围宽等。由式（1-3-5）还可以看出，适当增加漂移管长度和降低加速电压，均可以增加 TOF 质量分析器的分辨率。然而，增加离子源和检测器之间漂移管的长度会使仪器的体积增加很多，这和当前分析仪器小型化的趋势相反，所以现在常用的解决方法之一是采用离子反射技术，使动能不同的离子得到聚焦。如图 1-3-15 所示，在漂移管末端放置一个离子反射装置，将经过漂移管的离子束反射到检测器 2，而不像第一代 TOF 质量分析器那样使离子直接到达检测器 1，这样在仪器体积增加较小的情况下，就可以将离子传输路径增加一倍。

（5）离子阱质量分析器

离子阱质量分析器由一个环形电极和两个端帽电极组成，在两个端帽电极上各有一个小孔，其中一个用来向阱内引入离子或电子，另一个用来将阱内的离子导入检测器（图 1-3-16）。从外观上来看，环形电极和两个端帽电极都是绕 Z 轴旋转的双曲面，并满足 $r_0^2=2Z_0^2$，其中 r_0 为环形电极的最小半径，Z_0 为两个端帽电极的最短距离。在端帽电极和环形电极上施加直流电压和射频电压，当电压一定时，就会形成一个势阱，并将某一 m/z 的离子滞留在阱内，而其他 m/z 的离子由于振幅的增加，会撞击到电极而消失。如果在环形电极上加上一定的射频电压，阱内滞留的离子将被引出，由检测器进行检测。因此，逐渐加大或减小环形电极上的射频电压，将可以使离子按照 m/z 大小的顺序离开离子阱，到达检测器而获得质谱图。

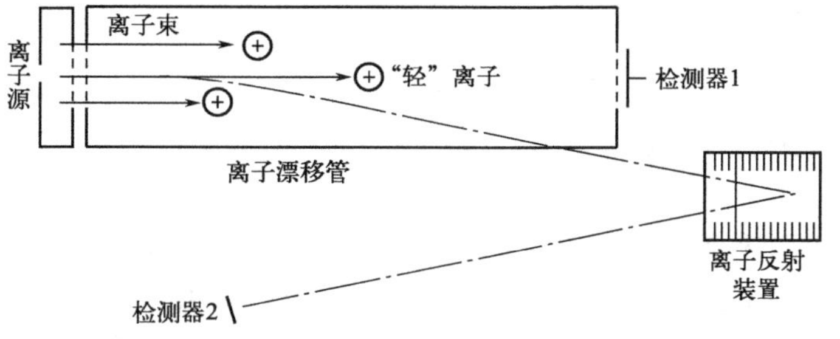

图 1-3-15　飞行时间质量分析器示意图

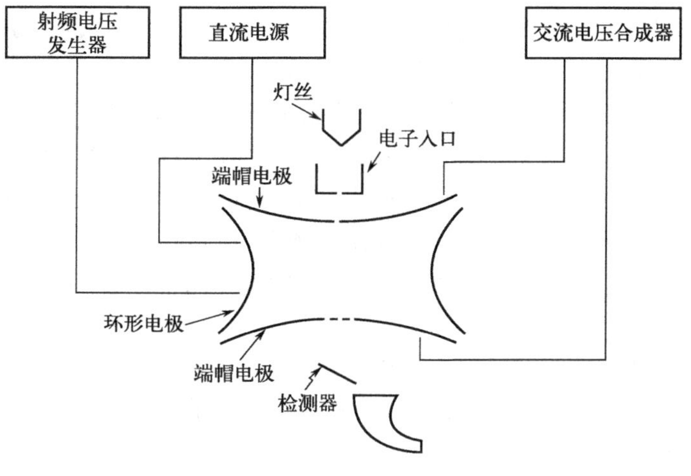

图 1-3-16　离子阱质量分析器示意图

离子阱质量分析器和四极杆质量分析器类似，都属于低分辨率的质量分析器，具有较快的扫描速度，并且能够耐受较高的操作压力。此外，利用离子阱的离子储存技术，可以选择任一质量的离子进行碰撞，实现二级甚至多级质谱分析功能。

（6）轨道阱质量分析器

轨道阱质量分析器由一个中心电极和一个环绕的桶形电极组成（图 1-3-17），其原理是基于离子在电场中的运动。当离子进入轨道阱后，在电场作用下会围绕中心电极做环形运动，同时在轴向也有振荡运动。通过检测离子在轴向的振荡频率来精确测定离子的质荷比，不同质荷比的离子具有不同的振荡频率，从而实现对离子的分离和检测。

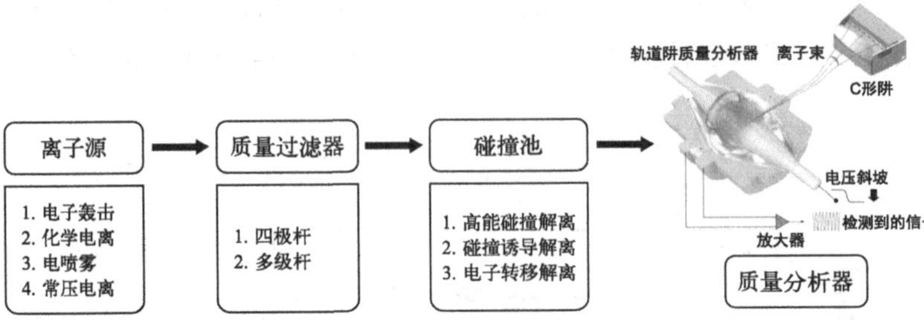

图 1-3-17　轨道阱质量分析器示意图

轨道阱质谱仪的工作原理主要涉及离子的引入、激发与运动、检测与质荷比计算。

① 离子引入：样品通过进样系统被引入离子源中，在离子源内，样品分子被离子化，转化为气态离子。离子化的方法有多种，如电子轰击离子化、电喷雾离子化等，不同的离子化方法适用于不同类型的样品。产生的离子随后被引入轨道阱质量分析器中。

② 离子激发与运动：轨道阱质量分析器由一个中心纺锤形电极和一个环绕的桶形电极组成。当离子进入轨道阱后，会受到电场的作用。在电场力的驱动下，离子会围绕中心电极做环形运动，同时在轴向（即中心电极的轴线方向）上也会产生振荡运动。这种复杂的运动轨迹是轨道阱质谱能够实现高分辨率质量分析的基础。

③ 离子检测与质荷比计算：离子在轴向的振荡运动频率与离子的质荷比相关，质荷比不同的离子具有不同的振荡频率。通过检测离子在轴向的振荡频率，就可以精确测定离子的质荷比。轨道阱质谱通常采用一种叫作“傅里叶变换”的数学方法来将检测到的离子信号从时间域转换到频率域，从而得到质谱图，在质谱图上，不同质荷比的离子以不同的峰呈现出来，通过对这些峰的分析，就可以获得样品中各种离子的质荷比信息，进而推断出样品的化学成分和结构。

与四极杆质谱相比，轨道阱质谱具有以下优势。

① 高分辨率和精确质量测定：轨道阱质谱具有更高的分辨率，能够准确区分质荷比相近的离子，提供更精确的质量测定结果。

② 复杂混合物分析能力强：环境样品往往是复杂的混合物，包含多种不同类型和浓度的有机物和无机物。轨道阱质谱能够在一次分析中对复杂混合物中的大量化合物进行同时检测和分析，通过其高分辨能力和精确质量测量，有效解析复杂的质谱图，识别出更多的化合物，而四极杆质谱在面对复杂混合物时，可能会因分辨率不足而导致一些化合物无法被准确区分或检测到。

③ 定性分析准确性高：由于能够提供更精确的质量信息和更高的分辨率，轨道阱质谱在定性分析方面具有更高的准确性。在环境污染物的筛查和鉴定中，能够更准确地确定化合物的分子结构和元素组成，减少误判的可能性。例如，对于环境中可能存在的新型污染物或未知污染物，轨道阱质谱可以通过精确的质量测定和数据库匹配，更准确地识别出这些化合物，为环境监测和污染控制提供更可靠的依据。

3.4.5 检测器

离子源产生的离子，经质量分析器分离后，到达检测系统。检测器（detector）的功能是对离子进行检测，将其转换成电信号并放大输出，输出的信号经过计算机采集和处理，最终得到按 m/z 大小排列的质谱图。质谱仪常用的检测器有法拉第杯、电子倍增器以及光电倍增管等。

法拉第杯是质谱检测器中最简单的一种，其结构如图 1-3-18 所示。法拉第杯与质谱仪的其他部分保持一定的电位差，以便捕获离子，当离子经过一个或几个抑制栅极进入杯中时，就会产生电流，将电流转换放大后进行记录，就能得到质谱图。法拉第杯的优点是简单可靠，配以适当的放大器，可以检测 10^{-15}A 的离子流，但是法拉第杯检测器仅适用于加速电压小于 1kV 的质谱仪，因为过高的加速电压会使离子具有较大的能量，当离子轰击入口狭缝或抑制栅极时会产生大量的二次电子甚至二次离子，从而影响信号的检测。

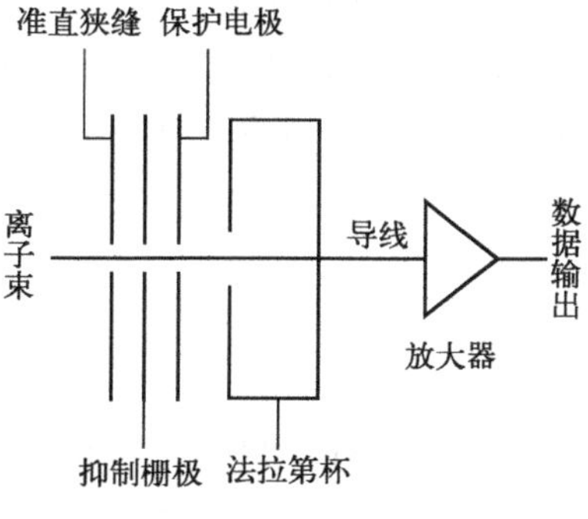

图 1-3-18 法拉第杯检测器示意图

电子倍增器是质谱仪中使用最普遍的检测器之一。从质量分析器出来的离子打到高能打拿极产生电子，电子经过电子倍增器时产生电信号，记录不同离子的信号即可得到质谱图。其中，信号增益与倍增器电压有关，提高倍增器电压可以提高灵敏度，但是会缩短倍增器的寿命，因此，在保证仪器灵敏度的情况下应该采用尽可能低的倍增器电压。

3.5 色谱-质谱联用技术

3.5.1 气相色谱-质谱联用技术

气相色谱-质谱联用仪（gas chromatography-mass spectrometry，GC-MS）是分析仪器

中较早实现联用技术的仪器之一，也是开发最早的色质联用仪，这是因为气相色谱柱分离后的样品呈气态，流动相也是气体，这和质谱进样要求相匹配。

GC-MS 主要由三部分组成，即气相色谱仪、质谱仪和数据处理系统。GC-MS 系统上使用的气相色谱仪和一般的色谱仪基本相同，但是在 GC-MS 系统中，由于气相色谱仪是在常压下工作，而质谱仪需要在高真空下工作，因此，需要使用分子分离器等接口装置将气相色谱的载气去除，并使样品气进入质谱仪。GC-MS 系统上使用的质谱仪可以是磁式质谱仪或四极杆质谱仪，也可以是飞行时间质谱仪或离子阱质谱仪，不过当前使用最多的还是四极杆质谱仪，离子源主要是 EI 源或 CI 源。GC-MS 的另外一个组成部分是计算机系统，即数据处理系统。随着计算机技术的发展，GC-MS 的主要操作都由计算机进行控制，包括质谱仪的校准，色谱条件和质谱条件的设置，数据的收集和处理以及库检索等。

随着计算机技术的发展，人们将在 EI 源内 70eV 电子轰击得到的纯物质的标准谱图储存在计算机内，做成已知化合物的标准质谱库，然后将在上述电离条件下得到的未知化合物的质谱图和标准谱库内的质谱图按照一定的程序进行比较，将匹配度高的一些化合物检出，并给出这些化合物的名称、分子量、分子式、结构式和相似度，这会对解析未知化合物和定性分析提供很大的帮助，所以质谱库已经成为 GC-MS 中不可缺少的一部分。目前，常用的质谱库有：①NIST 谱库，由美国国家标准技术研究院（NIST）出版；②NIST/EPA/NIH 谱库，由 NIST、美国环保署（EPA）和美国国立卫生研究院（NIH）共同出版；③Wiley 谱库；④农药谱库；⑤药物谱库；⑥挥发油谱库。在这六个标准质谱库中，前三个是通用库，后三个是专用库。

3.5.2 液相色谱-质谱联用技术

液相色谱（LC）和质谱（MS）的在线联用技术可以同时利用 LC 强有力的分离技术和质谱高灵敏度的检测鉴别技术。LC-MS 系统主要由高效液相色谱仪、接口装置（同时也是电离源）和质谱仪等部分组成。在本书的其他章节和本章的前半部分，对高效液相色谱和质谱仪有较为详尽的介绍，在此仅简要介绍一下接口装置。

LC-MS 联用的关键是 LC 和 MS 之间的接口装置。接口装置的主要作用是去除溶剂并使样品离子化。早期曾经使用过的接口装置有传送带接口、热喷雾接口、粒子束接口等十余种，这些接口装置都存在一定的缺点，因而都没有得到广泛推广。20 世纪 80 年代，大气压电离（API）源用作 LC 和 MS 联用的接口装置和电离装置之后，使得 LC-MS 联用技术提高了一大步。目前，几乎所有的 LC-MS 联用仪都使用 API 源作为接口装置和离子源。大气压电离源包括 ESI 源、APCI 源和 APPI 源等，其中 ESI 源应用最为广泛。

第4章

新污染物筛查与识别方法

4.1 全二维气相色谱-飞行时间质谱联用

全二维气相色谱-飞行时间质谱仪（comprehensive two-dimensional gas chromatography coupled to a time-of-flight mass spectrometer，GC×GC-TOFMS）是当前复杂基质分析的革命性技术，其多维分离与高分辨、高灵敏度检测的协同效应显著提升了痕量新污染物的筛查能力。自2002年商业化以来，GC×GC-TOFMS成为了未知挥发性和半挥发性有机污染物鉴定和结构解析的首选技术，已在石油化工、食品安全、环境检测等分析领域中占有重要地位。

4.1.1 方法基本原理

全二维气相色谱-飞行时间质谱仪（图1-4-1）主要由全二维气相色谱单元（气相色谱主机、色谱柱、自动进样器等）、高分辨飞行时间质谱（HRTOFMS）、制冷机、制冷调制器、数据处理工作站（含大型质谱数据库、质谱数据处理软件）等构成。其主要原理（图1-4-2）是使用一个调制器把分离机理不相同的两支色谱柱串联起来（第一维柱一般为非极性相的长柱，按分析物沸点程序温控分离，第二维柱一般为极性柱或选择性柱的短柱，按分析物极性等温分离），经过第一根色谱柱分离后的馏出物在调制器内进行浓缩聚集，然后调制器再将馏出物以周期性的脉冲形式相互独立地送到第二根性质不同的二维柱上进行再分离，最后进入色谱检测器。在第一根色谱柱中没有完全分开的组分（共馏出物）在第二根色谱柱可得到进一步分离，利用极性和温度的不同实现气相色谱分离特征的正交化。系统总的峰容量是两根柱子实际峰容量的乘积，极大地提高了峰容量，同时也提高了灵敏度。GC×GC有效解决了传统一维气相色谱分离时出现的组分共洗脱和峰容量严重不足的问题，充分提高了复杂混合物中有机分析物的分离度和鉴定效果，为复杂组分样品分析提供了新方法。

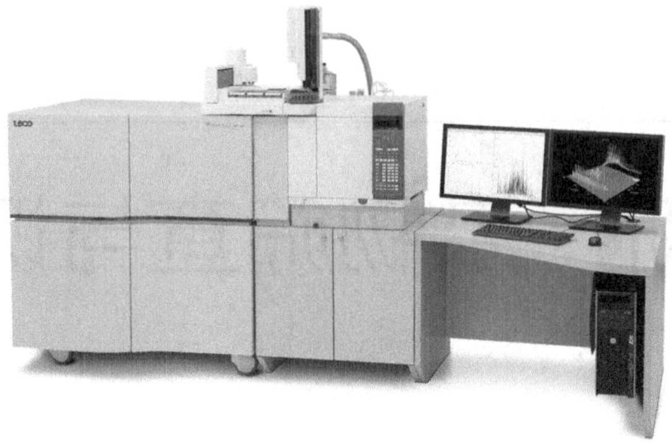

图 1-4-1　全二维气相色谱-飞行时间质谱仪

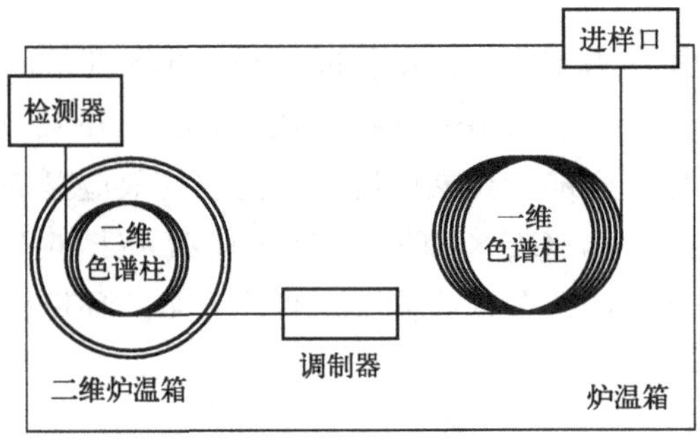

图 1-4-2　全二维气相色谱原理示意图

飞行时间质谱（TOFMS）是利用动能相同而质荷比不同的离子在恒定电场中运动经过恒定距离所需时间的不同来对化合物结构进行分析的质谱方法，能够实现 10000～50000 的分辨率，每秒可记录多达 500 个光谱。GC×GC-TOFMS 将 GC×GC 优异的分离能力、高峰容量的特点与 TOFMS 的高采集频率、高灵敏度、高选择性相结合，表现出了强大的定性定量分析能力，可用于解决复杂混合物难以分离和鉴定的难题。

4.1.2 关键参数

由于气相色谱的限制，GC×GC-TOFMS 主要适用于非极性和中等极性化合物的分析。GC×GC-TOFMS 区别于传统气相色谱仪的 5 个关键参数如下。

（1）升温程序

升温程序是指色谱柱的升温方式，GC×GC-TOFMS 普遍采用一维线性程序升温，包括起始温度、升温速率、目标温度、保持时间等参数，决定了物质分离的有效性及仪器分析时长。升温程序需要根据目标物质的沸点进行设置，在确保足够分离度的情况下尽可能获得较窄的峰。

（2）调制周期

调制器承担着第二维色谱柱进样器的功能，它要保证前一个周期内的组分在第二根色谱柱中得到充分分离，并且要防止后一个周期内的组分在当前周期里进入二维柱。如果调制周期过短，则会导致峰重叠现象；如果调制周期太长，则会有更多的组分进入调制环节，造成一维分离度严重降低，从而极大地降低了一维柱的实际峰容量。调制器周期可选择范围通常为 2～6s。

（3）第二维补偿温度和调制器补偿温度

第二维补偿温度是指在升温程序的基础上对第二根色谱柱的补偿温度，通常补偿 5～30℃，增加第二维补偿温度会降低化合物在第二根柱的保留时间，有助于增加第二维的分离度。此外，调制器补偿温度是指相对于第二维炉温箱的温度，通常补偿 10～30℃。提高调制器补偿温度的目的在于快速解吸冷聚焦的馏分，并导入至第二维色谱柱。调制器补偿温度太低会出现峰展宽或拖尾现象，太高可能超出最大允许的柱温度，柱流失严重。

（4）热脉冲时间

热脉冲时间是指热脉冲气体被排出到调制器内柱上的时间长度，热脉冲的主要目的是快速解吸被冷脉冲困在调制器中的低温聚焦的流出物部分，将低温聚焦的流出物解吸并引入第二维色谱柱上。热脉冲时间增加，相应的冷吹时间缩短，有可能会导致易挥发性化合物冷捕集不充分，冷聚焦效果会变差。热脉冲时间通常选择 0.6～2.5s。

（5）质谱部分

GC×GC-TOFMS 设置的主要采集参数包括溶剂延迟时间、采集速率、质荷比采集范围及电离电压等。仪器允许的质荷比范围为 10～1500m/z，采集速率为 1～500 谱图/s，外标法质量精度<1mg/L，灵敏度（八氯萘）<100fg。

根据样品信息及采集速率，GC×GC-TOFMS 会得到大量的数据信息（图 1-4-3），系统化数据处理主要依托于商业化的质谱数据处理软件（如 Agilent 公司的 Mass Hunter Profinder 软件、Thermo 公司的 Compound Discoverer 软件、LECO 公司的 ChromaTOF 软件）。未知物质的识别主要依赖于 NIST 和 Wiley 等大型质谱数据库及可公开访问的在线化合物数据库、在线质谱库。其中，NIST 谱库是最常用的质谱库，NIST 2020 质谱库包含超过 35 万种化合物以及近 30.7 万条气相色谱-质谱数据和 132 万条液相色谱-质谱数据。

数据定性处理的方法包括峰查找、目标物查找、谱库比对（质谱图或分子式）、反向查找，具体介绍见表 1-4-1。

彩图

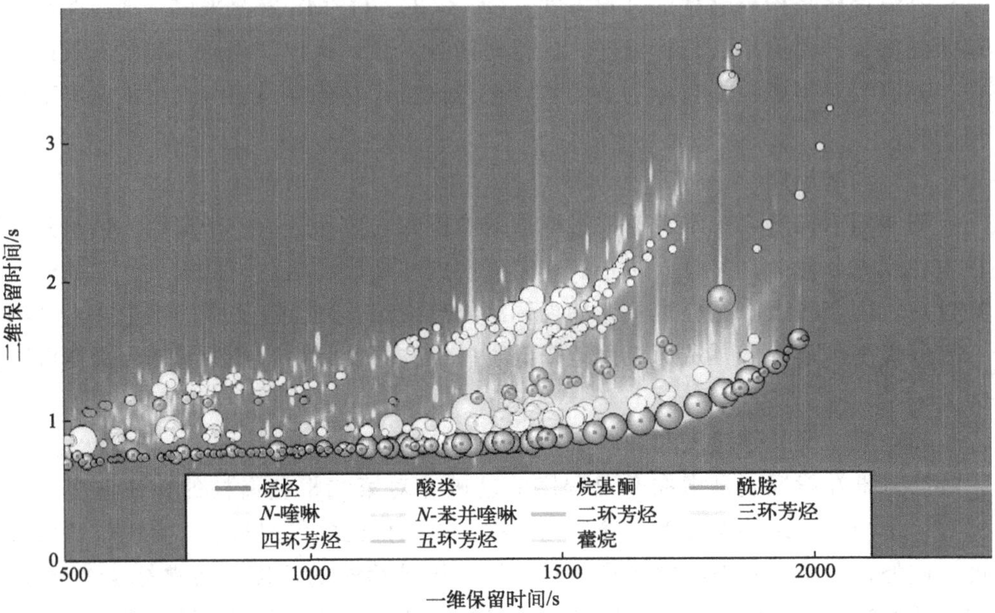

图 1-4-3　GC×GC-TOFMS 质谱信息图

表 1-4-1　GC×GC-TOFMS 定性方法

方法	原理	特征
峰查找	在样品中进行峰查找和峰面积积分	花费时间比较长 无特定选择性，峰表信息量大，干扰多 和"谱库比对"搭配使用
目标物查找	已知目标物的查找	其他无关的峰不会进行查找和积分 峰表给出有限定性的结果 谱图只显示有限定信息的质谱图
谱库比对(质谱图)	和标准质谱图进行质谱匹配	峰查找时间可能会比较长 在质谱库中进行匹配
谱库比对(分子式)	基于用户自定义的元素信息列表和过滤规则尝试给出分子式组成	默认搜索以基峰为基础，也可以选择质谱中指定峰 非专业的谱库搜索
反向查找	在峰表中查找特定的目标物	质谱信息越少假阳性的结果越多 在样品中查找目标物

在定性结果的基础上，还可以在商业软件上对数据批量进行分类、参照、半定量及定量等分析。①分类：根据研究目的、物质化学特征，对识别的物质进行分类并在色谱图上进行区域划分，便于快速管理大量数据并关注重点目标峰。②参照：指自动比较两个数据样本之间的相似性和差异性，识别样本间共有和特有的化合物，适用于化合物生成或降解产物对比分析。③定量分析：需要测试一定浓度梯度的标准样品，以中间浓度的标准样品作为主要定

量标样并建立定量方法即可。④半定量分析：选择与目标化合物有良好相关性的物质的定量标准曲线进行半定量，适用于无现成标样的目标物、上百种化合物的定量、样品中的未定性的新物质。

4.1.3 影响 GC×GC-TOFMS 有机物筛查和分析的主要因素

（1）样品采集与预处理

采样方法：若采样方法不当，如未在合适位置、深度或时间采集，可能导致样品不具代表性，使分析结果出现偏差。要求选择能全面代表研究区域特征的样品进行分析。

预处理过程：萃取、浓缩等预处理步骤若回收率不稳定或引入杂质，会影响分析物的含量测定和定性准确性。如加速溶剂萃取时，萃取温度、压力和时间选择不当，会使目标物萃取不完全。要求样品预处理过程尽可能保留更多的物质信息，且不能含有水分与颗粒物，基质干扰要小。

样品浓度：样品浓度过高会导致色谱峰重叠，影响质谱结果的精度和准确性，可以采用样品稀释或者分流进样等方式减少进样浓度。为了达到良好的分离效果、延长仪器的使用寿命，通常要求样品浓度低于 1mg/L。

（2）仪器参数设置

色谱柱选择：不同固定相和尺寸的色谱柱对有机物的分离效果不同。若色谱柱选择不合适，会导致峰形展宽、分离度下降，影响定性和定量分析。

色谱参数：色谱条件的设置对物质的分离效果至关重要。需要根据样品和可能目标分析物的性质调节升温程序、第二维度补偿温度、调制周期、调制器补偿温度、热吹与冷吹时间等参数条件。

质谱参数：质谱参数的设置决定了样品的总离子流图与离子的质谱碎片信息的获取情况，也决定了后续解卷积数据集的质量。离子源温度、电离电压、质荷比扫描范围、采集速率等参数设置不合理，可能影响离子化效率和检测灵敏度，使一些低含量有机物无法被准确检测到。

（3）实验分析的环境因素

温度和湿度：环境温度和湿度的变化会影响仪器的稳定性和样品的物理性质。如温度波动可能导致色谱柱分离效果改变，湿度较高时可能影响离子化过程，降低检测灵敏度。

电磁干扰：周围环境中的电磁干扰可能影响质谱仪的信号检测，导致数据波动或不准确。

（4）数据处理与分析

数据处理方法：选择不合适的数据处理算法，或信噪比、峰形质量、半峰宽、峰强度阈值等参数设置不当，会影响峰识别结果；基线校正、质荷比校正和积分方法不当，会导致峰面积计算不准确，影响定量结果。

数据库匹配：在进行有机物定性分析时，若使用的质谱数据库不完整或匹配算法不合理，可能会误判或无法准确鉴定出某些有机物。

4.1.4 环境分析应用

在 2010 年左右，GC×GC-TOFMS 开始用于环境样品中有机物的分析，实现了上千种有机物识别。由于环境样品具有基质复杂，有机物种类多、浓度低等特点，GC×GC-TOFMS 对于样品前处理有较高的要求。首先需要减少样品中杂质对仪器的损害和后续仪器分析、数据处理过程中的信号干扰；同时要尽可能避免或减少样品中有机物的损失，这就要求尽量简化样品处理步骤。目前，GC×GC-TOFMS 在环境分析领域的相关研究具体如下。

（1）目标化合物定量分析

利用该技术的高分离度与精确质量测量能力，对环境样品中持久性有机污染物进行准确的定量分析。如 2016 年 5 月发表在 *Chemosphere* 期刊第 156 卷上的论文 "Nontarget approach for environmental monitoring by GC×GC-HRTOFMS in the Tokyo Bay basin"，作者 Yasuyuki Zushi 等基于 GC×GC-HRTOFMS 构建了东京湾流域水样中有机污染物精确的质谱数据库，并应用于东京湾流域的河流监测。通过非靶向筛选检测到 403 种有机化合物，约 55%是基于烷基链的化合物，还包括阻燃剂、农药、药物和个人护理品等。研究对 27 种化合物进行了定量靶向筛查，仅使用^{13}C-PCB 19 作为内标。在检测的目标化合物中，有机磷阻燃剂磷酸三(1,3-二氯异丙基)酯（TDCPP）、磷酸三(1-氯-2-丙基)酯（TCIPP）和磷酸三(丁氧基乙基)酯（TBEP）的浓度最高，中位浓度分别为 31ng/L、116ng/L 和 141ng/L。研究还发现在以建筑物和干道交通为主的流域中检测到常用于家具和建筑材料的阻燃剂；农药类化合物在种类数量上最多，在农业区域水样中普遍存在且浓度较高；部分药物和个人护理品分布广泛，与居民活动模式相关。这些研究结论为环境管理决策提供了十分有价值的信息。

（2）非靶向污染物筛查

通过全二维色谱的强大分离能力结合高分辨飞行时间质谱，对环境样品中未知污染物进行全面筛查和定性鉴别，可发现潜在的新污染物或未被关注的污染物。2011 年 María Jose Gomez 率先使用了 GC×GC-TOFMS 对河水中痕量有机污染物进行筛查，识别了 2700 多种化合物，包括胆固醇、人工麝香、五氯苯酚等有机化合物，该方法检出限远低于 1ng/L。2022 年 Moon-Kyung Kim 等对韩国 100 户住宅的灰尘和有机薄膜进行非靶向分析，识别到了邻苯二甲酸酯类、有机磷阻燃剂、环硅氧烷类化合物、酰胺类化合物等值得关注的新型有机污染物。Di Huang 等对中国江苏某化工园区土壤进行非靶向监测，识别到了 1328 种有机污染物，结合检出频率、相对丰度和潜在来源等信息，最终识别到 38 种有机污染物需要优先关注。

（3）环境样品中差异化合物筛查

利用 GC×GC-HRTOFMS 以及化学计量学手段，筛查不同环境样品中具有显著性差异的挥发性及半挥发性有机污染物。运用化学计量学方法可以对 GC×GC-HRTOFMS 获得的大量数据进行优化处理，提取有用信息，筛查出差异化合物，更好地识别出潜在的污染趋势和异常值，从而提高检测的准确性。2018 年 Cathrin Veenaas 等在 *Environmental Science & Technology* 上发表了采用 GC×GC-TOFMS 对 2005 年至 2015 年间采集的斯德哥尔摩污水污泥样品进行分析的研究。通过空白过滤、重复性筛选以及时间覆盖筛选等数据过滤手段消除了约98%的数据冗余，从初始约60000个特征峰降至约1500个化合物。研究共识别出192个具有显著对数线性趋势的化合物，其中132个呈下降趋势（多环芳烃、烷基苯及烃类、三氯生等），60个呈上升趋势（紫外吸收剂、香精和香料等）；另有120个化合物呈现非单调趋势（邻苯二甲酸酯、4-叔辛基酚等）。通过GC×GC-TOFMS结合多步数据筛选策略，研究揭示了污泥中交通相关污染物因技术改进减少，而化学品的增加趋势凸显了新污染物的环境风险。该方法为化学品排放监测及政策制定提供了技术支持。

4.2 高效液相色谱-飞行时间质谱联用

众所周知，高效液相色谱（HPLC）与质谱（MS）联用技术受接口技术的限制发展较为缓慢。直到大气压电离（API）接口技术问世，才使联用得到快速发展，高效液相色谱-飞行时间质谱（high performance liquid chromatography-time of flight mass spectrometry，HPLC-TOFMS，图1-4-4）凭借高分辨飞行时间质谱，能精准检测痕量污染物，包括环境样品中强极性、难挥发、热不稳定的有机化合物，如可检测环境介质中痕量农药残留、持久性有机污染物等。能同时给出组分分子量和结构的丰富信息，在鉴定未知环境污染物时的优势显著，而且使用窄径微粒径短柱，大幅提高了分离效果，分析时间快；仪器自动化程度高，减少了人工操作误差，提高了分析效率。

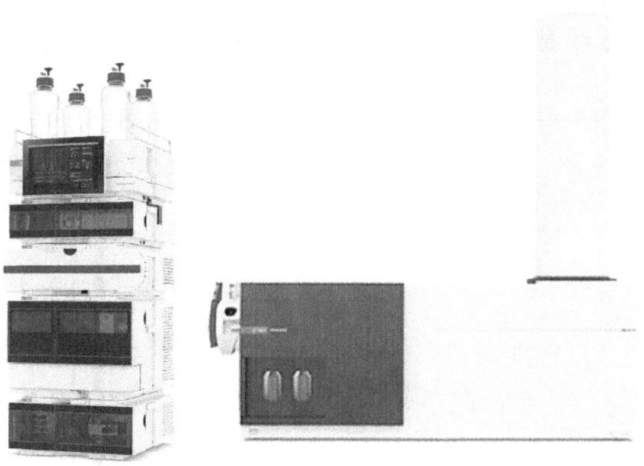

图1-4-4　高效液相色谱-飞行时间质谱仪

4.2.1 基本原理

飞行时间质谱是一种基于离子飞行时间差异实现质量分析的质谱技术，其核心原理是通过测量离子在无场真空环境中的飞行时间，推导出离子的质荷比（m/z）。详细推导公式如下。

离子在电场中被加速后获得动能，根据动能守恒公式：

$$zV=\frac{1}{2}mv^2 \tag{1-4-1}$$

式中，m 为离子质量；z 为离子所带的电荷数；v 为离子的飞行线速度，离子质荷比越大，飞行速度就越慢；V 为加速电压，它对于所有离子是相同的。

而离子飞行时间的线速度 v 为：

$$v=\frac{L}{t} \tag{1-4-2}$$

式中，L 为飞行距离，是由仪器的飞行管决定的常数；t 为飞行时间。

所以式（1-4-1）可以转化为：

$$zV=\frac{1}{2}m\left(\frac{L}{t}\right)^2 \tag{1-4-3}$$

因而离子质荷比正比于飞行时间的平方：

$$\frac{m}{z}=\frac{2V}{L^2}\times t^2 \tag{1-4-4}$$

即通过精确测量飞行时间 t，便可反推出离子的质荷比；且质量越大的离子飞行时间越长。

4.2.2 仪器结构及关键参数

（1）仪器主要结构

整套仪器包括液相色谱和质谱主机，以及与其配套的计算机和打印机。其中飞行时间质谱仪主要由离子源、离子传输毛细管、离子光学组件、四极杆、碰撞池、离子束整形器、脉冲发生器、飞行管和检测器组成（图 1-4-5），各部分的主要功能及特点如下。

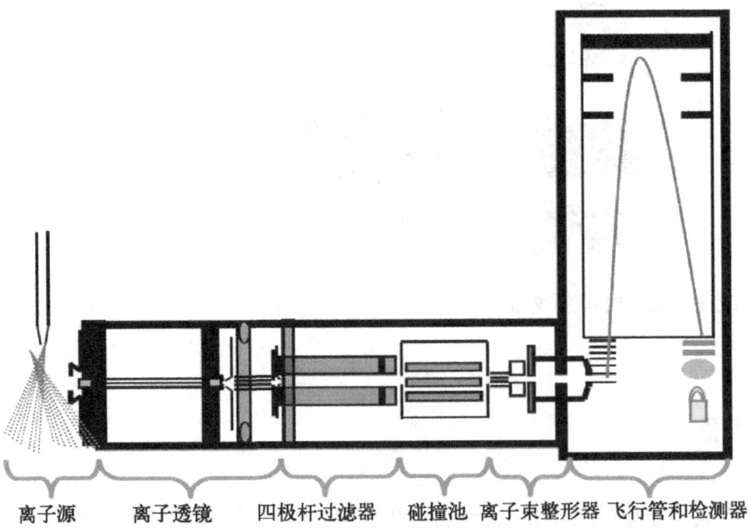

图 1-4-5 飞行时间质谱仪基本结构图

离子源：将分析物中的中性化合物离子化，并在电场的作用下将产生的离子传输到离子传输毛细管。

离子传输毛细管：离子导入通道，将离子源产生的离子传输到质谱。同时，隔离外部的常压与质谱内部的真空系统。

离子光学组件：进一步除去溶剂和中性分子的高效离子传输组件，并将随机运动的离子聚焦送入四极杆。

四极杆：质量过滤器，双曲线的四极杆优化离子传输和质谱分辨率。可以选择让某些质荷比的离子依次通过或者让所有的离子全部通过。

碰撞池：高压下具有线性加速度的碰撞池促进质谱/质谱碎裂，从而在较短的停留时间内仍可消除交叉干扰。

离子束整形器：将随机运动的离子压缩为一个薄层，进入飞行管，减少离子在纵向的扩散，提高分辨率。

脉冲发生器：产生高频率的瞬间电压，使离子纵向加速进入飞行管。

飞行管：离子在飞行管内纵向飞行，不同质荷比的离子通过飞行时间的不同来区分。

检测器：包括微通道板、闪烁体和光电倍增管。高增益，寿命长，线性范围宽。

（2）关键参数

离子源选择：HPLC-TOFMS 中常用离子源包括电喷雾电离（ESI）源、大气压化学电离（APCI）源、大气压光电离（APPI）源和双模式（ESI＋APCI 双模式切换）离子源，每种电离方式适用于不同性质的化合物。如 ESI 源适用于极性化合物（如代谢物、肽段、蛋白质、糖类）；APCI 源适用于弱极性至中等极性小分子（如脂类、甾体、药物小分子）；APPI 源适用于非极性化合物（如多环芳烃、类固醇、脂溶性维生素）；双模式离子源可以扩展化合物覆盖范围（如极性＋非极性）。实际应用中需结合样品特性、流动相条件和检测目标物质灵活选择，必要时采用混合模式以全面覆盖复杂样品中的未知成分。

数据采集方式：HPLC-TOFMS 的数据采集方式直接影响检测灵敏度、质量精度及信息丰富度，主要分为一级全扫描（full scan）模式、数据依赖型采集（DDA）模式和数据非依赖型采集（DIA）模式。full scan 模式能够使质谱在设定的质量范围内连续采集所有离子的信号，生成高质量分辨率的一级质谱图，适合未知化合物的筛查，但是无法直接获取碎片离子信息，需要后续补充二级质谱信息；DDA 模式在全扫描中通过较窄的 m/z（通常为 1Da）窗口实时选择强度高的母离子进行碎裂，触发次级质谱采集，该模式可以减少其他离子干扰，获得质量较高的碎片信息，但同时也可能漏检低丰度离子；DIA 模式不预先对母离子进行筛选，而是将质量范围划分为多个窗口，依次对每个窗口内的所有母离子进行无差别碎裂，采集所有 MS/MS 谱图。相比于 DDA 模式，DIA 模式可以无差别地获取所有离子，大大降低结果的假阴性，提高筛查效率。但是，DIA 模式在较宽的 m/z 窗口内将多个母离子的碎片离子采集成一张谱图，增加了谱图解析的难度和工作量。

4.2.3 环境分析应用

鉴于环境介质的复杂性、污染物种类的多样性以及理化性质的差异性，环境领域针对HPLC-TOFMS技术的应用主要集中在未知污染物的非靶向筛查和定性分析，并结合同位素标记、多级质谱和精确质量等信息，在无标准样品的情况下对复杂化合物进行准确鉴定识别。主要应用如下。

（1）可疑物筛查

可疑物筛查是针对可疑清单中"预期存在但未确证的化合物"开展系统性识别的分析方法，对于没有标准样品的潜在化合物或转化产物的分析十分有效。当前，该方法在水体、沉积物、大气等多种环境介质中得到了广泛应用。早在2011年，Segura等基于可疑物筛查方法建立了一个包含264种常见有机污染物的数据库，用于饮用水和地表水中污染物的筛查分析。之后Tian等也采用高分辨质谱法对普吉特海湾（华盛顿州）近岸海洋环境中新污染物进行可疑物和未知物筛查，共鉴定出87种新污染物，包括药物、除草剂、与车辆相关的化合物、增塑剂和阻燃剂，相关研究成果突出了环境介质中可疑物和未知物筛查的重要性。

（2）未知物筛查

未知物筛查是一种不依赖于可疑化合物清单的方法，主要针对样品中"完全未知的化合物"进行全面分析。这种方法需要从头推导分子式和化学结构，甚至可能发现全新化合物。尽管未知物筛查相比可疑物筛查需要更多的人工干预，并且可能因计算资源的限制而耗费较长时间，但其在环境监测领域仍具有重要的科学和应用价值。例如，Köppe等利用HPLC-TOFMS对德国中部Nidda河流域的有机污染物进行了非靶向筛查。为了便于物质识别，研究中采用了成分化处理步骤，将源自同一化合物的特征离子（如加合物、同位素离子、源内碎片以及多电荷离子）进行分组。结合保留时间和峰形特征，将这些特征离子归类为单一成分，从而显著减少了特征离子数量。这一步骤使每个样本平均减少了1235个特征离子，占总特征离子数的46%。目前，多数研究已将可疑物筛查和未知物筛查两种技术相结合，以全面覆盖从已知到未知的化合物识别需求。这种结合方法在环境监测领域具有重要的科学和应用价值，能够更全面地揭示水体中的污染物及其潜在来源。

4.3 超高效液相色谱串联质谱仪

随着全球环境问题日益凸显，对环境中各类污染物，尤其是新污染物的精准分析迫在眉睫。超高效液相色谱串联质谱仪（UPLC-MS-MS）融合先进的液相色谱分离理论与质谱鉴定技术，为环境分析开辟新路径。从理论上讲，其基于物质在不同相中的分配差异及离子化特性，实现对复杂混合物的深度剖析。又因其高灵敏度、强分离能力及精准定性定量的优势，在检测痕量新污染物、解析复杂污染体系等方面发挥关键作用。

4.3.1 基本原理

超高效液相色谱串联质谱仪（UPLC-MS-MS）的工作主要分为超高效液相色谱分离、离子化、质谱分析以及串联质谱分析等关键阶段。

在超高效液相色谱分离阶段，样品由进样系统注入，流动相在高压泵的推动下，带着样品进入超高效液相色谱柱。由于不同化合物在固定相和流动相之间的分配系数存在差异，在色谱柱中经过多次分配后，复杂样品中的各种成分得以逐一分离。例如，在分析环境样品中的多类新污染物（持久性有机污染物、内分泌干扰物等）时，即便组分结构相似，超高效液相色谱柱也能凭借其高效的分离能力，将这些物质按顺序洗脱出来。

分离后的组分进入质谱仪后，首先要经历离子化过程。常用的离子化方式有电喷雾电离（ESI）和大气压化学电离（APCI）。ESI 适用于极性化合物，在强电场作用下，溶液中的样品形成带电液滴，随着溶剂挥发，液滴变小，最终形成气态离子。APCI 则主要针对弱极性或非极性化合物，通过电晕放电使气相中的试剂离子与样品分子发生反应，实现样品离子化。

离子化后的样品离子进入质量分析器，在质量分析器中，不同质荷比（m/z）的离子会依据分析器类型在电场、磁场的作用下发生不同程度的偏转，或产生飞行时间差异，从而实现分离。例如，四极杆质量分析器通过调节直流电压和射频电压，仅允许特定质荷比的离子通过，到达检测器产生信号。

串联质谱分析是 UPLC-MS-MS 的独特优势。经过一级质谱筛选出的特定离子，会进一步在碰撞池中与惰性气体碰撞，发生裂解产生子离子。这些子离子再进入二级质量分析器进行检测。通过分析子离子的质荷比及相对丰度，能获取更多化合物的结构信息，对于复杂新污染物的准确鉴定极为关键，极大提高了检测的准确性和灵敏度。图 1-4-6 是多级串联质谱-三重四极杆结构示意图。

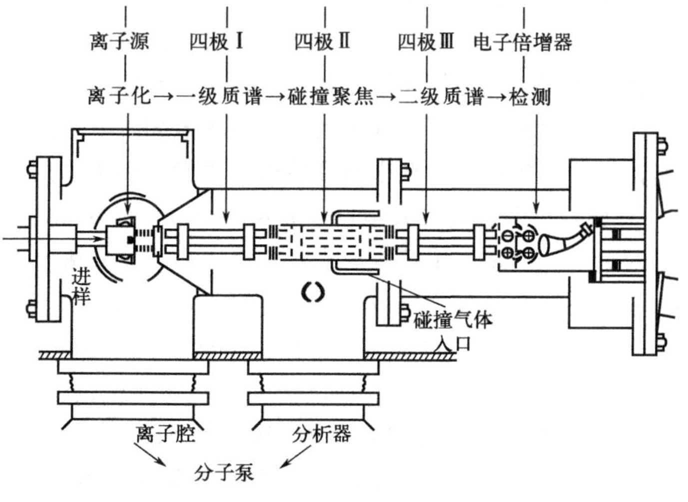

图 1-4-6 多级串联质谱-三重四极杆结构示意图

4.3.2 仪器结构及关键参数

超高效液相色谱串联质谱仪（UPLC-MS-MS）主要由超高效液相色谱系统（UPLC）、质谱仪（MS）以及连接两者的接口和数据处理系统组成。

超高效液相色谱系统是分离样品中不同成分的关键部分。它包含溶剂输送系统，能精准控制流动相的流速和比例，为复杂样品分离提供稳定驱动力；进样系统可实现微量样品的快速、准确注入，确保分析的重复性；而核心的色谱柱，相比传统液相色谱柱，其粒径更小、柱长更长，分离效率大幅提升，能将复杂样品中的新污染物逐一分离。例如，在分析环境水样中的多种抗生素类新污染物时，可凭借超高效的分离能力，将结构相似的抗生素有效分开。

质谱仪负责对分离后的化合物进行定性和定量分析。离子源是质谱仪的重要部件，常见的电喷雾电离（ESI）源适用于极性化合物，能在溶液状态下使目标物离子化，形成气态离子；大气压化学电离（APCI）源则对弱极性或非极性化合物离子化效果较好。离子在质量分析器中，依据质荷比差异实现分离，常见的有四极杆质量分析器，可通过调节电场筛选特定质荷比离子，飞行时间质量分析器则根据离子飞行时间测定质荷比，分辨率高。最后，检测器将离子信号转化为电信号，记录并传输数据。

连接 UPLC 与 MS 的接口也至关重要，其能将液相色谱分离后的样品高效传输至质谱仪，并保证质谱仪的高真空环境不受影响。数据处理系统则收集、分析质谱仪传来的数据，通过专业软件解析质谱图，结合数据库匹配，实现对新污染物的精准鉴定与定量分析。

4.3.3 环境分析应用

在环境分析应用前景方面，UPLC-MS-MS 可用于筛查与鉴定新污染物，定性定量准确性高。质谱部分通过离子化、质量分析等流程，依据化合物独特的质谱图精准定性；结合外标法、内标法，可实现准确定量。即便在复杂基质干扰下，也能确保结果可靠。未来，该技术将朝着小型化、便携化方向发展，以实现更便捷的现场监测，并通过与其他技术联用，进一步提升对复杂环境体系的分析能力，在生态环境保护中发挥更大作用。

2025 年 2 月，来自加拿大蒙特利尔大学化学系的 Termeh Teymoorian 等针对法国里昂南部多种水源（包括池塘水、河水、工厂渠道水、井水、泉水和自来水）中全氟和多氟烷基物质（PFAS）污染情况，在 *Environmental Science & Technology Letters* 上发表了题为“Target and suspect screening reveal PFAS exceeding european union guideline in various water sources south of Lyon，France”的文章，基于超高效液相色谱-高分辨质谱分析了水样中的 77 种目标 PFAS 和大约 120 种可疑目标 PFAS。研究结果为欧盟法规［Directive（EU）2020/2184］的出台提供了关键的基线数据，同时验证了欧盟提议的 20 种 PFAS 清单是否能充分代表这些水源中存在的 PFAS 种类。

4.4 轨道阱质谱

1999 年科学家 Alexander Makarov 发明了静电场轨道阱这一新型质谱技术，2000 年轨道阱质量分析器技术（Orbitrap-MS）问世，2005 年第一代商品化 Orbitrap 质谱仪引入中国，随着赛默飞等公司持续改进优化，系列性能更强的产品不断推出，如 Orbitrap Fusion 采用超高场 Orbitrap 质量分析器，具备超高分辨等能力。轨道阱质谱因其高分辨率与精确质量测定能力，可对环境样品中痕量的新型持久性有机污染物、内分泌干扰物等新污染物进行精准检测与结构鉴定。如今，随着技术发展，轨道阱质谱仪在新污染物分析、药物研发、蛋白质组学、代谢组学等多领域得到广泛应用。

4.4.1 轨道阱质谱结构组成

轨道阱质谱主要由离子源、质量分析器、检测器、真空系统以及数据处理系统组成。离子源负责将样品离子化，转化为气态离子，常见离子化方式包括电子轰击电离（EI）、化学电离（CI）、电喷雾电离（ESI）、基质辅助激光解吸电离（MALDI）等，不同方式适配不同类型样品，如 EI 适用于挥发性和热稳定性较好的化合物，ESI 常用于极性大、热稳定性差的生物大分子。质量分析器是核心部件，由中心纺锤形电极和环绕的桶形电极构成，离子进入后在静电场作用下围绕中心电极做复杂轨道运动，通过检测与质荷比相关的振荡频率来精确测定质荷比（图 1-4-7）。检测器用于检测经质量分析器分离后的离子，离子撞击产生电信号，经放大记录得到离子强度信息，常用电子倍增器、微通道板检测器等。真空系统通过机械泵和涡轮分子泵等，将质谱仪内部压力降至 10^{-6}Pa 甚至更低，以确保离子在质量分析器

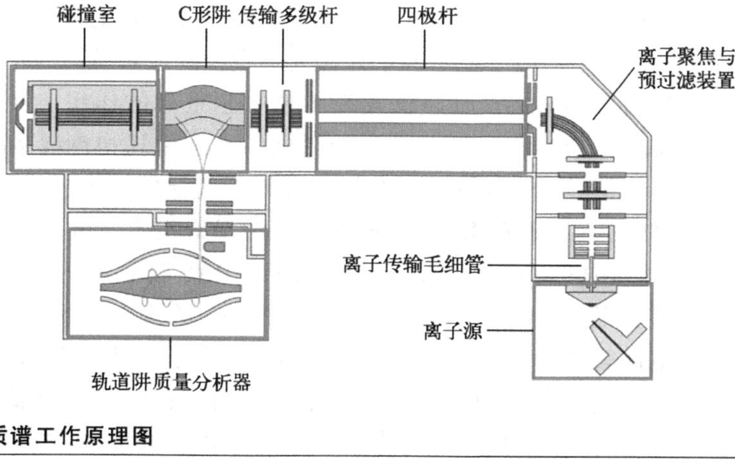

图 1-4-7 轨道阱质谱工作原理图

中自由飞行不受空气分子干扰。数据处理系统负责采集、处理、分析检测器传来的信号，转化为质谱图与相关质量数据，还具备数据存储、检索、定量分析等功能，保障对样品化合物进行鉴定和定量分析。

4.4.2 关键调控参数

轨道阱质谱仪的关键控制参数包括分辨率、质量范围、灵敏度与扫描速度。分辨率决定质谱仪区分相邻质荷比离子的能力，与轨道阱尺寸、电场强度及离子运动状态相关。可通过精确设计电极形状、材质及施加电压以优化电场均匀性和强度，使离子运动更稳定来提升分辨率，也可适当延长离子检测时间以精确测量离子振荡频率来提高分辨率，但需权衡分析速度降低的问题。质量范围是指质谱仪能够检测到的离子质荷比范围，取决于仪器设计和离子检测系统性能。对于大分子物质采用软电离源如电喷雾电离（ESI）并优化进样参数，可扩展高质量端检测范围，还可依据目标质量范围优化检测器增益、阈值等参数以确保不同质荷比离子被准确检测。灵敏度反映检测低浓度样品的能力，与离子源效率、离子传输效率及检测器灵敏度紧密相关，可通过调节喷雾电压、温度、气体流量等参数使样品充分离子化并高效传输，以及提高轨道阱内部真空度，减少离子与气体分子碰撞，降低离子散射和能量损失，增强离子信号强度来提升。扫描速度是指质谱仪在一定时间内对不同质荷比离子进行扫描检测的速度，可通过合理设置扫描范围、步长和采集时间等参数，在保证数据质量的前提下提高。采用高速模数转换器、数据处理芯片等硬件设备加快数据采集和处理速度，能实现更快扫描。

4.4.3 联用技术优化与环境应用

轨道阱质谱（Orbitrap-MS）可以与高效液相色谱（HPLC）、气相色谱（GC）等分离技术联用，在进入质谱分析前对复杂样品进行预分离，降低样品复杂度，可提高质谱分析的准确性和效率。通过优化联用接口技术，使分离后的样品能够高效地传输到质谱仪中，同时保证离子化效率和传输过程中的离子稳定性，才能充分发挥高分辨质谱的作用。

在新污染物分析领域，Orbitrap 质谱仪发挥着越来越重要的作用。2023 年 3 月 Jonathan S. Casey 等在 *J. Chromatogr A.* 上发表研究论文，即采用气相色谱-高分辨质谱（GC-HRMS）结合非靶向分析和可疑筛查技术对全氟和多氟烷基物质（PFAS）进行分析、鉴定和分类的工作，深入研究了 GC-HRMS 中各种 PFAS 的保留指数、电离敏感性、破碎模式等色谱行为；并基于 GC-Orbitrap/MS 技术，用 141 种 PFAS 物质建立了高分辨谱库和非目标分析工作流程，应用于筛查焚烧废物时可能产生的 PFAS 及其他含氟相关物质。

中国科学院广州地球化学研究所郭上等 2022 年在《分析化学》第九期上发表了题为《超高效液相色谱-四极杆/静电场轨道阱高分辨质谱非靶向筛查生物消化液浸滤作用下塑料制品中添加剂的释放》的论文。研究采用超高效液相色谱串联四极杆/静电场轨道阱高分辨质谱（UHPLC-Q-Orbitrap HRMS）建立了塑料制品中添加剂的非靶向筛查方法，并将其应用于筛查人工生物胃液浸滤作用下塑料制品中释放的添加剂，在正离子模式和负离子模式下进行数据采集。自建了 31 种塑料添加剂的标准样品质谱库和 6028 种塑料添加剂可疑库。从电线聚氯乙烯（PVC）绝缘层萃取液中筛查出化合物 L1 有 4 种［邻苯二甲酸二乙酯(DEP)、邻苯二甲酸二(2-乙基己)酯（DEHP）、磷酸三(2-氯乙基)酯（TCEP）和双酚 A(BPA)］，L2 和 L3 置信度的化合物分别为 88 种和 50 种（含邻苯二甲酸酯类、酰胺、烯酸等），L4 及以上化合物共 1944 种。电线 PVC 绝缘层在人工鸟胃液浸滤作用下释放出添加剂 132 种，L1 置信度包括 DEHP、BPA、2-(2-羟基-5-苯甲基)苯并三唑（UVP）和磷酸三乙酯（TEP），浸出量分别达到 4.6mg/g、38.1μg/g、47.8ng/g 和 158.2ng/g。

目前，非靶向超高效液相色谱-轨道阱质谱（UHPLC-Orbitrap MS）技术融合超高效液相色谱高分离能力与轨道阱质谱高分辨率、高精度质量分析能力，在环境科学领域，可对土壤、水、空气颗粒物等样品开展污染物筛查，检测新污染物，为环境监测提供更全面信息；还能通过分析有机化合物指纹特征追踪污染源，判断污染来源，并能够提供丰富的分子结构信息，在化学、生物、环境等多个领域有着广泛的应用。

4.5 样品预处理/色谱-质谱联用方法

在当前新污染物分析领域，样品预处理与色质联用一体化分析技术持续迭代创新，为新污染物的研究注入了新的活力。在线固相萃取-高效液相色谱-串联质谱联用（on-line SPE-HPLC-MS/MS）在复杂环境样品分析中发挥作用。在分析血液中的药物及其代谢产物类新污染物时，样品首先通过在线固相萃取柱进行净化与富集操作，在此过程中，蛋白质等大分子杂质被有效去除，富集后的目标物则直接进入 HPLC-MS/MS 系统展开分析。这一技术成功实现了样品预处理与分析过程的全自动化，大幅减少了人为误差，同时显著提高了分析通量与灵敏度。

固相微萃取-气相色谱-质谱联用（SPME-GC-MS）技术已在环境监测领域广泛应用。以大气中挥发性有机物（VOCs）的检测为例，SPME 纤维头能够凭借其独特的吸附特性，直接从大气环境中捕获目标 VOCs。在完成吸附后，将纤维头置于 GC-MS 进样口，通过高温解吸的方式，使 VOCs 迅速释放并进入气相色谱柱进行分离，随后进入质谱仪完成定性与定量分析。该技术凭借无溶剂操作的优势，极大地简化了实验流程，不仅支持现场采样，还能实现快速分析，显著提升了检测效率。

液相微萃取-液相色谱-质谱联用（LPME-LC-MS）技术则在极性或热不稳定新污染物的分析场景中得到应用。在检测水样中痕量抗生素时，通过液相微萃取装置，可精准地将水样中抗生素萃取至微升级的有机相中。萃取完成后，萃取液能够直接注入 LC-MS 系统进行后续分析。该技术不仅有效降低了样品基质的干扰，而且由于有机溶剂用量极少，具有极高的应用价值。

下面简要介绍目前应用较多的固相萃取-高效液相色谱-质谱在线分析法和热裂解-气相色谱-质谱法。

4.5.1 固相萃取-高效液相色谱-质谱在线分析法

在线固相萃取是根据离线固相萃取的工作原理，将固相萃取与色谱分析集成化的新技术。与离线固相萃取相比，操作简单，自动化程度高，样品量要求较少，分析物损失小，灵敏度高。

近年来，随着液相色谱仪技术的迅速发展，HPLC 自动化程度越来越高，加之色谱柱填料颗粒技术的发展，使得色谱分离的时间大大缩短。无疑，样品的前处理技术实现自动化，将会为实验室人员带来极大的益处。尤其是当面临大量样品且前处理过程烦琐时，自动化无疑是理想的选择，这也与 HPLC 技术发展相匹配。固相萃取是当前常用的样品前处理技术，分为在线和离线两种方式，用于样品的净化、除杂和富集。离线固相萃取具有试剂用量少、节省时间、易于规范操作等优点。其缺点为固相萃取柱仅能使用一次，成本较高。而在线固相萃取技术（on-line SPE）能把活化、平衡、除杂和洗脱等过程在封闭系统内自动完成，减少人工操作带来的误差，提高方法的准确性和精密度，不仅能加快样品的前处理过程，而且 SPE 柱可重复使用，总的分析成本将大大降低；更为关键的是在线 SPE 柱（填料粒径范围为 5～10μm）比离线 SPE 柱的柱效更高，分离度更好，样品更干净，更易于最终的 HPLC 分离。

在线 SPE-HPLC 体系中，SPE 预柱初始位于六通阀采样环位置（图 1-4-8），经过预柱活化、样品吸附、杂质清洗等步骤，六通阀切换至注射位置，将 SPE 预柱与 HPLC 分析柱相连，分析物在流动相的推动下在分析柱上得到分离，进入检测器检测。SPE 与 HPLC 在线耦合性很好，因为 LC 的流动相是液相，SPE 处理的样品多为液相，二者兼容性强。值得注意的是，SPE 预柱中吸附剂与 HPLC 分析柱填料的保留性能应相当，以降低色谱峰变宽的程度。

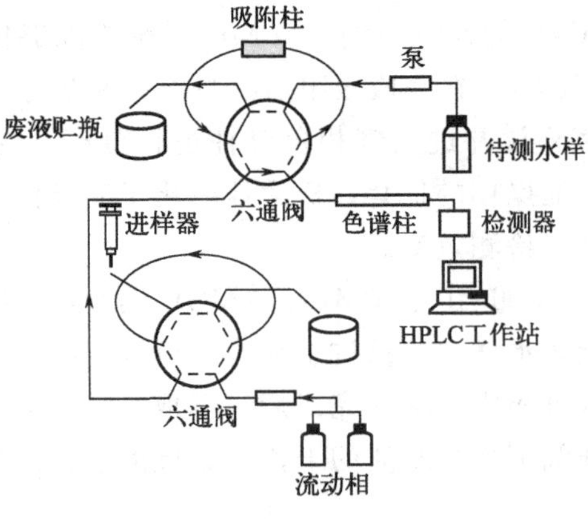

图 1-4-8 在线 SPE-HPLC 分析过程示意图

4.5.2 热裂解-气相色谱-质谱法

热裂解-气相色谱-质谱法（pyrolysis-gas chromatography/mass spectrometry，Py-GC-MS）是一种将热裂解技术与气相色谱-质谱联用技术相结合的分析方法。热裂解是有效识别和定量环境介质和生物样品中大分子有机物或聚合物的分析方法。该方法依赖于特定温度下排除氧气后产生的裂解产物，经 GC-MS 检测得到大分子有机物的裂解谱图，即表征不同大分子有机物或聚合物的指纹图谱，这样就可在分子水平上对挥发性的裂解产物进行识别。在特定热解产物的基础上，Py-GC-MS 可以测定大分子有机物或聚合物含量，从而对复杂环境样品中大分子有机物或聚合物进行精准定性和定量。

Py-GC-MS 分析方法集热裂解、气相色谱分离和质谱鉴定功能于一体，主要特点在于：

① 能对复杂大分子新污染物进行有效分析。许多新污染物，如某些难以直接汽化的聚合物或高沸点有机化合物，可在高温裂解条件下，分解为易挥发的小分子碎片。这些碎片经气相色谱分离后，再由质谱仪精准鉴定，从而实现对原始复杂物质的结构解析，拓宽了可检测新污染物的范围。

② 该方法具有高灵敏度。热裂解过程将目标物转化为气态小分子，适用于气相色谱-质谱联用分析，即便环境样品中目标新污染物含量极微，也能被有效检测，适用于环境水样、土壤等复杂基质中痕量新污染物的测定。

③ Py-GC-MS 分析速度较快。热裂解环节能在短时间内完成，后续气相色谱分离与质谱检测流程成熟高效，相比一些需冗长预处理步骤的分析方法，可大大缩短分析周期，提高检测效率，满足快速筛查新污染物的需求。

④ Py-GC-MS 定性定量准确性高。气相色谱基于物质沸点、极性等差异实现分离，质谱依据质荷比进行精准定性，二者结合为新污染物定性提供可靠依据；同时，通过内标法等手段，可实现对目标物的准确定量，保障分析结果的科学性。

Py-GC-MS 分析仪主要由热裂解器、气相色谱仪（GC）、质谱仪（MS）以及数据处理系统等核心部分组成（图 1-4-9）。

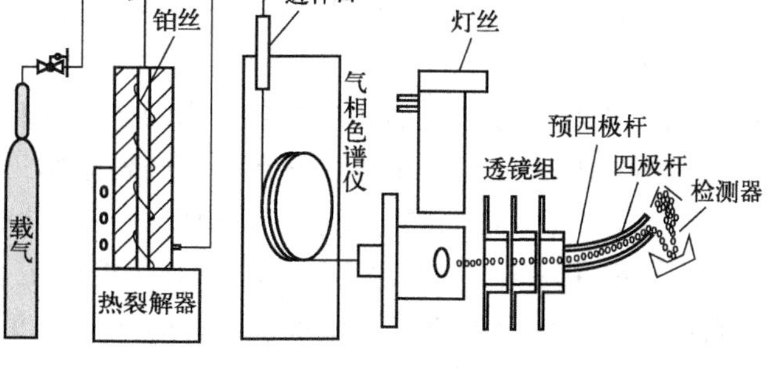

图 1-4-9 热裂解-气相色谱-质谱分析过程示意图

热裂解器是 Py-GC-MS 的核心组件，负责将复杂的样品，尤其是那些难以直接汽化分析的物质，在高温环境下裂解成小分子碎片。根据不同的分析需求，热裂解器可分为多种类型，如：居里点热裂解器利用铁磁性材料在高频磁场中感应加热，温度控制精准；管式炉热裂解器则通过电阻丝加热，具有操作简单、适用范围广的特点。

气相色谱仪主要包含进样系统、色谱柱和检测器。进样系统将热裂解产生的气态小分子快速引入色谱柱，使复杂的裂解产物混合物在色谱柱中逐一分离成单一组分，为后续质谱鉴定提供基础保障。

质谱仪负责对分离后的物质进行定性定量分析。质量分析器依据离子的质荷比将不同离子分离，如四极杆质量分析器结构简单、扫描速度快。最后，检测器将离子信号转化为电信号并记录。

数据处理系统负责收集、处理和分析来自质谱仪的信号数据，通过专业软件对物质的质谱图进行解析，结合数据库匹配，实现对样品中大分子有机物或聚合物的精准定性与定量。

影响 Py-GC-MS 分析准确性的关键因素有以下几种。

(1) 影响热裂解效果的主要因素

样品预处理：样品预处理方法对结果有显著影响。例如，样品中杂质可能会影响裂解产物的组成，而不同的预处理方法可能改变目标物的裂解特性。

裂解温度：裂解温度的选择对裂解产物的种类和数量有直接影响。不同的大分子有机物或聚合物具有不同的裂解温度，过高或过低的温度都可能导致裂解产物的种类和组成发生变化，影响质谱鉴定结果的准确性。

裂解时间：裂解时间的长短也会影响裂解产物的组成。较短的裂解时间无法保证大分子有机物或聚合物完全裂解，而过长的时间则可能导致过度裂解，形成更多的小分子，增加分析的复杂性。

裂解气氛：热裂解通常在惰性气氛下进行，以防止氧化。选择不同的惰性气体或裂解气氛可能对裂解产物产生微小影响。

(2) 影响 GC-MS 分析的主要因素

气相色谱（GC）条件：包括柱温、进样口温度、载气流速等，这些条件的选择会影响裂解产物的分离效果，进而影响鉴定的准确性。

质谱（MS）条件：包括离子源温度、电离模式等，这些条件影响裂解产物的电离效率和离子化方式，对鉴定结果至关重要。

标准样品和数据库：用于比对的标准样品和质谱数据库的完整性和准确性与鉴定结果的可靠性有直接关系。对照标准的缺乏或不准确可能导致错误的鉴定结果。

仪器性能和校准：GC-MS 仪器的性能和定期校准是确保分析结果准确性的基础。

热裂解-气相色谱-质谱提高了微塑料的检测能力，特别是准确定量分析的能力。利用 Py-GC-MS 可建立微塑料的定性定量分析方法，实现微塑料的高灵敏度检测，探清微塑料的赋存状况，为后续的微塑料治理提供数据支撑。

例如，基于 Py-GC-MS 分析揭示环境水样中微塑料的赋存特征时，显示出 Py-GC-MS

的优势。①尽管环境水样中微塑料含量极低，Py-GC-MS依然能敏锐捕捉到这些痕量微塑料。在热裂解环节，微塑料被高温分解为小分子碎片，如聚乙烯微塑料裂解后产生乙烯、丙烯等小分子，这些碎片经气相色谱分离，再由高分辨质谱检测，即便是极少量的微塑料也能被精准识别，检测下限可达微克甚至纳克级。②Py-GC-MS分析对微塑料种类的鉴别能力强。不同材质的微塑料，如聚丙烯、聚苯乙烯等，裂解产生的小分子碎片具有独特的质谱特征（表1-4-2）。通过与标准质谱库比对，能准确判断水样中微塑料的材质类型，可为后续溯源提供关键依据。③Py-GC-MS操作相对简便。相较于传统复杂的微塑料检测流程，其无需烦琐的分离、富集步骤，直接对水样中的微塑料进行热裂解分析，大大缩短检测周期，提高检测效率。

表 1-4-2　10 种微塑料及特征裂解产物信息表

中文名	简称	特征化合物	特征化合物（简称）	定量离子（m/z）	辅助离子（m/z）
聚乙烯	PE	1,20-heneicosadiene（1,20-二十碳二烯）	C21	82	294
聚丙烯	PP	2,4-dimethyl-1-heptene（2,4-二甲基-1-庚烯）	C9	126	70
聚苯乙烯	PS	styrene trimer（苯乙烯三聚体）	SSS	91	312
丙烯腈-丁二烯-苯乙烯共聚物	ABS	2-phenethyl-4-phenylpent-4-enenitrile	SAS	170	91
丁苯橡胶	SBR	4-phenylcyclohexene（4-苯基环己烯）	SB	104	158
聚甲基丙烯酸甲酯	PMMA	methyl methacrylate（甲基丙烯酸甲酯）	MMA	100	69
聚碳酸酯	PC	4-isopropenylphenol（4-异丙基苯酚）	IPP	134	119
聚氨酯	PU	4,4′-methylenedianiline（4,4′-亚甲基二苯胺）	MDA	198	106
聚对苯二甲酸乙二醇酯	PET	benzophenone（二苯甲酮）	BP	182	105
尼龙-6(聚酰胺-6)	N-6	ε-caprolactam	ε-己内酰胺	113	85

此外，热裂解-气相色谱-静电场轨道阱质谱可对环境中痕量微塑料微粒开展非靶向与靶向分析，以60000或更高的分辨率运行，能对不同聚合物进行精确质量测量，大大提升微塑料分析在灵敏度、选择性、精密度、分离度和质量精度方面的潜力。该方法通过对聚合物进行全面表征，确定用于定量的离子和用于定性的碎裂离子，为更精准开展微塑料研究提供了保证。

应用案例篇

案例 1

太浦河水系表层沉积物中有机氯农药的赋存特征

1. 研究背景

有机氯农药（organochlorine pesticides，OCPs）是一类人工合成的疏水亲脂性有机化合物，根据合成原料可分为两大类（图 2-1-1）：一是以苯为原料，包括应用性最广的广谱性杀虫剂六六六和滴滴涕，以及新研发使用的三氯杀螨醇、三氯杀螨砜、甲氧滴滴涕等；二是以环戊二烯为原料，包括狄氏剂、硫丹等杀虫剂。OCPs 具有高效广谱、成本低廉的优势，是 20 世纪以来全球使用量最大的农药类别。然而，OCPs 的持久性、生物毒性及生物累积-放大效应导致其环境危害具有跨代际特征。2001 年《斯德哥尔摩公约》中首批管控的 12 种持久性有机污染物中，9 种为 OCPs。尽管全球大部分国家实施 OCPs 的禁用措施，但在疟疾疫区（如非洲部分国家）及船舶防污等特殊领域仍存在限定使用的情况。

沉积物是 OCPs 重要的储存库，即使上覆水体中 OCPs 的浓度降低，沉积物中 OCPs 仍可长期赋存并参与生物地球化学循环。21 世纪初期，在泰国的湄公河、印度的 Tamiraparani 河等河流沉积物中 OCPs 浓度（以干重计）超过 1000ng/g，且呈较高的生态风险。近期研究显示，尽管这些农药被禁用了数十年，但其长期持久性和难降解性导致环境中历史残留持续存在。

太浦河作为长江三角洲（简称“长三角”）生态绿色一体化发展示范区的核心水道，横贯沪苏浙三省市，承担着上海青浦、浙江嘉善等区域近千万居民的饮用水供给功能。该河流中游河段两岸农田密布。据统计，2020 年该示范区的农药年施用量达 1200t，施用强度为 12.0t/hm^2，达到全国平均水平。作为示范区唯一东西贯穿的河流，太浦河的特殊水文条件使其成为农业面源污染的天然汇流通道，而跨行政区划加剧了水源地水质管控压力。

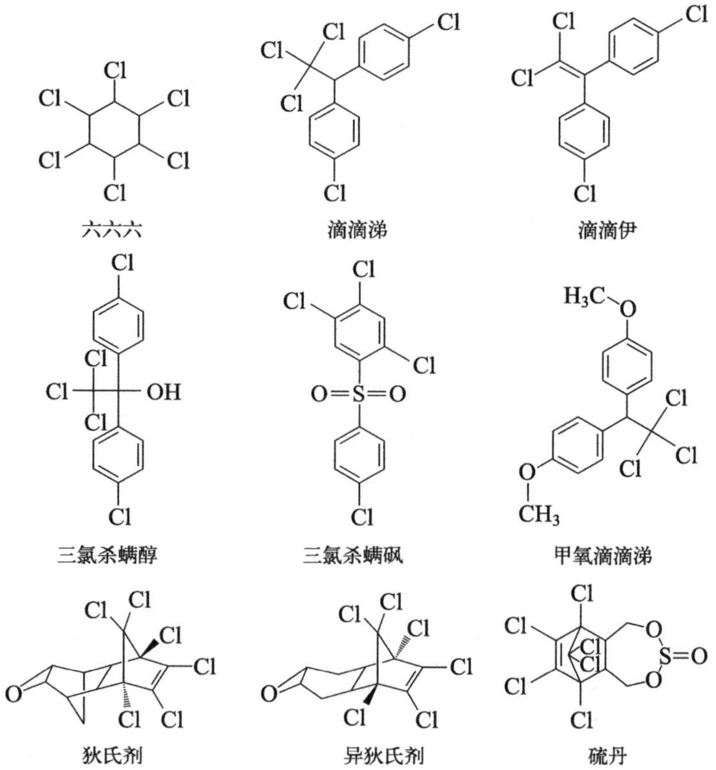

图 2-1-1　常见有机氯农药的化学结构与名称

截至 2024 年，太浦河水环境中 OCPs 本地数据仍存在显著缺口，使得水源地农药风险评估与管控缺乏科学依据。

本研究通过系统采集太浦河干流及主要支流表层沉积物，开展了太浦河水系表层沉积物中 OCPs 的赋存特征研究，通过分析 20 种典型 OCPs 的浓度水平、组成特征及其空间分布规律，为当地农药污染管控和水源地保护提供数据支撑。

2. 检测方法与质控

（1）实验试剂与仪器

20 种 OCPs 标准样品，包括 α-六六六（α-HCH）、β-六六六（β-HCH）、γ-六六六（γ-HCH）、δ-六六六（δ-HCH）、2,4′-滴滴涕（2,4′-DDT）、4,4′-滴滴涕（4,4′-DDT）、2,4′-滴滴伊（2,4′-DDE）、4,4′-滴滴伊（4,4′-DDE）、2,4′-滴滴滴（2,4′-DDD）、4,4′-滴滴滴（4,4′-DDD）、狄氏剂、异狄氏剂、艾氏剂、α-硫丹、β-硫丹、六氯苯、反式氯丹、三氯杀螨醇、三氯杀螨砜、甲氧滴滴涕，及内标环氧七氯 B，均采购自天津阿尔塔科技有限公司。5 种替代物内标标准样品（2-氟苯酚、硝基苯-d_5、苯酚-d_6、2-氟联二苯和对三联苯-d_{14}）购

于上海安谱实验科技股份有限公司。将上述标准样品用正己烷稀释至 1mg/L，储存于棕色样品瓶中，并置于−20℃冰箱保存。有机溶剂（二氯甲烷、丙酮和正己烷）均为高效液相色谱级，采购自上海安谱实验科技股份有限公司。

实验材料包括 Florisil 小柱（500mg，6mL）、20mL 玻璃管、玻璃移液管、2mL 棕色色谱小瓶和聚四氟乙烯色谱瓶瓶盖等。所需仪器主要包括气相色谱-三重四极杆质谱仪（TSQ XLS，赛默飞）、超声清洗机（KQ5200E，昆山超声）、涡旋振荡仪（QB-228，其林贝尔）、离心机（TDL-5-A，上海安亭）、固相萃取仪（12 位，上海安谱）、氮吹仪（EFAA-AC-02，上海安谱）、真空冷冻干燥机（Scientz-12N，宁波新芝）等。

（2）样品采集

研究区域包括自太浦河闸至下游金泽水源地约 40km 的太浦河干流，以及与其连通的太湖、沧州荡、雪落漾、京杭运河、莺脰湖、草荡和杨家荡共 7 个典型附属水体（统称为太浦河水系）。综合考虑工农业活动布局、船舶航线范围及水动力特征，沿太浦河干流平均间隔 2km 布设采样点，覆盖省界断面、主要农业区域，而且在河湖连接处加密采样，捕捉界面交换效应，并选择太湖作为对照点。在太浦河水系共布设了 42 个采样点，包括 20 个干流采样点（TP1～TP20）、20 个连通河湖采样点（Z1～Z20）和 2 个位于太湖的背景采样点（TH1～TH2）。

2021 年的 1～7 月共采集了 112 份沉积物样品。采样过程中使用不锈钢抓取式取样器（10cm×20cm，3L）采集表层 5cm 左右的沉积物，用干净的陶瓷勺搅拌均匀并剔除其中的砾石和生物残体，随后将沉积物装入 100mL 棕色玻璃瓶中，瓶盖衬垫洁净铝箔。样品置于低温避光环境保存并尽快转移至实验室，冷冻保存。样品放入真空冷冻干燥机进行冷冻干燥 48h，随后使用石英研钵研磨并通过 100 目金属筛，置于玻璃瓶中于−20℃保存，待分析。

（3）前处理流程

准确称取 2.00g 沉积物样品于 20mL 玻璃离心管中，并加入 50.0ng 替代物内标和 6mL 丙酮-正己烷混合溶液（体积比为 1∶1），经 1min 涡旋混合，30min 超声萃取（温度控制在 30℃±5℃）后，以 3000r/min 离心 5min，提取上清液。该提取步骤重复 3 次，收集的上清液经氮吹浓缩至 2mL 后，通过活化的 Florisil 小柱（500mg，6mL）进行净化。Florisil 小柱依次加入 4mL 二氯甲烷、5mL 正己烷（重复两次）进行活化。进样后加入 3mL 的二氯甲烷-正己烷混合溶液（体积比为 1∶9）洗脱 3 次，收集全部洗脱液。洗脱液经氮吹浓缩至近干，转移至 2mL 棕色色谱小瓶，加入 100ng 内标，用正己烷定容至 1mL，−20℃避光保存待测。

前处理过程中需要注意以下事项：①实验过程尽可能使用玻璃移液管，最大限度减少塑料制品的使用，以降低可能的人为污染；②所有的玻璃器皿使用前用大量自来水冲洗和超纯水清洗，在清洗烘干后放入马弗炉在 450℃焙烧 4h 后冷却备用，使用前用丙酮和正己烷依次淋洗。

（4）仪器分析条件

OCPs 使用气相色谱-三重四极杆质谱仪（GC-MS/MS）进行测定，色谱柱型号为 HP-5MS（30m×0.25mm×0.25μm）。仪器进样口温度设定为 280℃，进样量为 1μL，采用不分流进样。升温程序设置为：初始柱温 40℃，保持 1min，连续以 40℃/min 的速率升至 120℃，再以 5℃/min 的速率升至 240℃，以 12℃/min 升至 300℃，保持 6min。载气为高纯氦气，柱流量设为 1.0mL/min，以高纯氩气作为碰撞气体。离子源和传输线接口的温度分别设定为 260℃和 280℃。在质谱分析过程中，采用 70eV 电子电离模式结合选择反应监测模式（SRM）和内标法定量。20 种 OCPs 和 1 种内标的定性离子对、定量离子对与保留时间等信息如表 2-1-1 所示。

表 2-1-1 目标分析物的定性和定量参数

中文名称	保留时间/min	定量参数		定性参数	
		离子对(m/z)	碰撞电压/V	离子对(m/z)	碰撞电压/V
α-六六六	15.11	218.9～183.0	5	216.9～181.0	5
β-六六六	17.00	181.0～145.0	15	216.9～181.0	5
γ-六六六	16.12	181.0～145.0	15	216.9～181.0	5
δ-六六六	16.50	217.0～181.1	5	181.1～145.1	15
2,4′-滴滴涕	25.75	235.0～165.2	20	237.0～165.2	20
4,4′-滴滴涕	26.96	235.0～165.2	20	237.0～165.2	20
2,4′-滴滴伊	23.20	246.0～176.2	30	248.0～176.2	30
4,4′-滴滴伊	24.13	246.1～176.2	30	315.8～246.0	15
2,4′-滴滴滴	24.54	235.0～165.2	20	237.0～165.2	20
4,4′-滴滴滴	25.80	234.9～165.1	20	236.9～165.2	20
狄氏剂	24.16	262.9～193.0	35	277.0～241.0	5
异狄氏剂	24.91	244.8～173.0	35	262.8～193.0	30
艾氏剂	20.36	262.9～192.9	35	254.9～220.0	20
α-硫丹	23.21	194.9～159.0	5	194.9～125.0	20
β-硫丹	25.30	194.9～124.9	15	206.9～172.0	25
六氯苯	15.45	283.8～248.8	30	283.8～213.9	15
反式氯丹	22.72	372.8～265.8	15	271.7～236.9	15
三氯杀螨醇	24.00	139.0～111.0	15	250.9～138.9	15
三氯杀螨砜	29.33	158.9～131.0	15	226.9～199.0	10
甲氧滴滴涕	28.00	227.1～121.1	10	227.1～91.1	35
环氧七氯 B	21.90	352.8～262.9	15	354.8～264.9	15

（5）质量控制和保证

OCPs 的标准曲线的线性范围在 5～200μg/L，其相关系数（R^2）大于 0.995。样品分析过程中，每分析 10 个样品都加入一个平行样品、一个程序空白样品和一个溶剂空白样品进行质量控制。异狄氏剂、α-硫丹、β-硫丹和三氯杀螨醇在程序空白样品中检出浓度低于 5μg/L，本研究报道的这四种农药的浓度均进行了空白校正。其余 OCPs 在空白样品中都未检出。每 6 个空白基质样品分别加入 50ng/g（以干重计）的 OCPs 混标，计算基质加标回收率。20 种 OCPs 的回收率范围为 73.0%～117%，平行样相对标准偏差（RSD）为 4.60%～13.8%。每个待测样品在前处理时加入替代物内标，控制基质在整个实验过程中对目标分析物的影响，实测沉积物样品中替代物回收率控制在 80%～100%。仪器检测限（LOD）设定为 3 倍信噪比（S/N），定量检测限（LOQ）设定为 10 倍 S/N。OCPs 的仪器检测限和定量检测限分别为 0.007～1.30ng/g（以干重计）和 0.025～4.33ng/g（以干重计）。低于 LOQ 的值报为未检出（ND），参与统计时以二分之一 LOD 计算。

3. 方法应用

研究结果显示，在太浦河水系沉积物中 20 种目标 OCPs 均被检出，其中 4,4'-DDE 的检出率达到 100%，15 种 OCPs（包括 β-HCH、γ-HCH、δ-HCH、2,4'-DDT、4,4'-DDD 等）的检出率介于 81.1%～99.1%之间，α-HCH（74.5%）、2,4'-DDE（66.0%）和狄氏剂（66.0%）次之，而反式氯丹的检出率最低（6.60%）。20 种 OCPs 的总浓度（以干重计，余同）范围为 10.8～913ng/g，平均浓度为（169±126)ng/g。图 2-1-2 给出了各 OCPs 浓度的分布情况。三氯杀螨砜是优势组分，浓度范围为 ND～382ng/g，平均浓度为（49.0±64.6)ng/g。六六六、滴滴涕和硫丹也是主要种类，其中，六六六包括 α-HCH、β-HCH、γ-HCH 和 δ-HCH 四种同分异构体，浓度范围为 1.99～298ng/g，平均浓度为（40.3±38.7)ng/g；滴滴涕则由 2,4'-DDT 和 4,4'-DDT、2,4'-DDE 和 4,4'-DDE 以及 2,4'-DDD 和 4,4'-DDD

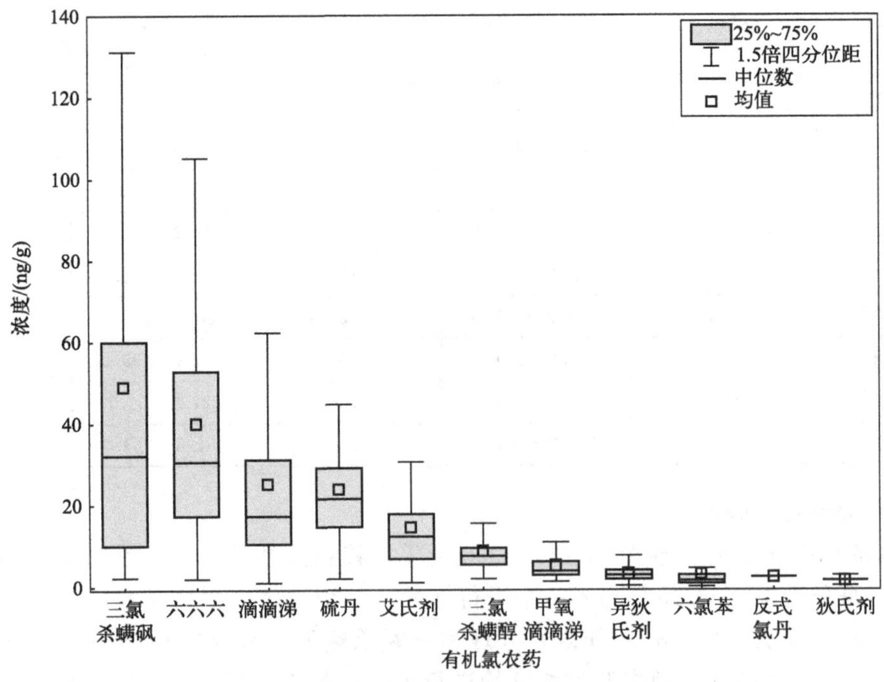

图 2-1-2　太浦河水系沉积物中有机氯农药的浓度

六种同系物构成，浓度范围为 0.73～143ng/g，平均浓度为（25.2±24.1)ng/g；硫丹包括 α-硫丹和 β-硫丹，浓度范围为 ND～94.5ng/g，平均浓度为（23.7±15.5)ng/g。相比之下，其他 OCPs（如艾氏剂、狄氏剂、六氯苯等）的平均浓度均小于 15ng/g，表明这些农药的使用受限。

三氯杀螨砜和硫丹较高的浓度与其政策禁用时间窗密切相关。具体而言，三氯杀螨砜自 2019 年禁止生产、2021 年禁止使用，硫丹自 2011 年限制使用、2019 年禁止使用，而本研究采样恰处政策过渡期（2020 年）。而六六六和滴滴涕的频繁检出，与它们的高持久性和难降解性有关，其在水环境中的半衰期通常超过 20 年。六六六和滴滴涕中不同组分之间的浓度比可以进一步揭示它们的来源情况。在太浦河水系沉积物中，β-HCH 是六六六中浓度最高的异构体，平均占比达 67%。这主要是因为 β-HCH 是最难降解和最稳定的异构体，而且其他异构体在环境中还会逐渐转化为更稳定的 β-HCH。所有采样点中 α-HCH/γ-HCH 的比值均小于 1，且超过 96%的采样点显示 β-HCH/(α+γ)-HCH 的比值大于 0.5，表明太浦河水系沉积物中的六六六主要来源于历史上使用的农药林丹。对于滴滴涕而言，2,4′-DDT/4,4′-DDT 比值范围在 0.03～1.40 之间，表明滴滴涕主要来自历史残留的工业滴滴涕和三氯杀螨醇。约 2/3 采样点中 DDT/DDE>1，且约 69%的采样点中（DDE+DDD）/DDT 的比值超过 1，表明滴滴涕母体物质大多发生厌氧降解，同时也有迹象表明部分区域仍存在新输入。考虑到太浦河是重要通航水道，船舶防污漆中的滴滴涕可能是一个潜在的新输入源。

对太浦河水系三次采集样品的浓度进行统计探究太浦河水系沉积物中农药的空间分布趋势。由图 2-1-3 可知，OCPs 高浓度主要集中在太浦河中游及其连通河湖。Wilcoxon 秩和检验显示，在太浦河干流中，中游河段中 20 种 OCPs 平均浓度［(200±88.7)ng/g］显著高于上游［(125±53.3)ng/g］和下游［(117±46.6)ng/g］($p<0.05$)。在连通河湖中，杨家荡

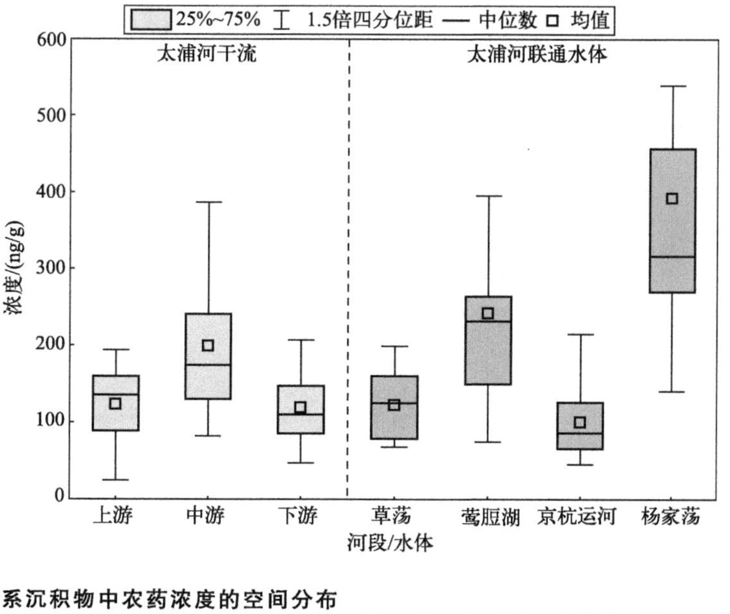

图 2-1-3　太浦河水系沉积物中农药浓度的空间分布

和莺脰湖 20 种 OCPs 浓度最高，平均浓度分别为（392±239）ng/g 和（241±133）ng/g，而太湖浓度最低，平均浓度仅（20.2±10.0）ng/g。这些结果说明示范区较高的农药使用量对太浦河水系沉积物产生了显著影响，而对太湖的影响相对有限。结合土地利用情况发现，太浦河中游河段、莺脰湖和杨家荡的周边分布了大量的农田和建设用地，这意味着该区域农药使用强度大，会导致大量农药通过面源污染的形式进入水体，且中游湖荡可能通过水动力作用不断向太浦河输运农药。

4. 结论与展望

本研究成功建立了一套基于 GC-MS/MS 的 OCPs 分析方法，成功实现沉积物中 20 种 OCPs 的精准定量（定量限为 0.025～4.33ng/g）。该方法通过超声提取-固相萃取净化-氮吹浓缩，具有前处理简单、批处理和回收率高等优点，该方法可以拓展应用于沉积物中有机磷农药、氨基甲酸酯类农药和拟除虫菊酯类农药的检测，为复杂基质中痕量污染物的高通量定量分析提供了高效解决方案。本方法在太浦河水系的应用研究表明，该河流沉积物中 OCPs 以新近管控的三氯杀螨砜、硫丹和传统的六六六和滴滴涕为主要种类，且滴滴涕存在新输入风险。空间上，太浦河中游及其连通的莺脰湖和杨家荡是 OCPs 主要赋存区域，这与两岸丰富的外源输入高度相关。这些发现为建立跨行政区农药协同管控机制、优化水源地风险预警系统提供科学依据。

案例 2

南极洲普里兹湾沉积物中多环芳烃的检测分析

1. 研究背景

多环芳烃（polycyclic aromatic hydrocarbons，PAHs）是由两个或两个以上芳环稠合形成的有机污染物，包括萘、蒽、菲等 16 种优先控制化合物，来源分为自然来源（煤、石油、沥青等；森林和草原火灾等）和人为来源（化石燃料和其他有机物质不完全燃烧）。由于 PAHs 的疏水性、生物积累性和“三致效应”（致癌、致畸、致突变），其对生态系统和人类健康构成长期威胁。据联合国环境规划署（UNEP）2023 年报告，全球每年人为排放 PAHs 达 6.5×10^6 t，其中 60%通过大气环流进入极地系统。南极洲作为地球最后的“环境本底区”，其大气沉降物中已检测到 200 余种 PAHs 同系物，且呈现出显著的季节性波动特征。南极大气环流的独特性使其成为研究污染物全球循环的天然实验室——极地涡旋形成的“冷捕集效应”（cold trap effect）导致 PAHs 在冬季平流层浓度可达夏季的 3～5 倍，这种垂直迁移特征与南极冰盖表面 PAHs 通量呈显著正相关。同时，冰川运动通过基底剪切作用将封存的 PAHs 重新释放至海洋，如西南极松岛冰川的冰芯记录显示，1950～2010 年间 PAHs 浓度上升了 240%。这种“冻结-释放”循环机制使得南极成为研究污染物历史排放与当代沉降的独特窗口。

近年来，南极 PAHs 研究逐渐聚焦于大气传输路径解析与区域再分配机制。后向轨迹模型显示，南极 PAHs 主要源自南半球中纬度地区，巴西东南部（占 32%）、南非（28%）和澳大利亚南部（19%）是主要贡献区。菲尔德斯半岛的监测数据表明，科考站周边雪样中菲/蒽比值（Phe/Ant＝2.1）显著高于远海区域，暗示人类活动引入的燃烧源污染物。然而，现有研究多集中于南极北部及菲尔德斯半岛，东南极区域的 PAHs 研究仍存在显著空白。普里兹湾作为南极洲东部最大的海湾，其独特的地理位置使其成为评估人类活动全球影响的理想窗口：该区域受南半球大气环流主导，污染物主要来源于南美、南非的化石燃料燃烧及船舶石油泄漏，同时受冰川径流与洋流共同调控的污染物再分配过程尚未明晰。

本研究选择南极洲东部普里兹湾作为研究区域，通过表层沉积物的调查，阐明其中PAHs的组分特征与空间分布，分析冰川径流对PAHs归趋的影响，并结合异构体比值等手段来识别PAHs潜在来源。

2. 检测方法与质控

（1）实验试剂与仪器

PAHs的标准物质：15种EPA规定的PAHs（除萘外），苊（Acy）、二氢苊（Ace）、芴（Flu）、菲（Phe）、蒽（Ant）、荧蒽（Fla）、芘（Pyr）、苯并［*a*］蒽（B*a*A）、䓛（Chr）、苯并［*b*］荧蒽（B*b*F）、苯并［*k*］荧蒽（B*k*F）、苯并［*a*］芘（B*a*P）、茚并［1，2，3-*c*，*d*］芘（InP）、二苯并［*a*，*h*］蒽（Db*ah*A）、苯并［*g*，*h*，*i*］苝（B*ghi*P）。16种PAHs的分子结构式如图2-2-1所示。混合标准溶液购于Restek公司。PAHs的回收率指示物为4种氘代PAHs（二氢苊-d_{10}、菲-d_{10}、䓛-d_{12}和苝-d_{12}），内标为六甲基苯。

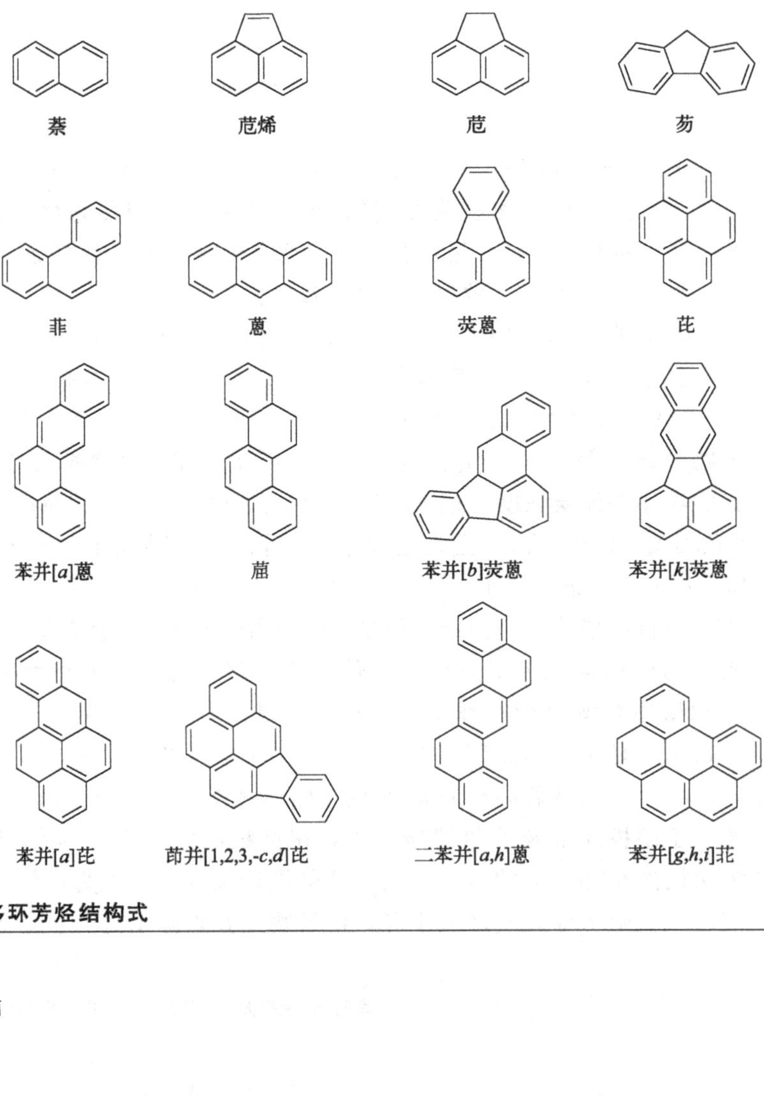

图 2-2-1　16种多环芳烃结构式

试剂：实验中所用的二氯甲烷、正己烷、丙酮等有机试剂均为色谱纯，购自德国 Merck 公司。

实验仪器设备包括：Foss Soxtel Avanti 2050 全自动索氏提取仪、旋转蒸发仪、MTN-2800D 氮吹仪、超声清洗仪、气相色谱-质谱联用仪（Agilent 7890GC，5975C MSD）。

（2）样品采集

普里兹湾位于南大洋的印度洋部分，是东南极边缘第三大的边缘海。该海湾南部与埃默里冰架相接，最北端延伸至大陆架边缘。大陆架区域覆盖季节性海冰，东侧以伊丽莎白公主地为界，西侧以麦克罗伯逊地为界。根据水深和冰川流向，普里兹湾大致可分为三个区域：埃默里盆地（简称 A 区，水深 500～1000m）、弗拉姆滩与四夫人滩区（简称 B 区，水深<500m）以及峡谷区（简称 C 区，水深>1000m）。

在“雪龙”号考察船执行南极考察期间，从普里兹湾采集了表层沉积物样本（深度为 0～2cm）。利用不锈钢盒式采样器，共收集了 16 个表层沉积物样本，具体采样点经纬度信息如表 2-2-1 所示。沉积物样本装入预先用二氯甲烷清洗过的玻璃罐中，然后在运输过程中用冰冷却，运回实验室后−20℃储存以待后续分析。

表 2-2-1　采样点信息

分区	点位	经度	纬度	深度
A 区	A1	72°55′18.06″E	67°59′43.32″S	642m
	A2	75°29′22.92″E	68°54′34.34″S	699m
	A3	73°01′16.01″E	66°58′14.87″S	510m
	A4	73°50′16.68″E	68°23′26.22″S	667m
B 区	B1	68°00′42.90″E	67°30′44.34″S	251m
	B2	73°49′38.10″E	67°4′54.54″S	487m
	B3	71°16′56.58″E	67°12′21.96″S	487m
	B4	75°29′41.10″E	67°14′45.00″S	386m
	B5	70°52′05.82″E	67°30′56.70″S	288m
	B6	76°10′47.52″E	67°14′08.64″S	353m
	B7	77°11′02.52″E	67°26′16.09″S	311m
	B8	77°59′54.04″E	66°56′13.89″S	225m
C 区	C1	67°48′41.42″E	65°59′59.96″S	2689m
	C2	75°40′33.89″E	65°59′30.06″S	2920m
	C3	73°12′44.56″E	64°53′50.36″S	3421m
	C4	77°49′14.40″E	65°28′45.12″S	3240m

（3）样品预处理

样品在真空冷冻干燥机中冷冻干燥 72 小时后，称取 5g 干燥样品和 5g 无水硫酸钠放入索氏提取仪中，加入 250mL 二氯甲烷抽提 48 小时。抽提前加入回收率指示物（氘代 PAHs）250ng，并于抽提前在底瓶中加入 20g 铜片脱硫。抽提液通过旋转蒸发仪旋蒸并转换溶剂为正己烷，浓缩至约1mL，然后通过硅胶-氧化铝色谱柱分离净化（玻璃柱内径为7mm，采用干法装柱，依次充填3g的3%去活化硅胶、6g的3%去活化氧化铝和1g无水硫酸钠），用15mL正己烷淋洗，之后用60mL正己烷：二氯甲烷（1：1）混合液洗脱目标物质，淋洗液经旋蒸至1mL，然后氮吹浓缩至约0.2mL，最后加入六甲基苯作为定量内标，分析PAHs。

注意事项：如果沉积物样品中硫含量较高的话，可以加入铜片进行除硫。填充硅胶氧化铝小柱时，硅胶和氧化铝需要先在马弗炉中450℃烘烤12小时预先活化。

（4）仪器分析条件

PAHs的定量分析由气相色谱-质谱联用仪（Agilent 7890GC，5975C MSD）完成。载气为氦气，恒定流速1.5mL/min，色谱柱为HP-5型毛细管柱（30mm×0.25mm×0.25μm）。进样采用不分流模式，进样体积为1μL。升温程序为：初始温度55℃（保持1min），以4℃/min升至290℃（保持30min）。质谱条件如下：传输线温度280℃，离子源温度300℃，离子源能量为70eV，扫描方式选择离子扫描（SIM），溶剂延迟时间为6min。目标物质质谱选择参数如表2-2-2所示。

表2-2-2　目标化合物、内标和替代物定性定量离子

化合物名称	英文缩写	定量离子(*m*/*z*)	辅助定性离子(*m*/*z*)
苊	Acy	154	153,152
二氢苊	Ace	152	151,153
二氢苊-d_{10}	Ace-d_{10}	188	94
芴	Flu	166	165,167
菲-d_{10}	Phe-d_{10}	188	94
菲	Phe	178	179,176
蒽	Ant	178	179,176
荧蒽	Fla	202	101,203
芘	Pyr	202	101,203
苯并[*a*]蒽	B*a*A	228	114,226,229
䓛-d_{12}	Chr-d_{12}	240	241,120
䓛	Chr	228	114,226,229
苯并[*b*]荧蒽	B*b*F	252	126,253
苯并[*k*]荧蒽	B*k*F	252	126,253
苯并[*a*]芘	B*a*P	252	126,253
苝-d_{12}	Per-d_{12}	264	260,265
茚并[1,2,3-*c*,*d*]芘	Inp	276	138,277
二苯并[*a*,*h*]蒽	Db*ah*A	278	139,279
苯并[*g*,*h*,*i*]苝	B*ghi*P	276	138,277

（5）质量保证与控制

实验过程中的质量保证与控制措施参照USEPA方法。处理过程包括方法空白（溶剂）、加标空白（溶剂中添加标准物质）、样品重复以及质控标准参考物质（SRM1941）。多环芳烃（PAHs）采用基于单个化合物五点校准曲线的内标校准法进行定量。4 种氘代替代标准物质二氢苊-d_{10}、菲-d_{10}、䓛-d_{12} 和苝-d_{12} 的回收率分别为 70.5%±11.67%、75.4%±9.78%、91.3%±9.61%和 90.6%±10.97%。方法空白和加标空白都未检出所要测定的目标化合物，因此所有数据结果均未进行扣空白处理。

3. 方法应用

普里兹湾沉积物中 PAHs 同系物的浓度如表 2-2-3 所示，总 PAHs 浓度范围为 12.55～30.93ng/g，平均值为（17.99±5.57)ng/g。总体而言，菲（Phe）是沉积物中丰度最高的化合物，平均值为（3.34±0.66)ng/g，其次是芘［Pyr，（2.80±0.93)ng/g］、荧蒽［Fla，(2.53±0.64)ng/g］、芴［Flu，（2.00±0.42)ng/g］，其他 PAHs 浓度均低于 2ng/g。与南极周边海域表层沉积物相比，本研究结果与南极洲部分海域 PAHs 浓度（如阿德默勒尔蒂湾 2～32ng/g、纳尔逊岛 15.32～33.79ng/g）相近，但显著低于受人类活动影响区域（如帕尔默站 201～14491ng/g)，表明普里兹湾 PAHs 污染水平整体较低。

表 2-2-3　普里兹湾沉积物中 PAHs 的浓度分布　　单位：ng/g

点位	Ace	Acy	Flu	Phe	Ant	Fla	Pyr	B*a*A	Chr	B*b*F	B*k*F	B*a*P	InP	B*ghi*P	PAHs
A1	0.45	0.98	1.62	3.61	0.17	4.18	4.35	1.18	3.10	2.71	1.35	0.33	0.84	1.44	26.53
A2	0.08	2.16	1.90	3.10	0.17	2.27	2.54	0.26	0.71	0.36	0.30	0.12	ND	ND	14.17
A3	0.06	1.71	1.08	2.37	0.21	2.48	2.22	0.32	1.23	1.01	0.28	0.26	ND	0.48	14.03
A4	0.27	0.93	1.33	2.26	0.11	2.26	2.24	0.64	1.12	1.13	0.77	0.11	0.43	0.46	13.65
B1	0.68	1.76	2.62	3.61	0.38	3.52	3.62	1.48	2.93	3.43	1.53	0.84	1.45	2.59	30.93
B2	0.21	1.99	2.21	4.14	0.18	3.31	3.93	1.04	2.75	2.69	1.06	0.43	0.62	1.02	25.63
B3	0.18	2.10	2.07	3.73	0.20	2.78	4.93	0.66	2.63	2.09	0.86	0.39	0.48	1.16	24.34
B4	0.16	1.58	1.98	2.95	0.24	2.43	2.76	0.64	1.91	1.87	0.55	0.18	0.62	1.13	19.07
B5	0.14	1.82	2.50	4.16	0.20	2.29	2.31	0.36	0.97	1.20	0.28	0.23	ND	0.68	17.54
B6	0.12	1.72	1.76	3.11	0.15	2.59	2.88	0.48	1.35	1.06	0.53	0.11	ND	ND	16.45
B7	0.10	1.26	2.10	3.04	0.21	2.16	3.16	0.42	1.23	1.08	0.41	0.14	ND	0.59	16.28
B8	0.12	1.22	1.96	3.41	0.17	1.69	1.53	0.29	0.69	0.80	0.34	0.12	ND	0.42	13.08
C1	0.13	1.51	2.57	4.92	0.23	2.76	2.07	0.32	0.78	0.92	0.28	0.16	ND	ND	17.41
C2	0.13	1.71	2.09	2.83	0.17	2.05	2.42	0.24	0.56	0.50	0.15	ND	ND	ND	13.38
C3	0.10	1.11	2.37	3.18	0.20	1.88	1.76	0.30	0.68	0.47	0.28	ND	ND	ND	12.85
C4	0.12	1.81	1.90	2.99	0.16	1.90	2.14	0.13	0.46	0.37	0.14	ND	ND	ND	12.55

注：ND 表示未检出。

普里兹湾表层沉积物中PAHs的空间分布呈现从兰伯特冰川-埃默里冰架系统向外围递减的趋势。最高浓度出现在B1点位，可能与冰川融水携带的颗粒物沉积有关。该区域水深较浅且水动力较弱，有利于细颗粒沉积物对化合物的吸附。埃默里盆地（A区）PAHs浓度存在显著差异：A1点位（26.53ng/g）因冰川融水输入导致浓度偏高，而东部海域（A2、A4点位）因冰架水稀释作用浓度较低。表层（<500m）、中层（500～1000m）和深层（>1000m）沉积物总PAHs浓度分别为20.41ng/g、17.09ng/g和14.09ng/g，呈现随深度增加而降低的趋势。浅水区浓度高可能源于冰川融水输入和局地环流影响，而深层浓度低则与环南极深水的稀释作用相关。

将15种PAHs分为2环、3环PAHs（Acy、Ace、Flu、Phe和Ant），4环PAHs（Fla、Pyr、B*a*A和Chr），以及5环、6环PAHs（B*b*F、B*k*F、B*a*P、InP、Db*ah*A和B*ghi*P）三组，分别代表低、中和高分子量PAHs（LMW、MMW、HMW）。普里兹湾大多数点位中的化合物组成以低分子量为主（占比约70%），大多数点位中的高分子量PAHs低于15%，特别是在峡谷区域中低于1%。该特征表明PAHs主要通过长距离大气传输进入南极地区，符合南极冷阱效应下污染物富集的规律。低分子量PAHs（如菲、蒽）的较高比例反映了其在大气中的高挥发性，能够在长距离传输过程中抵抗降解。而高分子量PAHs（如苯并［*a*］芘）因分子量较大、蒸气压较低，更易在排放源附近沉降。普里兹湾低分子量PAHs的主导地位表明该区域PAHs污染主要受全球大气环流影响，而非本地排放。

环境中PAHs的来源解析通常采用特征比值法，比如根据不同环数同系物含量的比值、异构体比值等来进行来源的分析与判断。PAHs同分异构体的分布随生产来源以及有机物的组成和燃烧温度而变化。基于选定PAHs浓度比的分子指数可用于区分热解和石油来源的PAHs。Fla/Pyr<1通常归因于石油来源，而Fla/Pyr>1则表示热解来源。HMW/LMW<1指示石油来源，而HMW/LMW>1表示热解来源。Ant/(Ant+Phe）比值小于0.1对应于石油污染，大于0.1表示热解来源。普里兹湾沉积物中的Fla/Pyr比值范围为0.56～1.33，此外，HMW/LMW比值范围为0.36～1.42，Ant/(Ant+Phe）<0.1，综合分析表明，PAHs主要来源于生物质燃烧和石油污染。

为识别普里兹湾沉积物中多环芳烃（PAHs）的来源及输入方式，并量化各来源的贡献率，本研究采用主成分分析结合多元线性回归（PCA/MLRA）方法。普里兹湾沉积物中14种PAHs的主成分载荷如图2-2-2。其中主成分1中的高载荷PAHs主要为高分子量PAHs（Db*ah*A、BaP、B*a*A、B*ghi*P、InP、B*b*F、B*k*F、Fla、Pyr、Chr和Acy），主要来源于高温热解过程（煤、生物质燃烧及机动车尾气排放），代表与交通相关的PAHs输入。主成分2中的高载荷PAHs为3环PAHs（Ant、Phe和Flu），其分布特征与低温燃烧过程有关。主成分3中的高载荷PAHs为Ace，其在石油烃类污染物中富集，其来源主要为石油泄漏。通过多元线性回归（MLRA）量化各来源对PAHs总浓度的贡献，将代表交通污染源（因子1）、生物质燃烧源（因子2）和石油来源（因子3）的因子得分与多环芳烃总量的标准正态离差（*Z*）进行回归分析，确定回归方程，根据回归系数的大小来判断不同污染源的贡献比例。结果表明交通相关的来源为65.59%、生物质燃烧的来源为18.03%、石油的来源为

16.38%，其中热解源（生物质燃烧和交通相关污染）对沉积物中 PAHs 的贡献为 83.62%，表明热解过程是普里兹湾 PAHs 污染的主要驱动力。

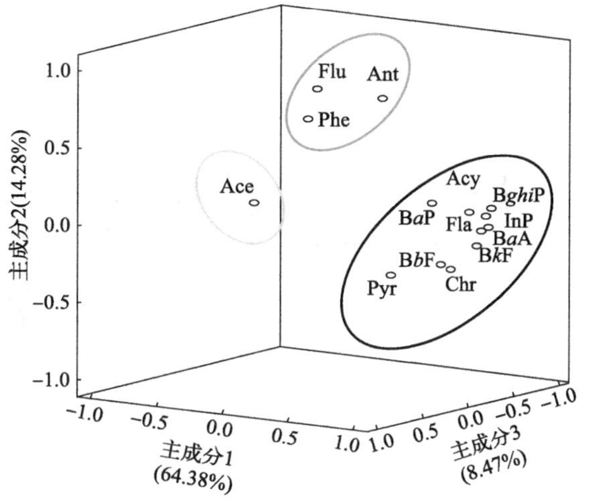

图 2-2-2　普里兹湾沉积物中 PAHs 的主成分载荷图

4. 结论与展望

本研究探究了东南极洲普里兹湾海洋表层沉积物中多环芳烃（PAHs）的赋存特征，结果表明 2 环和 3 环 PAHs 是主要化合物。相较于埃默里盆地及海沟的中水层和深水层，浅水区域的 PAHs 浓度更高。PAHs 的空间分布格局可能受洋流对 PAHs 传输与输入的主导作用影响，同时长距离大气沉降和冰川融水对普里兹湾沉积物的 PAHs 输入具有显著影响。

随着南极地区环境分析检测需求的升级，传统检测技术将面临低浓度 PAHs 富集效率不足的问题，未来需要聚焦于富集效率更高的萃取材料或者引入灵敏度更高的分析检测方法。当前极地地区 PAHs 研究多关注大气沉降与冰芯记录方面，对沉积物-水界面污染物交换过程的动态解析不足，尤其是针对冰川融水携带的 PAHs 在沉积物中的再悬浮与吸附行为尚未建立定量模型。现有的源解析模型与方法在极地这种数据稀缺的研究区域，分析结果会存在显著偏差，未来可结合同位素技术建立南极地区多元同位素指纹库，利用机器学习驱动模型等先进技术，实现南极地区科考数据解析形式的多元化。

案例3

室内灰尘中溴代阻燃剂的检测分析

1. 研究背景

溴代阻燃剂（brominated flame retardants，BFRs）作为全球销量最高的有机阻燃剂，其生产和应用规模长期居各类阻燃剂首位。这类化合物通过释放溴化氢气体、捕获燃烧自由基等机制实现高效阻燃，广泛应用于电子电器（如电视、电脑、打印机外壳及电路板）、汽车、建筑建材、纺织品等领域。根据化学结构和作用方式，BFRs可分为三大类。添加型：以多溴联苯醚（PBDEs）、多溴联苯（PBBs）和六溴环十二烷（HBCDs）为代表，具有高溴含量和优异阻燃性能，但因其环境持久性、生物蓄积性及内分泌干扰等风险，已被《斯德哥尔摩公约》列为管控POPs物质。反应型：如四溴双酚A（TBBPA），通过化学键合嵌入材料分子链，兼具阻燃与加工性能，但TBBPA被列为2A类致癌物。高聚型：包括溴化聚苯乙烯（BPS）、溴化环氧树脂（BEO）等，通过聚合物结构实现阻燃，具有低渗出性和环保潜力。进一步细化分类中，BFRs包含四溴双酚A系、多溴联苯醚系等七大系列，衍生近80个品种。

溴代阻燃剂（BFRs）常以物理涂层或非化学键结合方式添加于电子产品、纺织品等材料中，使用过程中易释放至环境，其中室内环境因暴露时间长（日均超80%）成为BFRs蓄积的主要场所。研究表明，室内空气中BFRs浓度可达室外的20～50倍，而室内灰尘作为重要载体，通过摄食、呼吸等途径成为人体暴露的主要媒介。由于BFRs辛醇-水分配系数较高，更易富集于颗粒物中，室内灰尘成为其环境迁移的主要蓄积介质。

当前研究主要聚焦于家庭和办公环境的地面灰尘采样，主要原因在于此类样品易于采集且覆盖面积广，能够反映室内环境的普遍污染水平。然而，电子电器设备表面降尘因与人体接触距离更近（如电视机、电脑、打印机等设备的操作界面）、释放源更直接，其污染特征与暴露风险尚未得到充分关注。例如，电视机内部灰尘中 BFRs 浓度可达室内环境均值的数十倍，电脑、打印机等设备表面降尘的浓度水平也远高于室内地面灰尘。

本研究选取 PBDEs 作为溴代阻燃剂的代表物质（结构式如图 2-3-1），设计了一套涵盖地面灰尘、桌面降尘、电器设备表面降尘的全维度采样方案，满足样品量和样品代表性的需求，为室内灰尘中的溴代阻燃剂赋存特征分析以及暴露风险评估提供了可靠的技术支撑。

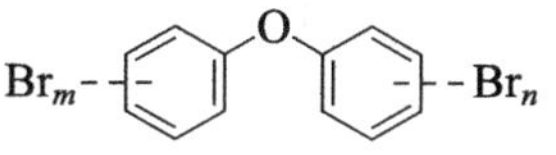

图 2-3-1　PBDEs 的结构式（$m+n=1\sim10$）

2. 检测方法与质控

（1）实验试剂与仪器

常用的试剂包括：色谱纯（HPLC 级）二氯甲烷、丙酮和正己烷，分别购自 CNW 公司、Merck 公司和 Tedia 公司；分析纯级别的甲醇、二氯甲烷、正己烷、浓硫酸（98%）购自上海国药集团；实验用水为去离子水和 Millipore 水。标准样品为 PBDEs 单标（BDE-17、BDE-33、BDE-28、BDE-50、BDE-49、BDE-47、BDE-66、BDE-100、BDE-99、BDE-118、BDE-154、BDE-153、BDE-138、BDE-128、BDE-183、BDE-172、BDE-190、BDE-196、BDE-203、BDE-208、BDE-207、BDE-206 和 BDE-209）购于美国 AccuStandard 公司（New Haven，USA），其中，BDE-50 和 BDE-172 作为回收率指示物，BDE-118 和 BDE-128 作为内标物质，BDE-118 用来定量，BDE-128 用作参考，PBDEs 同系物信息如表 2-3-1 所示。

表 2-3-1　PBDEs 同系物的基本信息

溴原子个数	同系物	分子量	IUPAC 编号	特征离子对(m/z)	$\lg K_{ow}$
1	一溴联苯醚	249	1～3	79,81	
2	二溴联苯醚	327.9	4～15	79,81	
3	三溴联苯醚	406.8	16～39	79,81	5.5～5.6
4	四溴联苯醚	485.7	40～81	79,81	5.9～6.2
5	五溴联苯醚	564.6	82～127	79,81	6.5～7.0
6	六溴联苯醚	643.5	128～169	79,81	6.9～7.9
7	七溴联苯醚	724.4	170～193	79,81	
8	八溴联苯醚	801.3	194～205	79,81	8.4～8.9
9	九溴联苯醚	880.3	206～208	79,81	9.1～9.9
10	十溴联苯醚	959.2	209	79,81,486.7,488.7	10.0

注：IUPAC 表示国际纯粹与应用化学联合会；$\lg K_{ow}$ 表示化合物的辛醇-水分配系数的对数。

灰尘样品的采集需要用到真空吸尘器、毛刷、Kimwipes 擦拭纸，样品前处理设备包括索氏提取器、旋转蒸发仪、氮吹浓缩仪、超声清洗仪、常规玻璃容器等，分析测试使用气相色谱-质谱联用仪。

(2) 样品采集

本案例选择了一个综合办公室作为研究区域，该办公室面积 1450m^2，楼高 3m，可容纳约 350 名办公人员同时办公。中央空调 24h 开启，室内温度常年维持在 22～26℃，湿度保持在 45%～70%。办公室完全封闭，室内空气流通速度缓慢、空气交换率低。为了节约能源，中央空调采用回风式运行模式，90%以上的空气用于内部循环。

灰尘样品的类型包括桌面灰尘、地面灰尘及计算机机箱内灰尘，灰尘样品的采集时间为 2012 年 12 月至 2013 年 3 月。

地面灰尘 [floor dust，FD，样品采集数量 (n) =38] 主要使用小流量真空吸尘器进行采集，首先将整个采样区域进行网格化分割，分为 38 个地面灰尘采样小区域。每个样品使用单独的复合双侧纸质集尘袋（ZR-480，Rowanta，上海博赛电器有限公司）进行收集，在更换采样点时，卸下的集尘袋用铝箔纸封口后，单独装入密封袋中。为了防止交叉污染，每个样品采集完成后，会用有机试剂对吸尘器进行简单的清洗。整个地面灰尘采样过程持续 10 天，采样期间该区域没有进行其他的地面清洁。

桌面灰尘（desktop dust，DD，$n=25$）使用 Kimwipes 实验室擦拭纸（300mm × 300mm，USA Kimberly）进行采集。桌面灰尘主要采集自办公桌表面，电话座机以及计算机显示屏表面及背面的降尘等，每两排桌面（约 14～16 个桌子合并为一个样品，每个桌面灰尘样品的采样面积约 7.5m^2），采集完毕后包裹在铝箔纸中并装入独立的密封袋。

计算机机箱内灰尘（dust in computer case，DCC，$n=113$）为沉积在机箱底部的灰尘。打开机箱外壳后，使用小毛刷将机箱内灰尘转移到铝箔纸中，包裹后装入独立的密封袋中，同时记录计算机的型号以及使用起始日期。为防止交叉污染，每个样品采集结束后用有机试剂对毛刷进行简单的清洗。选取的计算机机箱内的灰尘从投入使用后基本未进行过清理。

所有的灰尘样品在采集完成后，运回实验室在－20℃冰箱内避光储存。

(3) 前处理流程

将装有地面灰尘的集尘袋，沿中缝完全剪开，用干净的毛刷将灰尘转移到 500μm 孔径的金属筛上，振荡约 3～5min，将收集的灰尘样品转移至铝箔纸中，装入独立密封袋备用。由于单独一台计算机机箱内的灰尘量较少，因此选择将计算机型号以及投入使用年月相一致的样品进行合并。

用电子分析天平准确称量约 0.40g 的地面灰尘以及 0.30g 的计算机机箱内灰尘样品。样品采集前后 Kimwipes 擦拭纸放置于温度为 22℃、相对湿度在 40%左右的干燥器内，平衡 24h，用电子分析天平称量擦拭纸质量，以差重法计算出桌面灰尘的质量。将称量好的灰尘样品用已预处理的滤纸（二氯甲烷索氏抽提 48h，正己烷索氏抽提 48h）包裹好，放入索氏提取器，加入回收率指示物（BDE-50，BDE-172）。用 150mL 的二氯甲烷提取 34h，提取液旋蒸至 1mL，用正己烷清洗转移 3 次至 10mL 螺口试管中，氮吹浓缩至约 4mL。将氮吹后的样品浓缩液过凝胶色谱柱（40g Bio-Beads SX-3），用 200mL 二氯甲烷与正己烷混合液（体积比为 1∶1）进行淋洗，前 110mL 舍弃，收集 110～200mL 淋洗液。淋洗液旋蒸至 1mL 转移到色谱进样瓶中，氮吹至 100μL，加入内标指示物（BDE-118，BDE-128），在 −20℃冰箱内避光保存等待上机测试。

注意事项：用擦拭纸采集样品灰尘时，差重法的使用需要确保擦拭纸上的样品质量达到分析天平的检出限，否则无法准确进行质量计算。如桌面灰尘样品量确实较少时，可用采样面积进行单位的换算。

（4）GC-MS 仪器分析条件

本研究选取了 19 种 PBDEs 的同系物作为目标物，使用内标法进行测定。选用的检测仪器为气相色谱-质谱联用仪（GCMS-QP2010plus，Shimadzu），色谱柱为 DB-5MS 气相色谱柱（15m×0.25mm×0.10μm，J &W Scientific）。对目标物质进行分析时采用负化学离子（negative chemical ionization，NCI）源和选择离子监测（selected ion monitoring，SIM）模式，利用高纯氦气作为载气，甲烷为反应气。

低溴代目标物分析采用的升温程序为：初始温度 80℃（保持 2min），以 12℃/min 升至 140℃，再以 5℃/min 升至 280℃（保持 20min），最后以 20℃/min 升至 290℃（保持 5min）。载气为高纯氦气，柱流速为 1.3mL/min，进样口温度为 280℃，进样量为 1μL，无分流进样。

高溴代目标物分析采用的升温程序为：初始温度 110℃（保持 1min），以 10℃/min 升至 290℃（保持 20min），柱流速 1.3mL/min，1μL 不分流进样。除 BDE-209 以外，其他同系物扫描特征离子质荷比为 79 和 81，BDE-209 特征离子质荷比为 79、81、486.7、488.7。

标准曲线的线性：BDE-209 的 $R^2=0.999$，其余的同系物的 $R^2=0.9999$。

（5）质量保证与控制

每批样品（11 个）进行分析的同时，加入一个方法空白样品，用来保证这一批样品的处理过程中，没有其他程序和环境因素的干扰。每个样品在提取进行之前，加入回收率指示物用来验证目标物质的回收率。在空白样品中，所有的目标物质均低于检测限，因此实际样品的浓度无须扣除空白样品进行浓度校正。所有样品中 BDE-50 的回收率为 79.3%±4.5%，BDE-172 的回收率为 86.5%±10.5%，测试样品的最终浓度也未经过回收率校正。每隔 6 个样品进一针标样，对仪器的稳定程度进行校正。标样中 PBDEs 各同系物的浓度标准偏差低于 10%时，测试数据在可接受范围之内，否则重新建立标线进行测试。如果相对标准偏差大于 20%，则需对仪器进行切割色谱柱、清洗离子源等检修之后重新调谐，待仪器稳定后，重新建立标准曲线。

3. 方法应用

桌面灰尘、地面灰尘以及计算机机箱内灰尘中 PBDEs 的浓度水平差异较大，如图 2-3-2 所示。计算机机箱内灰尘中 PBDEs 的浓度为（11000±5510）ng/g，而地面灰尘与桌面灰尘中 PBDEs 的浓度分别为（2300±1469）ng/g、（4177±2627）ng/g，其中计算机机箱内灰尘中 PBDEs 的浓度显著高于其他两类（$p<0.05$）。

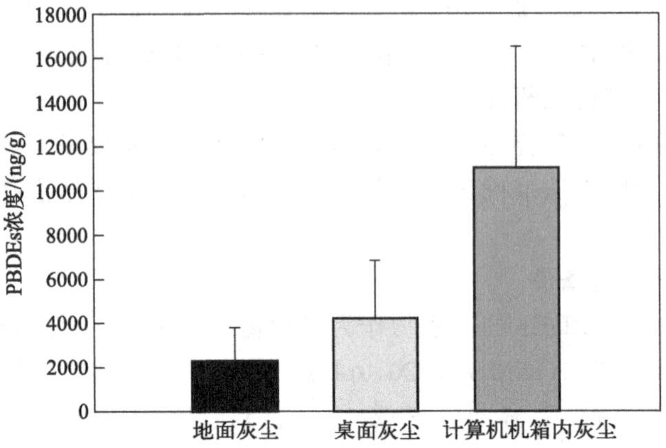

图 2-3-2　灰尘样品中 PBDEs 的浓度水平

计算机机箱内灰尘是 PBDEs 等污染物在室内环境迁移过程中一个很重要的载体，使用过程中，计算机机箱及其内部元件中含有的 PBDEs 会不断地释放，通过挥发形式进入大气，继而被灰尘所吸附，或者通过物理磨损等形式剥落进入灰尘。随着计算机使用年限的增长，同一机箱内灰尘中吸附的 PBDEs 也会逐渐增多并有可能缓慢达到平衡状态。根据计算机的型号、使用年限等信息将此类灰尘样品进行分类，发现计算机机箱内灰尘中 PBDEs 的浓度水平与计算机的使用年限具有一定的相关性。

办公室灰尘中 PBDEs 的浓度水平存在显著的空间分布差异性，这种差异性分布在规模较大的办公场所中尤为突出。通过网格化对本案例中的大型办公区域进行划分，将整个区域灰尘中的 PBDEs 进行浓度等高线处理，结果如图 2-3-3 所示。较高浓度出现在区域 1、2、3 处，

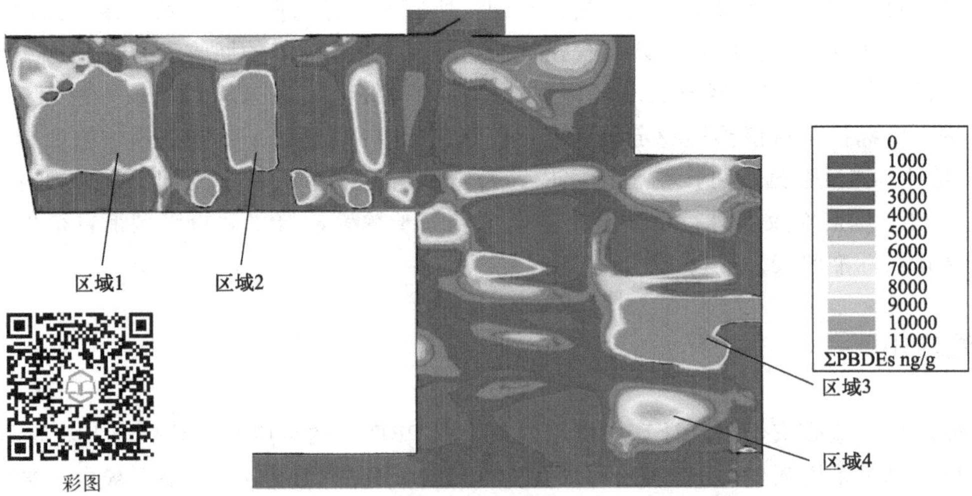

图 2-3-3　办公场所室内灰尘中 PBDEs 的空间分布特征

ΣPBDEs 表示不同 PBDE 同系物的总浓度

这可能与该区域的通风效果差有关。区域 4 的浓度比区域 3 低，除了距离出风口较近之外，该区域短期内进行了电脑等设备的更换也会导致灰尘中 PBDEs 浓度降低。本案例中地面灰尘与桌面灰尘中 PBDEs 浓度的相对标准偏差均超过了 50%，对于处于同一大型办公场所中的工作人员，办公位置的不同会对人体暴露风险程度产生较大的影响。

4. 结论与展望

目前对室内灰尘中溴代阻燃剂的研究关注度越来越高，不同文献的采样方法之间具有一定的差异性，因此有必要建立一套标准化的不同类型室内灰尘采样和分析方法，有助于减少不同研究之间的数据差异，提高数据的可比性和可靠性。当前对室内灰尘中溴代阻燃剂的研究大部分还是集中在传统阻燃剂，对于新型阻燃剂，如六溴苯等的研究相对较少，因此在后续的研究中有必要对不同的溴代阻燃剂进行系列研究，可以更加全面地评价室内灰尘中的溴代阻燃剂的暴露风险。

室内灰尘中溴代阻燃剂的研究是解析室内环境污染物迁移转化规律的关键环节，其浓度分布特征与人体暴露风险密切相关。本研究构建的采样方法体系通过差异化技术组合实现了多场景覆盖：针对地面等大面积低频积尘区域采用真空吸尘器法；对台面等具有高度差的表面选用刷子采集法，有效减少气流干扰并提升区域代表性；针对电器机箱等特殊区域则通过刷子灵活操作实现精准采样。对于低积尘台面，引入擦拭纸法并通过采样面积标准化确保样品量充足，该方法与索氏提取等预处理流程兼容性良好。实验验证表明，优化的预处理流程（索氏提取结合凝胶渗透色谱净化）配合气相色谱-质谱联用技术，可满足多溴联苯醚（PBDEs）的痕量检测需求。

当前研究虽已建立较完善的传统溴代阻燃剂分析框架，但暴露评估的标准化程度仍亟待提升。不同文献在采样工具、目标物范围（是否包含新型阻燃剂）上的差异，导致跨区域数据可比性受限。未来需参考国际标准等制定采样等关键参数的质量控制标准程序，减少数据偏差。同时，有机磷阻燃剂（OPFRs）与新型溴代阻燃剂的协同暴露风险亦需纳入综合评估体系，通过深化多维度研究，可为室内环境健康风险评估提供更全面的技术支撑。

案例4

上海淀山湖表层沉积物新型卤代阻燃剂赋存特征

1. 研究背景

卤代阻燃剂（halogenated flame retardants，HFRs）是一类广泛添加于各类工业和家用产品（如电子电器、纺织品、塑料、家具装饰材料等）中用于增加阻燃性的含卤有机物，其中溴代和氯代阻燃剂的生产和使用最为广泛。商用五溴联苯醚、八溴联苯醚、十溴联苯醚和得克隆分别是典型的溴代和氯代阻燃剂，但因为这些卤代阻燃剂在环境中具有持久性、长距离迁移性、生物蓄积性和潜在毒性而被《斯德哥尔摩公约》列为持久性有机污染物（POPs），目前在国内已被禁用或限用。

随着传统阻燃剂退出市场，生产商们开始应用一些新型的替代型阻燃剂以满足产品的防火性需求。尽管这些新型阻燃剂的生产和消耗量都比较有限，但其全球产量在近20年间还在不断增长，很多研究者也随之发现这些替代型阻燃剂在环境和生物体中含量出现增长趋势，再加上一些替代型阻燃剂也具有类POPs的特性，可能会对环境和人群健康存在不利效应。因此，越来越多研究者开始关注新型替代型阻燃剂在工业和人口聚集的城市区域中的环境行为、来源及其潜在生态和健康风险。卤代阻燃剂已在城市多介质环境（如水体、大气、土壤、灰尘、植被等）中普遍检出，其中城市湖泊是关键的接收载体。

卤代阻燃剂可通过城市不透水面（如屋顶、道路等）的暴雨冲刷、地表径流、大气干湿沉降及污水直排等途径进入城市湖泊，最终吸附在沉积物中呈现出明显的聚集特征。因此，城市湖泊沉积物可作为可靠的媒介来揭示城市区域卤代阻燃剂及其替代品的累积特征及潜在来源。然而目前针对中国城市湖泊卤代阻燃剂的研究主要集中于传统卤代阻燃剂（如多溴联苯醚、得克隆等），对新型替代型阻燃剂的研究还比较少，已有的研究只关注少数的几种替代品，尤其对于长三角城市群区域内湖泊中替代型阻燃剂的污染调查更少，绝大部分研究仅关注区域内大型湖泊如太湖和巢湖中传统阻燃剂的赋存状况，缺乏对区域内其他湖泊的相关研究。

本研究以上海市为例，首次详细调查了区域内典型湖泊——淀山湖表层沉积物中多种传统和替代型卤代阻燃剂的浓度水平及同系物组成，为上海开展新污染物的管控和具体法规的制定提供基础数据和理论支持，也为长三角城市群其他湖泊中新型卤代阻燃剂的污染研究提供参考依据。

2. 检测方法与质控

(1) 实验材料与仪器

① 试剂

色谱纯（HPLC 级）二氯甲烷、丙酮和正己烷，实验用水为 Millipore 超纯水。

② 材料

铜粉、硅藻土、SPE 小柱（2g 硅胶，10mL）、15mL 玻璃管、玻璃移液管、2mL 棕色 GC 进样小瓶和实心瓶盖。

注意事项：所有的玻璃器皿使用前依次使用重铬酸钾/硫酸洗液清洗，大量自来水冲洗和超纯水清洗。烘干后放入马弗炉在 450℃焙烧 4h 后冷却备用，使用前用丙酮、二氯甲烷和正己烷依次淋洗。SPE 小柱使用前需活化。

③ 标准样品

22 种溴代阻燃剂替代品（ABFRs）单体目标物和 11 种得克隆及其类似物阻燃剂（DECs）单体目标物、2 种内标标准样品（FBDE-168 和 ^{13}C-HBCD）和 4 种替代标准样品（FBDE-69、FBDE-160、4PC-BDE-208 和 D_{18}-HBCD）购于美国 AccuStandard 公司和 Wellington laboratories 公司。ABFRs、DECs 共 33 种单体目标物的标准曲线浓度梯度为 5μg/L、10μg/L、20μg/L、50μg/L、100μg/L、200μg/L。六溴环十二烷（HBCDs）共 3 种异构体目标物的标准曲线浓度梯度为 1μg/L、2μg/L、5μg/L、10μg/L、20μg/L、50μg/L。ABFRs 和 DECs 的混合标准溶液使用正己烷配制，HBCDs 的混合标准溶液用甲醇配制，均储存至棕色的样品瓶里并保存在－20℃的低温环境中。

④ 仪器

所需仪器主要包括气相色谱-质谱联用仪、加速溶剂萃取仪（ASE350，赛默飞）、平行定量浓缩仪（MultiVap-8，莱伯泰科）、真空冷冻干燥机（Scientz-12N，宁波新芝）、电子分析天平（Sartorius）、马弗炉（SX-12-10N，上海一恒）等。

(2) 样品采集与保存

结合文献查阅、实地调研和淀山湖水力特征分析等方法，选取了 14 个湖泊采样点（表 2-4-1），包括 3 个入湖点（D5、D6、D13），4 个出湖点（D1、D2、D3、D12）和 7 个湖中点（D4、D7、D8、D9、D10、D11、D14），分别于 2020 年 7 月和 2021 年 1 月在每个点用抓斗式采样器（XDB0201，北京新地标）采集夏冬两季表层沉积物样品（0～10cm），所有样品现场采集完后冰冻运回实验室在－20℃下冷冻保存。

表 2-4-1　上海淀山湖表层沉积物采样点点位信息

采样点	经度/°E	纬度/°N	采样点	经度/°E	纬度/°N
D1	121.0115	31.1117	D8	120.9856	31.1139
D2	120.9842	31.096	D9	120.0112	31.1394
D3	120.9691	31.0905	D10	120.9872	31.1341
D4	120.9412	31.0956	D11	120.9684	31.1471
D5	120.8983	31.0711	D12	120.9892	31.1873
D6	120.9310	31.1148	D13	120.9401	31.1460
D7	120.9630	31.1141	D14	120.959	31.1308

（3）预处理流程

取适量沉积物样品真空冷冻干燥后去除砂砾和动植物残体，充分研磨后过 200 目筛，称取 1g 过筛后的沉积物样品用总有机碳分析仪（TOC-LCPN，岛津）测定总有机碳（TOC）含量。目标物的前处理方法参考邬言等的研究并做了部分改进：准确称取过筛后的样品（约 8～10g），加入 0.5g 铜粉和适量硅藻土混合均匀后装入 34mL 不锈钢萃取池中。用加速溶剂萃取仪（ASE350，赛默飞）萃取，萃取前加入 20μL 的 1000μg/L 替标混合物（FBDE-69、FBDE-160、4PC-BDE-208）。萃取溶剂为二氯甲烷，系统压力 1500psi，100℃下静态萃取 5min，循环 2 次。萃取液转移到平行定量浓缩仪（MultiVap-8，莱伯泰科）浓缩至约 0.5mL，再转移至预先用 10mL 正己烷活化平衡过的 SPE 小柱（2g 硅胶，10mL）中，用约 3mL 正己烷淋洗 SPE 填料，上样和淋洗液总体积最多不超过 4mL，弃去废液后再用 11mL 正己烷和二氯甲烷混合液（体积比为 6∶4）洗脱目标物，将洗脱液再次浓缩至 0.5mL 左右，上机前加 20μL 的 1000μg/L 内标（FBDE-168）。使用 GC-MS 检测后，再用甲醇对样品中的正己烷进行溶液置换，等待上机 UPLC-MS-MS 进行 HBCDs 检测。

（4）仪器分析条件

所有待检测的卤代阻燃剂及其替代品如表 2-4-2 所示，ABFRs 和 DECs 单体目标物均通过气相色谱-质谱联用仪（GC7890B-MS5977A，安捷伦）测定。仪器配备 DB-5MS 石英毛细管柱（15m×0.25mm×0.1μm），离子源为负化学电离源，利用高纯氦气作载气，甲烷为反应气，载气柱流速为 1.2mL/min，采用脉冲不分流进样，进样量 1L，进样口温度为 240℃，升温程序为初始温度 50℃（保持 3min），以 8℃/min 升至 300℃（保留 10min），采用负化学离子源和选择离子检测模式分析目标物。绝大多数目标物扫描特征离子质荷比为 79 和 81，部分目标物特征离子质荷比为 35 和 37，BDE-209 特征离子质荷比为 79、81、486.7 和 488.7。

采用超高效液相色谱串联质谱仪（UPLC-MS-MS，Waters Xevo TQ-XS）检测 3 种 HBCDs 单体，包括 α-HBCD、β-HBCD 和 γ-HBCD。使用 ESI 源、多反应监测（multiple reaction monitoring，MRM）和负离子模式对 HBCDs 进行定量检测。α-HBCD、β-HBCD 和 γ-HBCD 选择的检测离子对为 640.7/81.0，D_{18}-HBCD 和 ^{13}C-HBCD 选择的检测离子对

为 657.8/81.0 和 652.6/81.0。仪器配备 ACQUITY BEH C_{18} 色谱柱（2.1mm×50mm×1.7μm），柱温 40℃，流速 0.4mL/min，进样量 2μL，流动相为超纯水（A）和体积比为 1∶1 的甲醇/乙腈混合液（B）。梯度洗脱程序如下：0～1.5min，50% A～10% A，1.5～4.1min，10% A～50% A，并保持 2min 以进行下一次运行。

（5）质量控制与质量保证

整个实验流程设置了空白加标、基质加标、样品平行等方法进行数据质控。每 20 个样品至少做一个空白样品、一个空白加标和一个基质加标。取 11 次空白样品目标物浓度标准偏差的 10 倍作为方法检出限（MDL）。本案例中 22 种 ABFRs 同系物的方法空白浓度范围为 0.003～0.097ng/g，MDL 为 0.011～0.515ng/g，基质加标回收率为 67.3%～125%，平行样相对标准偏差（RSD）为 0.1%～28.0%。11 种 DECs 同系物的方法空白浓度范围为 0.013～0.132ng/g，MDL 为 0.090～0.751ng/g，基质加标回收率为 60.8%～93.7%，平行样 RSD 为 3.87%～27.9%。3 种替标回收率范围为 75.4%～119%。3 种 HBCDs 同系物的方法空白浓度范围为 0.009～0.104ng/g，方法检出限为 0.034～0.186ng/g，基质加标回收率为 56.1%～117%，平行样 RSD 小于 19.6%，替标回收率范围为 71.3%～110%。本案例目标物浓度数据为经替标回收率校正后再减去同批次空白样品数值后的浓度。

（6）统计分析

表层沉积物样品中目标物浓度值统计参考《土壤环境监测技术规范》（HJ/T 166—2004）中的规定，即平行样测定结果以算术平均值表示，低于 MDL 的测定结果以“未检出（ND）”表示，参与统计时以 1/2MDL 计算。特征数统计（如最大值、最小值、平均值等）、正态性检验、相关性分析、主成分分析、方差分析等均借助统计学软件 SPSS17.0 进行计算。不符合正态分布的数据对其进行正态转换后再检验分布情况，符合正态分布才可进行方差分析，否则使用非参数检验方法检验数据之间的差异性。显著性水平设为 $p=0.05$。目标物同系物组成和浓度时空分布数据用 SigmaPlot 10.0 软件绘制。

3. 方法应用

上海淀山湖夏冬季表层沉积物［样品采集数量（$n=28$）］中 ABFRs 浓度及检出率如表 2-4-2 所示。ATE、TBCT、TBPH、DBDPE 和 OBIND 在所有表层沉积物中均被检出，其次 TBP、TBECH、BB101 和 TBB 也有较高的检出率（>78%）。PBEB 在所有沉积物中均未检出。在所有表层沉积物中 Σ_{22}ABFRs 浓度范围为 4.052～40.834ng/g，浓度平均值为 21.418ng/g。DBDPE 和 TBP 是最主要的同系物，占 Σ_{22}ABFRs 比例分别为 82.9% 和 7.10%。

DBDPE 作为一种添加型新型阻燃剂，自 20 世纪 90 年代初期就开始替代传统阻燃剂 BDE209 被广泛应用于各种塑料和纺织品中。在本研究中 DBDPE 的高检出率（100%）和高浓度［(17.990±8.237)ng/g］也说明 DBDPE 已广泛存在于淀山湖沉积物中。TBP 是生产较普遍的溴代苯酚之一，常被用作反应型阻燃剂中间体和木材保护剂。在水体消毒过程和其他阻燃剂（如四溴双酚 A 和 BTBPE）的降解过程也会产生 TBP。

表 2-4-2　上海淀山湖表层沉积物中卤代阻燃剂浓度（以干重计）　　单位：ng/g

化合物		名称	最小值	最大值	中位值	平均值	标准偏差	检出率/%
ABFRs	TBP	三溴苯酚	ND	6.687	1.024	1.418	1.506	96.4
	ATE	2,4,6-三溴苯基烯丙基醚	0.003	0.046	0.014	0.016	0.010	100.0
	TBECH	1,2-二溴-4-(1,2-二溴乙基)环己烷	ND	0.121	0.033	0.036	0.031	78.6
	p-TBX	2,3,5,6-四溴对二甲苯	ND	1.028	0.013	0.052	0.192	25.0
	PBBZ	五溴苯	ND	0.027	0.004	0.007	0.007	71.4
	TBCO	1,2,5,6-四溴环辛烷	ND	0.107	0.029	0.038	0.030	46.4
	TBCT	四溴邻氯甲苯	0.003	0.046	0.013	0.016	0.011	100
	PBT	五溴甲苯	ND	0.551	0.015	0.073	0.115	50.0
	PBEB	2,3,4,5,6-五溴乙苯	ND	0.016	0.013	0.013	0.001	0.0
	HBB	六溴苯	0.096	0.671	0.042	0.095	0.154	53.6
	BB101	2,2′,4,5,5′-五溴联苯	ND	0.024	0.008	0.009	0.006	71.4
	PBBA	丙烯酸五溴苄酯	ND	0.026	0.008	0.012	0.006	35.7
	HCDBCO	六氯二溴辛烷	ND	0.109	0.047	0.049	0.029	57.1
	TBB	2-乙基己基-2,3,4,5-四溴苯甲酸酯	ND	1.348	0.027	0.399	0.455	89.3
	BB153	2,2′,4,4′,5,5′-六溴联苯	ND	0.091	0.003	0.007	0.017	21.4
	BTBPE	1,2-双(2,4,6-三溴苯氧基)乙烷	ND	0.340	0.025	0.039	0.062	57.1
	TBPH	2-乙基己基四溴邻苯二甲酸酯	0.010	0.616	0.274	0.246	0.197	100
	DBDPE	十溴二苯乙烷	3.343	36.794	16.201	17.990	8.237	100
	BATE	2-溴烯丙基-2,4,6-三溴苯醚	ND	2.472	0.018	0.116	0.462	25.0
	DPTE	2,3-二溴丙基-2,4,6-三溴苯基醚	ND	1.314	0.026	0.185	0.383	17.9
	OBIND	八溴-1,1,3-三甲基-3-苯基苯胺	0.429	4.485	0.787	0.841	0.739	100
	TBC	三(2,3-二溴丙基)异氰脲酸酯	ND	0.669	0.033	0.114	0.207	14.3
	Σ_{22}ABFRs		4.052	40.834	19.400	21.418	8.859	
DECs	Syn-DP	顺式得克隆	0.233	2.142	0.338	0.471	0.395	100
	Anti-DP	反式得克隆	ND	4.570	0.536	0.706	0.844	78.6
	Cl10-DP	Cl10-得克隆	ND	0.012	0.006	0.006	0.002	7.1
	Cl11-DP	Cl11-得克隆	ND	0.054	0.044	0.046	0.005	0.0
	Cplus	氯丁加	ND	0.189	0.070	0.079	0.047	85.7
	DEC-601	得克隆 601	ND	1.371	0.227	0.218	0.257	67.9
	DEC-602	得克隆 602	ND	0.419	0.216	0.183	0.134	67.9
	DEC-603	得克隆 603	ND	0.138	0.031	0.038	0.028	7.1
	DEC-604	得克隆 604	ND	1.788	0.123	0.219	0.349	50.0
	DEC-604CB	得克隆 604 组分 B	ND	0.074	0.013	0.016	0.012	3.6
	HCPN	1,2,3,4,7,7-六氯-5-苯基-2-降冰片烯	ND	0.273	0.044	0.062	0.060	10.7

续表

化合物		名称	最小值	最大值	中位值	平均值	标准偏差	检出率/%
DECs	$\Sigma_{Syn+Anti}$DPs		0.256	6.712	0.848	1.176	1.211	
	Σ_{11}DECs		0.495	10.623	1.565	2.043	1.861	
HBCDs	α-HBCD	α-六溴环十二烷	ND	0.291	0.171	0.161	0.094	71.4
	β-HBCD	β-六溴环十二烷	ND	0.226	0.190	0.161	0.070	71.4
	γ-HBCD	γ-六溴环十二烷	ND	0.281	0.099	0.125	0.069	78.6
	Σ_3HBCDs		0.082	0.727	0.439	0.418	0.204	

上海淀山湖夏冬季表层沉积物（$n=28$）中DECs浓度及检出率如表2-4-2所示。Syn-DP在所有表层沉积物中均被检出，其次，Cplus、Anti-DP、DEC601、DEC602和DEC604也有较高的检出率（≥50%）。Cl11-DP在所有沉积物中均未检出。在所有表层沉积物中Σ_{11}DECs浓度范围为0.495～10.623ng/g，浓度平均值为2.043ng/g。相比于Σ_{22}ABFRs，Σ_{11}DECs浓度明显较低，反映出氯代阻燃剂在该区域使用相对较少。Anti-DP和Syn-DP是最主要的同系物，占Σ_{11}DECs比例分别为30.1%和25.5%，其次DEC-601、DEC-602和DEC-604也有较高占比（9.07%～9.74%）。

得克隆（DP）作为一种添加型阻燃剂，自20世纪60年代开始作为灭蚁灵替代品而生产，现在被广泛用作十溴二苯醚替代品。据报道，得克隆产品中两大同系物Anti-DP和Syn-DP在环境介质中所占比例的差异可以用来探索其环境迁移及归趋行为。本研究中f_{anti}（Anti-DP占$\Sigma_{Syn+Anti}$DPs的比例）在淀山湖表层沉积物中范围为0.46～0.72，平均值为（0.63±0.06），稍低于文献报道的得克隆产品中的比例（0.64～0.80）。这也反映出来自商业化产品的DP一旦释放到环境中，伴随着长距离大气迁移、微生物降解、生物累积等诸多因素影响，DP同系物比值会发生变化。与Syn-DP相比，本研究中Anti-DP呈现更高的沉积物富集，主要归因于Anti-DP更倾向于吸附在沉积物中而Syn-DP更容易发生生物降解。

上海淀山湖夏冬季表层沉积物（$n=28$）中HBCDs浓度及检出率如表2-4-2所示。总HBCDs浓度（即三种HBCDs同系物浓度之和，Σ_3HBCDs）范围为0.08～0.73ng/g，算术平均值为0.42ng/g。淀山湖表层沉积物中Σ_3HBCDs浓度水平低于中国河流、海湾和太湖沉积物中含量，处于较低水平。沉积物中三种HBCDs同系物α-HBCD、β-HBCD和γ-HBCD的检出率分别为71.4%、71.4%和78.6%，平均浓度分别为0.16ng/g、0.16ng/g和0.12ng/g，其占Σ_3HBCDs浓度的比例范围分别为15.5%～47.6%、21.2%～51.5%和13.3%～84.4%，平均比例分别为32.8%、36.9%和36.6%。从图2-4-1可以看出，各采样点处三种非对映异构体占比差异不大，总体来看，β-HBCD占比稍高，其次是γ-HBCD和α-HBCD。

在采样点D3和D6，γ-HBCD占比超过78%，与商业技术产品中的HBCDs成分相似（70%～89%γ-HBCD，11%～30%α-HBCD和β-HBCD），暗示了这两个采样点处HBCDs可能来源于HBCDs污染源的直接排放。本案例中85.7%的采样点处γ-HBCD的比例低于商业产品中的比例，表明这些异构体之间存在相互转化，如 HBCDs 从源头排放后在土壤中累积可能发生从 γ-HBCD 到 α-HBCD 的非生物或生物转化。然而，目前尚不清楚沉积物中 HBCDs 非对映异构体分布变化的原因。一种可能性是工业混合物的异构体组成在最终产品（如挤塑聚苯乙烯）的制造过程中发生热重排，因此环境样品中 HBCDs 异构体相对丰度与商业品不同。另一个原因可能是它们在环境介质或表面的运输与分配过程存在差异。γ-HBCD 转化为 α-HBCD 可能在通过大气进行长距离传输过程发生。此外，在厌氧沉积物中，α-HBCD 的半衰期比 γ-HBCD 长，β-HBCD 和 γ-HBCD 的降解速率比 α-HBCD 快。

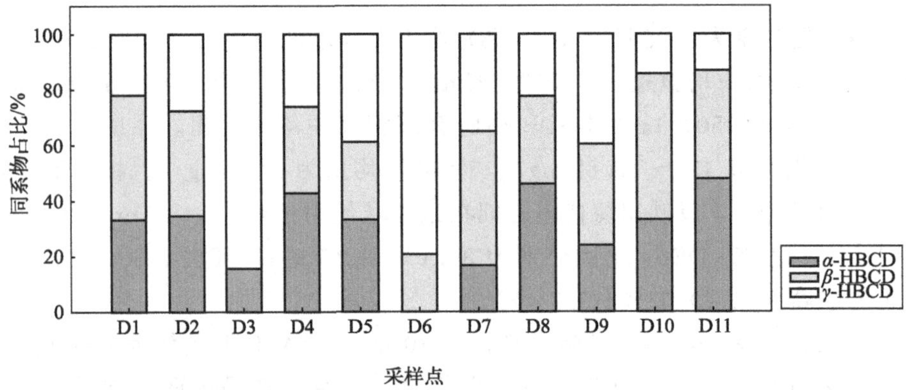

图 2-4-1　上海淀山湖表层沉积物中 HBCDs 同系物组成

4. 结论与展望

本研究借助加速溶剂萃取和固相萃取技术对上海淀山湖表层沉积物进行提取净化，联合气相色谱-负化学电离源-质谱联用仪实现了四类传统和新型卤代阻燃剂浓度和同系物组成的精准定量。方法检出限低、重复性好、基质加标回收率为 56.1%～117%，完全满足沉积物中 HFRs 检测要求。本研究发现 44.4%的目标物在淀山湖表层沉积物中都有较高的检出率（>70%），这 3 类阻燃剂平均浓度呈现递减趋势为 Σ_{22}ABFRs>Σ_{11}DECs>Σ_{3}HBCDs，ABFRs 已经替代 PBDEs 成为淀山湖沉积物中最主要的阻燃剂，DBDPE、Anti-DP、Syn-DP 和 β-HBCD 是主要的同系物。

相较于其他 HFRs 检测方法，本案例方法实现了多类 HFRs 的同步提取和检测，大大节省了前处理步骤和时间。应用于其他类型样品（如土壤、灰尘等）中 HFRs 检测时也获得了较高的灵敏度、精密度和回收率，是一种普适性的快速同步检测方法，便于推广应用。

案例 5

海产品中有机锡化合物的检测分析

1. 研究背景

有机锡化合物（organotin compounds，OTCs）是由金属锡和有机基团键合而成的金属有机化合物，是典型的具有雄性激素作用的内分泌干扰物以及持久性有毒物质之一。常见的 OTCs 有丁基锡和苯基锡（图 2-5-1），主要用于船舶油漆的防污剂、塑料制品的稳定剂、农药、工业催化剂等方面，它们在生产和使用的过程中会直接释放或迁移转化进入环境，造成全球范围内海洋环境的污染。OTCs 对海洋生态系统中的藻类、双壳类、鱼类等毒性较强，而海洋生物又对其具有一定的积累放大效应，因此 OTCs 对海洋环境有着不可忽视的潜在威胁。研究表明，三丁基一氯化锡（TBT）和三苯基一氯化锡（TPhT）能使上百种海洋生物（包含鸟类和哺乳动物）在形态结构和生理特征上发生畸变，从而危及其生长生存，如 1～20ng/L 的 TBT 会干扰浮游生物及贝类的繁殖，达到 1μg/L 时会影响鱼的繁殖甚至造成鱼行为的失常。海洋环境中的 OTCs 通过生物体的富集放大作用，经由食物链等途径进一步对人体产生威胁。

《联合国海洋污染防治公约》于 1974 年首次将 OTCs 列入受制黑名单。随后，全球各国陆续制定相应的法律法规对 OTCs 的使用加以限制，如法国、美国、英国、加拿大等国家禁止在小于 25m 的船只上使用含有 OTCs 的防污漆。根据《2001 年国际控制船舶有害防污底系统公约》（简称《AFS 公约》），自 2008 年 1 月 1 日起所有运营的船只不得使用含有 OTCs 的防污漆。虽然如此，由于 OTCs 在海洋环境中较为稳定，可长期残留，在限制使用后的很长一段时间里，海洋环境中的 OTCs 浓度水平无明显下降，对近岸海域仍然存在较大的威胁。

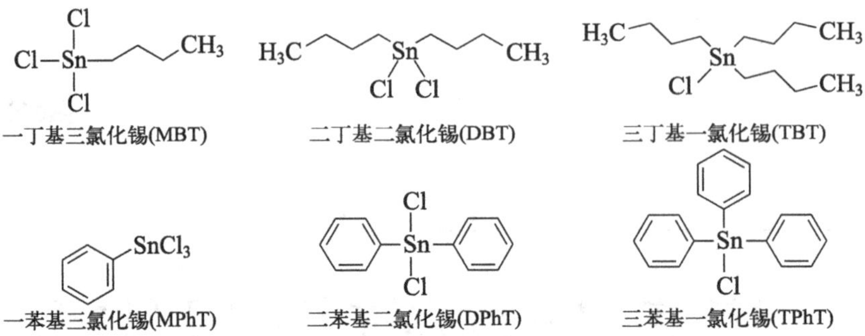

图 2-5-1　三种丁基锡和三种苯基锡的结构式

我国沿海大部分地区都检测到了 OTCs 污染。海洋生物可以通过滤食作用、皮肤接触等方式，在体内累积 OTCs 甚至形成生物放大效应。目前 OTCs 最主要的分析手段是气相色谱联用技术和液相色谱联用技术，前者相对于后者分离能力更强、灵敏度更高，但需要进行衍生化，常用的衍生化方法有氢化物衍生和烷基化衍生。对于海产品而言，由于基质复杂、脂肪含量较高，衍生效果受到较大的影响，因此衍生前的净化尤为重要。本研究建立了超声波提取-基质分散固相萃取净化结合气相色谱串联质谱的检测方法，可以实现海产品中 5 种 OTCs 的同时测定。

2. 检测方法与质控

（1）实验试剂与仪器

一丁基三氯化锡（MBT，97%）、二丁基二氯化锡（DBT，95%）、三丁基一氯化锡（TBT，95%）、二苯基二氯化锡（DPhT，97%）、三苯基一氯化锡（TPhT，98%）、三丙基一氯化锡（TPrT，96%）、四乙基硼酸钠（$NaBEt_4$）均购于德国 Dr. Ehrenstorfer GmbH 公司；环庚三烯酚酮（tropolone，98%）购于上海晶纯生化科技股份有限公司；*N*-丙基乙二胺（PSA，40～63μm）购于上海安谱实验科技股份有限公司；标准参考物（ERM-CE477）购自欧盟 Joint Research Center。甲醇、乙酸、正己烷为色谱纯，其余试剂为优级纯。实验用水为超纯水（电阻率≥18.2MΩ·cm）。所用仪器主要有气相色谱-质谱联用仪（QP2010-Plus，日本 Shimadzu）、冷冻干燥仪（Scientze-12N，宁波新芝）、球磨机（TL-2010，鼎昊源）、超声清洗机（KQ5200E，昆山超声）、台式恒温振荡器（THZ-C，华美生化）和离心机（TDL-5-A，上海安亭）。

（2）样品采集

在我国 14 个沿海城市（即辽宁丹东、辽宁大连、河北唐山、山东烟台、山东威海、山东青岛、江苏连云港、浙江宁波、浙江温州、福建泉州、福建厦门、广东潮州、广东深圳、广西北海）采集牡蛎样品，每个地区采集不同来源的牡蛎样品至少 3 份。样品存放于不含

OTCs 的聚乙烯袋中，冷冻运送到实验室；所有样品先去除牡蛎外壳，取食用部分，用超纯水洗净后滤干，放于冷冻干燥机中干燥 48h，球磨机粉碎，过 0.45mm 孔径筛，备用。

（3）前处理流程

准确称取 0.5g 冻干样品，加入 10mL 提取剂（甲醇：乙酸=9：1，含 0.03%的环庚三烯酚酮），混匀后超声 30min。取 5mL 上清液于 −85℃ 冰箱中冷冻 2h，5000r/min 离心 5min。将上清液全部转出，加入 100mg PSA，振荡 10min（150r/min），离心 5min（5000r/min）后将上清液转入 70mL 试管中，依次加入 40mL 乙酸/乙酸钠缓冲溶液（1mol/L，pH=4.5）、1g 氯化钠、5mL 正己烷、100μL 三丙基一氯化锡内标储备液（1mg/L）、600μL $NaBEt_4$（质量分数为 1%），振荡 20min（150r/min）进行衍生化反应（图 2-5-2）。静置至两相分离，取 3mL 有机相浓缩后过 Florisil 小柱净化，5mL 洗脱液（正己烷：乙醚=9：1）洗脱，氮吹至 0.5mL 待测。

前处理过程中需要注意以下事项：①生物样品进行衍生化处理时，必须要加入氯化钠，以防止样品乳化过于严重，确保上层有机相能够有效提取；②若采用液相色谱-质谱法对 OTCs 进行定量分析，则无须进行衍生化操作。

$$3NaBEt_4 + RSn^{3+} \longrightarrow Et_3SnR + 3Et_3B + 3Na^+$$

图 2-5-2　一取代有机锡衍生化反应方程式

（4）仪器分析条件

采用气相色谱-质谱联用仪（GC-MS QP2010 Plus，Shimadzu）测定样品中的 MBT、DBT、TBT、DPhT、TPhT 和 TPrT，利用 OTCs 质谱图和混合标准溶液的保留时间定性，内标法定量，选择 3 种丰度较高、碎片质量较大且相互干扰小的离子作为定性离子，并将相对丰度最高的离子作为定量离子对目标物进行定量分析。气相色谱所用色谱柱为 HP-5（30m×0.25mm×0.25μm），进样口温度为 250℃，进样量为 1μL，不分流模式进样，恒流模式，柱流量为 1mL/min。柱温采用程序升温，起始温度为 60℃，保持 1min，以 10℃/min 的速率升至 150℃，再以 8℃/min 升至 290℃，并保持 2min。采用 EI（70V）源，温度为 230℃，质谱接口温度为 280℃，载气为高纯氦气（99.99%）。质谱采用全扫（Scan）和选择性离子扫描（SIM）两种扫描方式，并通过 SIM 中的出峰图在谱库中进行检索，辅助定性分析。OTCs 标准样品的定性定量参数如表 2-5-1 所示。

表 2-5-1　有机锡标准样品的定性定量参数

化合物全称	缩写	分子式	分子量	出峰时间/min	定性离子（m/z）	定量离子（m/z）
一丁基三氯化锡	MBT	$C_4H_9SnCl_3$	282.2	9.73	179,177,149	179
二丁基二氯化锡	DBT	$(C_4H_9)_2SnCl_2$	303.7	14.70	207,179,149	207
三丁基一氯化锡	TBT	$(C_4H_9)_3SnCl$	325.5	19.08	207,177,151	207
二苯基二氯化锡	DPhT	$(C_6H_5)_2SnCl_2$	343.8	21.47	303,301,275	303

续表

化合物全称	缩写	分子式	分子量	出峰时间/min	定性离子 (*m*/*z*)	定量离子 (*m*/*z*)
三苯基一氯化锡	TPhT	$(C_6H_5)_3SnCl$	385.5	23.79	351,349,197	351
三丙基一氯化锡	TPrT	$(C_3H_7)_3SnCl$	283.4	15.61	151,193,191	151

(5) 质量控制和保证

本研究采用 TPrT 为内标，基质加标曲线进行定量。标准曲线的线性范围在 0～1000ng/g，其相关系数（R^2）大于 0.997。空白牡蛎样品加标 500ng/g 的 GC-MS 色谱图见图 2-5-3，目标化合物和内标可以在色谱图中清晰地分开，峰形良好。以 3 倍信噪比计算检出限，MBT、DBT、TBT、DPhT、TPhT 的检出限（以单位质量干样品中 Sn 的质量计）分别为 5.5ng/g、2.1ng/g、1.8ng/g、7.5ng/g 和 3.7ng/g。在 100ng/g（$n=5$）的添加水平下，5 种目标物的回收率为 86.1%～102.4%，相对标准偏差均小于 10%，说明本方法具有较好的准确度和精密度，可用于实际环境样品的分析中。

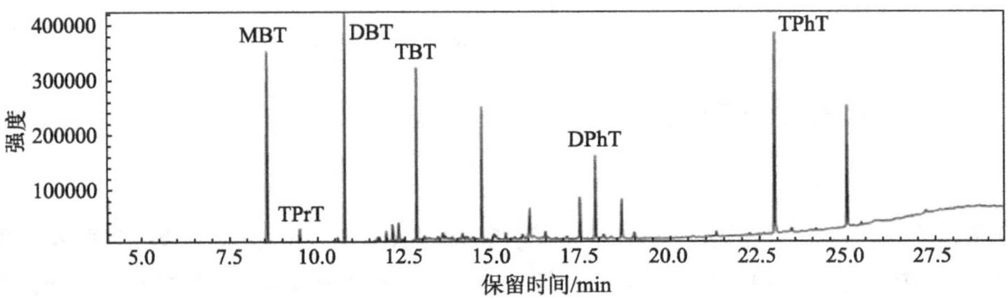

图 2-5-3 牡蛎样品中 5 种有机锡标准样品的色谱图

3. 方法应用

应用本研究优化的分析方法，对我国部分沿海城市牡蛎中 OTCs 的污染状况进行初步调查。OTCs 的检出率为 100%。ΣOTCs 含量变化范围在 21.1～2084ng/g，平均含量为 423ng/g，不同地区 OTCs 浓度差别较大。所采集的牡蛎样品中总有机锡（ΣOTCs）含量最高出现在浙江宁波，其次为广西北海，浓度均超过 1000ng/g。对于过去研究较多的渤海湾周边地区，丹东、大连、唐山、烟台、威海五个地区牡蛎样品 ΣOTCs 浓度为 26.3～110ng/g，除丹东外，其他地区 ΣOTCs 浓度均低于 50ng/g。Yang 等于 2004 年对渤海湾周边的大连、营口、葫芦岛、山海关、北戴河、天津、威海、烟台等地区牡蛎中的丁基锡进行研究，结果表明丁基锡的浓度（以单位质量湿样品中 Sn 的质量计）为 2.5～397ng/g，明显高于本研究中同一地区，且最高浓度出现在大连，与本研究不同。这是由采样时间、采样地点、生物个体等不同造成的。研究表明，随着 TBT 等被禁用，一些国家水体、沉积物和生物体中

OTCs 含量有明显的下降，例如法国、美国、英国、澳大利亚、西班牙等。渤海地区是我国过去 OTCs 研究的重点区域，由于其污染严重，引起政府等相关部门的重视，采取了相应的污染防治措施，可能使得牡蛎体内 OTCs 含量有所下降。

将 14 个研究区域根据其所处海域的不同，划分为渤海、黄海、东海和南海，各个海域中牡蛎体内 OTCs 含量如图 2-5-4 所示。渤海和黄海中牡蛎体内 OTCs 的平均水平差别不大，基本上所有采样点的 ΣOTCs 浓度都小于 100ng/g。东海和南海牡蛎体内 OTCs 平均水平接近，但东海各个样品之间的浓度差异较大，浓度最低的 ΣOTCs 只有 35.2ng/g，最高的超过了 2000ng/g。总体而言，东海和南海的 OTCs 污染程度要比渤海和黄海严重，这可能是由于 TPhT 被用于网箱养殖的防污设备和杀菌剂中，而南方近岸海域水产养殖活动相对更多。

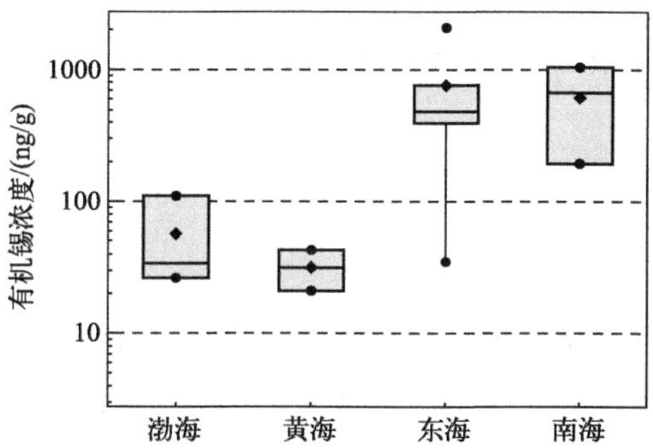

图 2-5-4　不同海域牡蛎体内有机锡的浓度分布

牡蛎样品中丁基锡和苯基锡的浓度分别为未检出（ND）～107ng/g 和 11.8～1976ng/g，检出率分别为 92.9%、100%。不同地区牡蛎样品中丁基锡和苯基锡的比例如图 2-5-5(a) 所示，除丹东、大连牡蛎以丁基锡为主外，其他地区的牡蛎都以苯基锡为主，且唐山、烟台、宁波、厦门、潮州、深圳、北海牡蛎中的苯基锡比例均超过 90%，青岛牡蛎中苯基锡含量甚至达到了 100%。这与当地的污染物组成、TBT 和 TPhT 的结构差异，以及牡蛎对 OTCs 的摄取和利用有关。TPhT 具有共振结构，较 TBT 更稳定，能有效地抵抗紫外线光解和微生物降解等。同时，Ho 等研究发现牡蛎更容易积累环境中的苯基锡，苯基锡同样是香港水产品市场中双壳类生物的主要污染物。

牡蛎样品中各丁基锡和各苯基锡的比例如图 2-5-5（b）和（c）所示。丁基锡中，MBT、DBT 和 TBT 的浓度分别为 ND～21.6ng/g、ND～10.5ng/g 和 ND～79.1ng/g，检出率分别为 35.7%、50% 和 92.9%。青岛牡蛎中没有检出丁基锡；威海、连云港和厦门牡蛎中丁基锡以 MBT 为主，说明这几个区域可能 TBT 降解速率较快，也可能存在其他 MBT 来源；丹东、大连、唐山、烟台、宁波、温州、泉州、潮州和北海牡蛎以 TBT 为主，则可能是这些地区存在新的 TBT 输入。苯基锡中，DPhT、TPhT 的浓度分别为 7.41～493ng/g 和 4.44～1484ng/g，检出率都为 100%。其中 TPhT 最高浓度和最低浓度分别出现在宁波

(1484ng/g) 和大连 (4.44ng/g)。大连牡蛎以 DPhT 为主，说明该地区 TPhT 降解较快，同时 TPhT 的输入较慢；其余地区以 TPhT 为主，可能预示着有新的 TPhT 输入源。

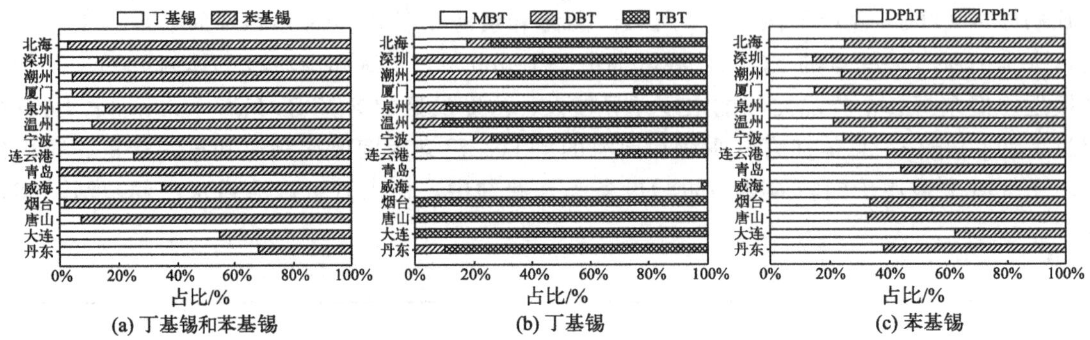

图 2-5-5　我国部分沿海城市牡蛎体内有机锡的分配比例

4. 结论与展望

本研究建立了海产品中 5 种 OTCs 同时检测的超声波提取-基质分散固相萃取净化-气相色谱串联质谱法，具有灵敏度高、准确可靠等优点。采用低温冷冻结合基质分散固相萃取净化，净化效果明显，比传统净化方法操作简单、节约成本、易于批量处理。同时研究了基质效应的影响，为实际样品测定中标准曲线的建立提供依据。对我国部分沿海城市牡蛎样品进行检测，结果表明我国海产品已受到 OTCs 的污染，需要引起关注。

案例6

血液中邻苯二甲酸酯的检测分析

1. 研究背景

邻苯二甲酸酯（phthalates，PAEs）是一类被广泛应用的化合物，主要用于制造聚氯乙烯管道、汽车内饰件、玩具、食品包装等塑料制品。目前已知的 PAEs 超过 30 种，其中部分常见类型的结构式如图 2-6-1 所示。研究表明，PAEs 在日常生活用品、食物和大气中广泛存在，很可能通过呼吸、饮食以及皮肤接触等方式暴露于人体。尽管 PAEs 在肝脏中的代谢较快，其结合物可以在几小时或者几天内通过尿液排出体外，但是人体在整个生命周期内都会接触到 PAEs，长期低浓度的暴露很可能对人体造成危害。作为一类典型的环境内分泌干扰物，PAEs 可与生物体内的激素受体结合，或者干扰激素的合成、释放和代谢过程，从而扰乱内分泌系统的正常功能。因此，鉴于 PAEs 的普遍存在以及潜在的毒性危害，其慢性暴露问题不容忽视。

内分泌紊乱是一个严重的公共健康和环境健康问题。随着研究证实 PAEs 在人体血液、尿液、胎盘等组织中的广泛存在，探究其暴露与多种疾病（如生殖障碍、免疫系统功能异常、精神疾病等）潜在关系的研究应运而生。例如，Braun 等指出 PAEs 可能会在发育的关键时期干扰激素介导的过程，从而增加儿童神经发育障碍或肥胖的风险。前瞻性队列研究也发现产前暴露于多种不同的 PAEs 与多动症、自闭症谱系障碍、社交能力差、智力低下等有关。尽管目前对于 PAEs 与其他内分泌干扰物混合暴露健康效应的担忧已经形成，但是研究主要聚焦于某一种或某一类内分泌干扰物在人体的暴露以及可能的健康危害。实际上，环境中的内分泌干扰物种类繁多，理化性质各异，很可能形成复杂的协同毒性效应和累积影响，这需要引起科学界和管理者的高度重视。

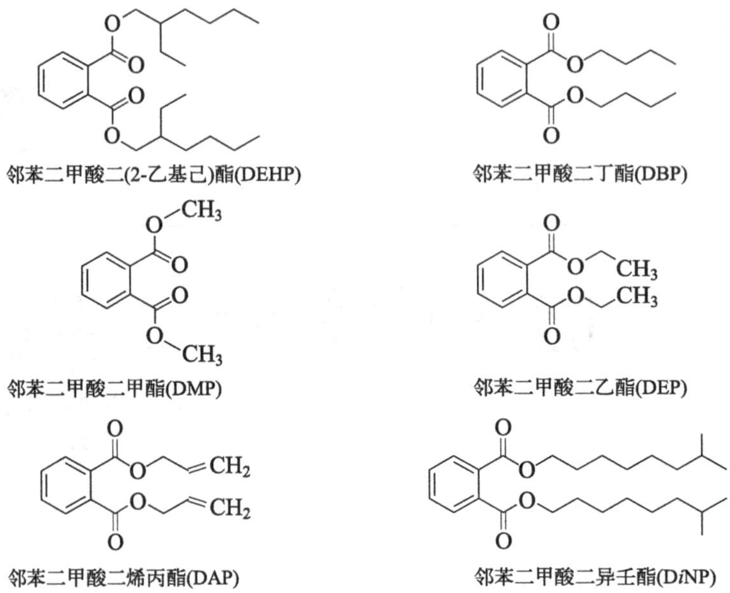

图 2-6-1　常见邻苯二甲酸酯结构式

精神分裂症是一种常见的精神病性障碍，其特征包括幻觉、妄想、思维和行为紊乱等。据统计，大约 0.3%～0.7%的人在其一生中被诊断患有精神分裂症，2019 年全球约有 2400 万人患有精神分裂症。相比于正常人，精神分裂症患者自杀率较高（5%～6%），并且面临更多的健康问题。精神分裂症的发病并非由单一因素决定，而是基因-环境相互作用和相关易感性因素共同作用的结果。此外，城市环境和污染之间的潜在联系也被认为是精神分裂症风险增加的原因。正如上文所述，环境内分泌干扰物可能与多种精神疾病存在潜在关系。目前已有足够证据可以将双酚 A 和雌激素等内分泌干扰物暴露引发的神经毒理学和行为病理学与精神分裂症中观察到的异常情况进行比较。但是对于其他内分泌干扰物（如 PAEs）的神经发育毒性研究仍不充分。

因此，本研究选择重性精神病患者和健康人群作为研究对象，探究了 17 种常见 PAEs 在其血浆中的浓度水平和分布特征，明确了人群对多种 PAEs 的复合暴露情况以及人体内主要的 PAEs 类别。并通过比较两组人群血浆中 PAEs 的赋存差异，筛选出可能与精神疾病高度相关的化学物质。这些结果为合理评估 PAEs 的神经毒性提供了直接证据，同时也为探究精神疾病的发病原因提供了新的线索。

2. 检测方法与质控

（1）实验试剂与仪器

17 种 PAEs 的标准样品［邻苯二甲酸二甲酯（DMP）、邻苯二甲酸二乙酯（DEP）、邻苯二甲酸二烯丙酯（DAP）、邻苯二甲酸二异丁酯（D*i*BP）、邻苯二甲酸二正丁酯（D*n*BP）、邻苯二甲酸双（2-甲氧基乙基）酯（DMEP）、邻苯二甲酸双（2-乙氧基乙基）酯（DEEP）、邻苯二甲酸二正戊酯（D*n*PP）、邻苯二甲酸二己酯（DHXP）、邻苯二甲酸双（2-正丁氧基乙基）酯（DBEP）、邻苯二甲酸二环己酯（DCHP）、邻苯二甲酸二苯酯（DPHP）、邻苯二甲酸二（2-乙基己）酯（DEHP）、邻苯二甲酸二壬酯（DNP）、邻苯二甲酸二正辛酯（D*n*OP）、邻苯二甲酸丁基苯基酯（BBP）、邻苯二甲酸双（4-甲基-2-戊基）酯（BMPP）］以及5种内标［邻苯二甲酸二戊酯（DPP）-d_{10}、DBP-d_{18}、DEP-d_4、D*i*BP-d_4、DEHP-d_4］均购自北京百灵威科技有限公司。上述标准样品根据原液的有机溶剂类别进行稀释，制备成1～10mg/L的储备液保存于－20℃冰箱中。胎牛血清（FBS）购自南京生航生物技术有限公司（中国南京）。有机溶剂如甲醇、正己烷、乙腈、乙酸乙酯和甲酸购自默克公司（德国达姆施塔特），以上有机溶剂均为HPLC级或LC-MS级。实验用水为超纯水（电阻率≥18.2MΩ·cm）。所需仪器主要有液相色谱三重四极杆质谱联用仪（Exion LCAD/Triple Quad^{TM} 6500，AB Sciex）、涡旋仪（MultiVortex，得泰仪器）、高速离心机（3-18N，恒诺）、低温冷冻离心机等。

（2）样品采集

重度精神分裂症的诊断标准遵循《精神障碍诊断与统计手册》（第五版）（DSM-5）。本研究共纳入184名参与者，包括91名重度精神分裂症患者和93名进行常规体检的健康对照者。全血样本采集于BD真空采样管中，并以3000r/min的速度离心10min以分离血清和血细胞。随后将血清转移到新的真空管中，在－80℃保存用于后续检测分析。此外，还记录了所有参与者的年龄、性别、体重、身高等信息。

（3）前处理流程

本研究开发了一种高通量的分析方法，用于同时测定血清样本中的17种PAEs。首先，取自然解冻的0.5mL血清置于10mL玻璃管中，加入8ng的5种PAEs内标，涡旋混匀1min。随后，样品依次使用3mL乙酸乙酯、3mL乙酸乙酯-正己烷混合液（体积比3∶2，含0.6%的甲酸）、2mL乙腈进行3次液液萃取。每一步萃取都需要涡旋混合5min和在3000r/min下离心5min，吸取上清液后再加入另外一种萃取溶剂。将3次萃取合并的8mL上清液转移至新的玻璃管中，低速稳定氮气流（40℃水浴加热）下浓缩至近干。最后，使用0.4mL甲醇对目标化合物复溶，并在12000r/min、4℃的条件下离心10min用于蛋白沉淀，吸取上清液用于后续质谱分析。

前处理过程中需要注意以下事项：①最大限度减少塑料制品的使用，以降低可能的人为污染；②选择德国Eppendorf品牌的1.5mL塑料离心管，它在蛋白沉淀过程中引入的干扰最小；③如果低温保存一段时间后发现上机溶液变浑浊，说明可能有蛋白质析出，仍需再次低温离心，否则很容易造成色谱柱堵塞，影响实验结果；④为防止血液中的水分和乙腈互溶，可以在第三次提取时，加入少量无水Na_2SO_4除水。

（4）仪器分析条件

采用Sciex Triple Quad^{TM} 6500液相色谱-串联质谱仪（LC-MS/MS）对17种目标PAEs进行定量分析。色谱分离通过BEH C_{18}柱（3mm×100mm，2.7μm）和HSS T3柱

(2.1mm×100mm，1.8μm）进行分离，两个色谱柱的柱温均控制在40℃。BEH C_{18} 柱分别以5mmol/L氟化铵-水溶液和甲醇作为流动相A和B。HSS T3柱则以0.1%甲酸水溶液（A）和甲醇（B）作为流动相。流动相梯度如下：0～0.5min时，保持10% B；0.5～1min，B由10%增加到50%；1～10min，B由50%增加到100%，保持4min；14～15min，B由100%恢复至初始的10% B，并保持3min。整个分析过程中流速设定为0.4mL/min。采用正负切换模式的多反应监测（MRM）模式对目标化合物进行分析。气帘气压力35psi，碰撞气压力中等，辅助气温度450℃，离子喷雾电压为5500V/－4500V，辅助气体1压力为60psi（BEH C_{18} 柱）和50psi（HSS T3柱），辅助气体2压力为65psi（BEH C_{18} 柱）和60psi（HSS T3柱）。每次分析的进样量为2μL。17种PAEs和5种内标的详细定性和定量参数，包括保留时间、离子对去簇电压（DP）、碰撞能量（CE）和色谱柱，如表2-6-1所示。

表2-6-1 用于定量分析肺组织中19种目标有机磷酸酯浓度的电喷雾电离参数

化合物	保留时间/min	离子对(m/z)	去簇电压/V	碰撞能量/eV	色谱柱
DMP	5.32	195.1>163.1	40	13	BEH C_{18}
		195.1>77	40	45	BEH C_{18}
DEP	6.83	223>149	20	23	BEH C_{18}
		223>177	20	13	BEH C_{18}
DAP	7.66	247.1>189	50	13	BEH C_{18}
		247.1>149	50	12	BEH C_{18}
DMEP	5.41	283>207	60	11	BEH C_{18}
		283>59	60	33	BEH C_{18}
DEEP	6.82	311>221	72	11	BEH C_{18}
		312>73	72	16	BEH C_{18}
D*n*PP	11.41	307>149.1	70	21	BEH C_{18}
		307>219	70	12	BEH C_{18}
DHXP	12.34	335.1>149.1	70	34	BEH C_{18}
		335.1>233	70	11	BEH C_{18}
DBEP	10.15	367>101	80	17	BEH C_{18}
		367>249	80	12	BEH C_{18}
DCHP	11.48	331>167	70	19	BEH C_{18}
		331>249	70	15	BEH C_{18}
DPHP	9.25	319>225.1	60	19	BEH C_{18}
		319>77.1	60	50	BEH C_{18}
DEHP	13.56	391>149.1	60	23	BEH C_{18}
		391>167	60	23	BEH C_{18}
D*n*OP	13.83	391>261	10	12	BEH C_{18}
		391>149	10	29	BEH C_{18}

续表

化合物	保留时间/min	离子对(m/z)	去簇电压/V	碰撞能量/eV	色谱柱
DNP	14.51	419.2>149.1	35	23	BEH C_{18}
		419.2>275	35	12	BEH C_{18}
BMPP	11.94	335.1>167	63	18	BEH C_{18}
		335.1>251	63	11	BEH C_{18}
D*i*BP	10.79	279.2>149.1	25	21	HSS T3
		279.2>65.1	25	65	HSS T3
D*n*BP	10.90	279.1>149.1	50	21	HSS T3
		279.1>205.1	50	13	HSS T3
BBP	10.80	313.1>91.1	40	19	HSS T3
		313.1>149.1	40	17	HSS T3
DPP-d_{10}	5.1/7.531	259>98.1	−80	−36	HSS T3
DBP-d_{18}	7.23	227.1>79	−90	−40	HSS T3
DEP-d_4	6.83/7.48	227.1>153.1	20	25	BEH C_{18} 和 HSS T3
D*i*BP-d_4	10.04/10.79	283.1>153.1	30	22	BEH C_{18} 和 HSS T3
DEHP-d_4	13.61/14.2	395.2>153.2	130	25	BEH C_{18} 和 HSS T3

（5）质量控制和保证

分析方法建立和质控采用胎牛血清（FBS）作为空白基质样本。除移液枪头和 1.5mL 离心管外，所有用于样品前处理的容器均为玻璃材质，并在使用前于 400℃下处理 6h 以避免污染。采用内标法定量，校准曲线范围为 0.05～50ng/mL。在整个实验过程中，所有目标化合物的校准曲线均表现出良好的线性关系（R^2>0.998）。每批次（10 个样品）包含一个加标回收（20ng/mL）样品和一个程序空白。当任何一个目标分析物的回收率低于 50%，都将重新配制标准曲线。除了 D*n*BP、D*i*BP 和 DEHP 在程序空白中的浓度高于 5ng/mL，其余目标化合物在程序空白中的检测水平均低于 1ng/mL。当空白样品中 PAEs 的浓度占同一批次实际血清样品中浓度的 10%以上时，会进行空白扣除。17 种目标 PAEs 的基质加标回收率在 77.8%±11.8%到 148.7%±24.9%之间。仪器检测限（LOD）和定量检测限（LOQ）范围分别为 0.002～1ng/mL 和 0.02～25ng/mL，除 D*i*BP 和 D*n*BP 外，其余 15 种 PAEs 的 LOQ 都低于 1ng/mL。

3. 方法应用

图 2-6-2 展示了在重度精神分裂症患者或健康人群血清中检出率大于 50%的 PAEs 的浓度分布。两组间检出的化合物种类存在一定差异。疾病组中检出率大于 50%的目标化合物有 6 种（D*n*BP、DEHP、D*i*BP、DMP、DEP 和 DAP），并且 D*n*BP、DEHP 和 DEP 的检出率高达 100%；对照组检出率大于 50%的目标化合物有 4 种，即 D*n*BP、DEHP、D*i*BP 和

DMP。图 2-6-3 进一步揭示了血清中 PAEs 的分布模式，在两组中检出率大于 50％的 PAEs 展现出了相似的分布特征。其中，D*n*BP 是 PAEs 最主要的组成成分，无论是在重度精神分裂症患者还是健康人群中，其占比均超过 50％。其次为 DEHP，在疾病组和对照组的浓度均值分别是（76.7±161)ng/mL 和（79.2±130)ng/mL，占比为 14.3％±17.3％和 31.6％±31.6％。D*i*BP 的暴露水平也较高，其在两组的均值分别为（48.0±35.4)ng/mL 和（20.1±11.9)ng/mL。此外，在疾病组中检出率大于 50％的三种 PAEs（DMP、DEP 和 DAP）中，DEP 和 DAP 在对照组中的检出率较低，且这三种化合物的浓度均低于 10ng/mL。

彩图

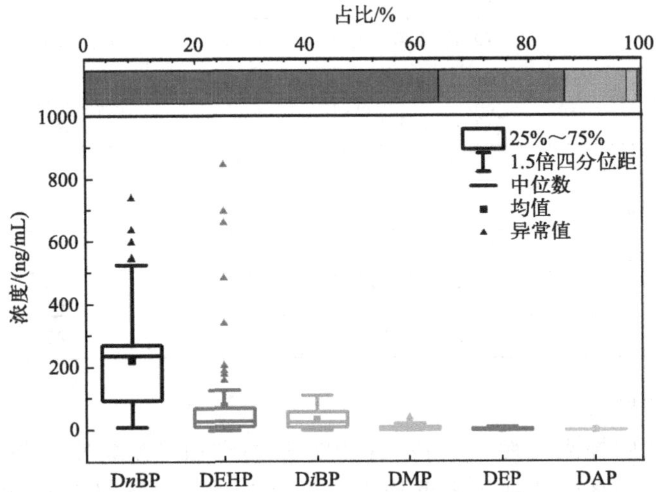

图 2-6-2　重度精神分裂症患者和健康人群血清中 6 种邻苯二甲酸酯（检出率＞50％）的浓度分布

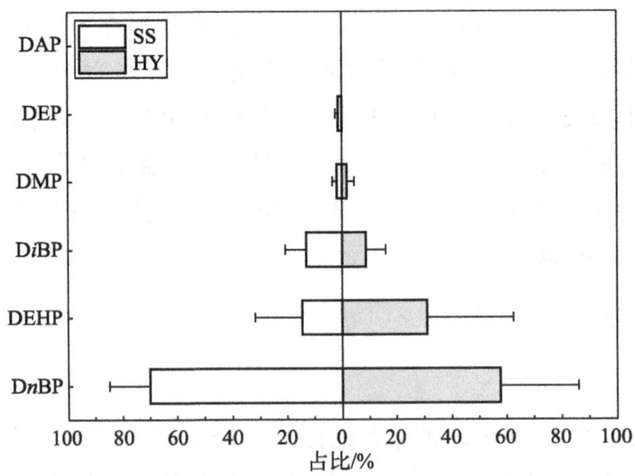

图 2-6-3　重度精神分裂症患者（SS）和健康人群（HY）血清中 6 种邻苯二甲酸酯（检出率＞50％）的组成分布对比

统计学分析显示，D*i*BP 和 DEP 在重度精神分裂症组和对照组之间具有显著性差异（$p<0.05$），且高值均出现在疾病组（图 2-6-4），并且 5 种 PAEs（DEP、D*i*BP、DAP、D*n*BP、DMP）与重度精神分裂症表现出强相关关系（$p<0.01$）。有文章指出 PAEs 可能会导致下丘脑-垂体-性腺轴、下丘脑-垂体-肾上腺轴和下丘脑-垂体-甲状腺轴失调，这些轴系对于神经发育过程至关重要；动物模型和前瞻性队列研究进一步支持了 PAEs 暴露对神经发育和行为的潜在负面影响，包括损害空间学习和记忆能力，以及对儿童情绪和社交能力的不良影响。因此，PAEs 暴露可能是精神疾病发病的重要环境因素之一，未来需要进一步研究其机制，并采取措施减少人群暴露，以降低疾病风险。

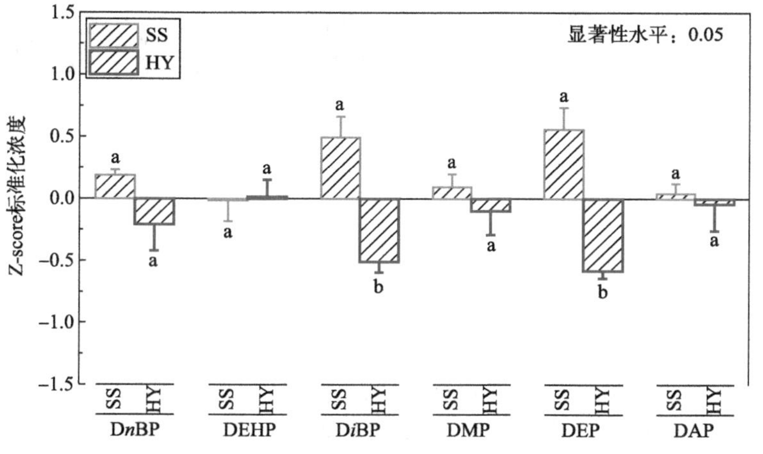

图 2-6-4 重度精神分裂症患者（SS）和健康人群（HY）血清中 6 种邻苯二甲酸酯（检出率>50%）的浓度分布差异性分析

图中 a、b 表示统计学差异情况，如果两组都是 a 表示没有统计学差异，如果是 a 和 b 表示有统计学差异

4. 结论与展望

本研究成功建立了一套基于 LC-MS/MS 的分析方法，用于定量检测人体血浆中常见的 17 种 PAEs 的暴露水平。该方法具有前处理流程简单、操作便捷等优点，能够为 PAEs 的检测提供高效的技术支持。然而，质谱分析技术设备成本较高，限制了其在大批量样品检测中的广泛应用。因此，未来的研究需要进一步开发高通量、快速检测的新方法，以降低检测成本并提高检测效率。这将有助于及时发现新污染物的暴露事件，采取有效措施减少其对生态环境和人体健康的潜在危害。

案例 7

黄浦江水体中典型药物和个人护理品的检测分析

1. 研究背景

药物和个人护理品（pharmaceuticals and personal care products，PPCPs）作为新型环境污染物，其环境残留问题已成为全球关注的热点。PPCPs 涵盖处方药、非处方药、兽药及个人护理用品等类别，通过生活污水、医疗废水、工业排放等途径进入水环境，具有生物活性强、持久性高、生物累积性显著等特征，能通过食物链传递对生态系统和人类健康构成潜在威胁。以黄浦江流域为例，作为上海市核心水系，该区域不仅承载着超大城市的高强度生活与工业排污压力，更面临污水处理厂工艺对 PPCPs 去除率不足的挑战（如传统工艺对双氯芬酸等难降解物质的去除率不足 30%）。研究表明，污水处理厂出水中残留的 PPCPs（如布洛芬、酮洛芬等）可通过地表径流进入黄浦江，导致水体中药物浓度长期处于 ng/L 级，甚至检出三氯生等高浓度污染物，这对水生生物和人体健康均构成潜在风险。

环境中 PPCPs 的含量较低，因此前处理的富集净化过程是整个分析方法中至关重要的一个环节。对于固体样品，目前常用的提取富集方法为超声波溶剂萃取（ultrasonic solvent extraction，USE）、微波辅助溶剂萃取（microwave assisted solvent extraction，MASE）、加压液相萃取（pressurized liquid extraction，PLE）、超临界流体萃取（supercritical fluid extraction，SFE）、序列过热液相萃取（sequential superheated liquid extraction，SSLE）等。对于液体样品，常用的萃取方法为液液萃取（liquid-liquid extraction，LLE）、固相萃取（solid phase extraction，SPE）和固相微萃取（solid phase micro-extraction，SPME）等。环境中药物类污染物种类多，化学结构相似性大，准确的定性和定量分析需要借助色谱高效分离分析来实现，目前使用比较广泛的是液相色谱-质谱联用技术。现有的生态环境标准 HJ 1398—2024 中 18 种磺胺类抗生素的测定也采用固相萃取与高效液相色谱-三重四极杆质谱仪串联的手段。

本研究选取 5 种 PPCPs 组分［1 种脂肪调节剂（氯贝酸）和 4 种非甾体抗炎药（布洛芬、酮洛芬、萘普生和双氯芬酸），结构式如图 2-7-1 所示］为目标物，以黄浦江及其主要支流为研究区域，初步开展了上海市地表水体中酸性药物的分布特征的研究。

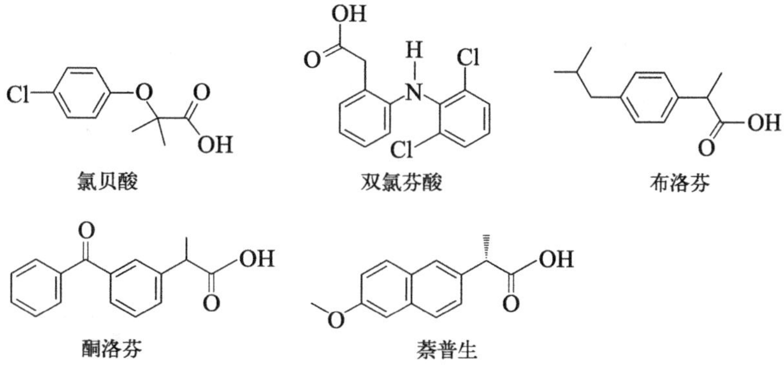

图 2-7-1　5 种目标 PPCPs 的化学结构式

2. 检测方法与质控

（1）实验试剂与仪器

酸性药物标准物质：布洛芬（ibuprofen，IBP，纯度＞99%）、萘普生（naproxen，NPX，＞99%）、酮洛芬（ketoprofen，KEP，＞99%）、双氯芬酸（diclofenac，DFC，＞97%）、氯贝酸（clofibric acid，CA，＞97%），均购自上海 Sigma-aldrich 公司。酸性药物标准储备液：精密称取酸性药物标准样品各 5mg 于 50mL 棕色容量瓶中，分别用甲醇溶液溶解并定容，配成质量浓度均为 100mg/L 的标准储备液，置于 4℃冰箱内保存。酸性药物混合标准工作液：移取一定量的 5 种标准储备液并用甲醇稀释并定容，配制成浓度为 1mg/L 的混合标准工作液。混合标准工作液用流动相溶液稀释并定容于棕色容量瓶中，制成一系列不同浓度的混合标准工作液。

试剂：丙酮、甲醇、正己烷色谱纯试剂购自上海 Sigma-aldrich 公司，其他试剂购自上海国药集团，实验用水为去离子水和 Millipore 水。

实验仪器设备包括电子天平、冷冻干燥机、超声清洗仪、MillIQ 纯水机、电热恒温干燥箱、马弗炉、pH 计、高速离心机、十二孔固相萃取装置、旋转蒸发仪、氮吹仪以及高效液相色谱串联三重四极杆质谱仪（Thermo，USA）。

（2）样品采集

黄浦江位于太湖流域东南端，流域面积 3653km^2，全长 113.4km，流经上海市区，是上海市重要的水道，它有主要支流 50 余条，为湖源的河网性潮汐河流。为了系统地调查黄浦江水体中酸性药物的赋存特征，结合黄浦江干流和支流中水资源的用途、水源保护区的分布、污染源分布及排污情况等，沿黄浦江依次设立 17 个采样点，包括 11 个干流采样点和 6 个支流采样点，涵盖居住区、工业区以及农业区（采样点信息见表 2-7-1）。

表 2-7-1 采样点情况介绍

编号	采样点	经度	纬度	描述	黄浦江位置
S1	淀峰	120°59′30.14″E	31°5′3.91″N	农林渔业区（黄浦江源头）	上游
S2	练塘	121°2′38.58″E	31°1′31.45″N	农林业区	
S3	夏字圩	121°9′0.03″E	30°58′37.40″N	农林业区	
S4	三角渡	121°9′31.04″E	30°57′41.43″N	农林业区	
S5	泖港大桥	121°11′30.94″E	30°55′11.57″N	农林业区（邻近支流大泖港）	
S6	松浦大桥	121°17′56.42″E	30°58′2.88″N	农林业区	
S7	吴泾	121°28′39.63″E	31°2′50.02″N	农林业区	中游
S8	长桥	121°27′17.84″E	31°8′28.92″N	农林业区	
S9	南市水厂	121°30′16.34″E	31°12′49.34″N	居住区（近交通要道，邻近支流苏州河）	下游
S10	杨树浦水厂	121°32′1.12″E	31°15′11.23″N	居住区	
S11	吴淞口	121°30′10.79″E	31°22′55.01″N	居住区，工业区（近长江口，邻近支流蕰藻浜）	
Z1	太浦河	121°2′29.23″E	31° 1′23.57″N	农林业区	上游支流
Z2	大蒸港	121°1′34.81″E	30° 57′20.44″N	农林业区	
Z3	大泖港	121°10′46.82″E	30° 53′32.35″N	农林业区	
Z4	沙泾港	121°29′11.29″E	31°16′21.83″N	居住区	下游支流
Z5	苏州河	121°28′4.66″E	31°14′32.61″N	居住区	
Z6	蕰藻浜	121°26′20.16″E	31°20′50.07″N	居住区	

本研究历时两年，每两个月集中采集一次样品。用船只采样，采样船位于下游方向（逆流采样），避免搅动底部沉积物造成水样污染，采样人员于船前部分采样，尽量使采样器远离船体，所采集的水样为距水面 10～15cm 以下的表层水，均为瞬时水样。用棕色瓶收集水样以避免光解，水样采集后立即加入 10%的稀硫酸调节 pH＜4 以避免有机物被微生物分解。

（3）样品前处理

水样采集后立即运回实验室，过 0.7μm 玻璃纤维滤膜（Whatman，Maidstone，England），过滤后水样置于 4℃冰箱保存；滤膜截留的悬浮颗粒物用铝箔纸包裹，用冷冻干燥机干燥 24～48h 后，置于－18℃冰箱保存，待后续分析。

水样：取 1L 水样，用 2mol/L 的 HCl 调水样 pH 至 3 并加入 200ng 回收率指示物（涕丙酸）。水样过柱前，分别用 6mL 甲醇和 6mL Millipore 水对 ENVI-18 固相萃取柱进行活化处理。将水样以 5～10mL/min 的速度流过 ENVI-18 固相萃取柱。柱子富集完成后，用

6mL 含有 5%甲醇的水溶液淋洗萃取柱，然后真空抽干 20min。最后用 6mL 的丙酮淋洗萃取柱，洗脱液收集于小试管中。将收集到的洗脱液在温和的氮气流下吹至 500μL，加入 500μL 甲醇，继续吹至 500μL，并将其转移至 1.8mL 棕色进样小瓶中于 4℃条件下保存，待 HPLC-MS/MS 分析。

颗粒物样品：取冷冻干燥后的吸附有颗粒物的滤纸，分别加入 25mL 甲醇和 15mL 丙酮于超声清洗仪内室温下进行萃取，取上清液于圆底烧瓶内，利用旋转蒸发仪旋蒸至 1mL，再用超纯水稀释至 100mL，然后用固相萃取来净化样品，固相萃取步骤同水样。经固相萃取后样品于 4℃条件下保存，待 HPLC-MS/MS 分析。

注意事项：固相萃取时，控制好流速，切勿使用较快的流速，以免造成回收率的损失。

(4) HPLC-MS/MS 仪器条件

采用高效液相色谱串联三重四极杆质谱仪分析样品中 PPCPs 组分。色谱条件如下：Agilent Eclipse XDB-C_{18} 反相柱（150mm×2.1mm×5μm）；流动相条件如表 2-7-2 所示；流速为 350mL/min；进样体积为 10μL；质谱离子源为 ESI 源，采用负离子模式，碰撞气和气帘气为 N_2，质谱条件见表 2-7-3。

表 2-7-2 流动相梯度条件

时间/min	流动相占比/%	
	甲醇	超纯水(含 0.1%乙酸)
0	25	75
5	25	75
10	10	90
15	10	90
20	25	75

表 2-7-3 定量分析 5 种酸性药物及涕丙酸的质谱选择离子条件

目标化合物	母离子(m/z)	子离子(m/z)	碰撞能/eV
布洛芬	205	161	10
	205	175	10
氯贝酸	212.9	85	10
	212.9	127	10
萘普生	228.9	170	10
	228.9	185	10
酮洛芬	252.9	209	10
涕丙酸	267.1	159	10
	267.1	194	10
双氯芬酸	294	214	20
	294	249	20

（5）质量保证与控制

样品分析过程中采用方法空白、基质加标、基质加标平行样和样品平行样等措施进行质量控制。每个待测样品中均要加入回收率指示物——涕丙酸，每分析 5 个样品，同时分析质量保证与控制样品，包括方法空白、空白加标、基质加标和基质加标平行样。方法空白用来控制整个实验流程中是否有人为或环境因素带来的污染。空白加标用来控制实验过程的准确性，基质加标是考察基质在整个实验流程中对目标化合物的影响。基质加标平行样用来考察方法的重现性。水样中回收率指示物的回收率为 82.7%～94.5%，颗粒物样品中回收率指示物的回收率为 65.7%～77.5%。5 种目标物的回收率为 96.7%～105%。目标物在空白中均未检出，所有样品浓度均没有经过回收率校正。

每次测样均对标准曲线进行校正，当标准曲线中标样的回收率小于 80%时，要重新配制标准曲线溶液。样品中未检出的目标物，浓度以 0 计算；低于 LOD 以 1/2LOD 计算，水样中 CA 的 LOD 为 2ng/L，其他四种目标药物的 LOD 为 5ng/L；颗粒物样品中，各目标药物的 LOD 为 0.2～20ng/g。

3. 方法应用

通过对黄浦江及其主要支流进行取样和分析发现，在所有样品中 5 种酸性药物的检出率高于 80%，尤其是布洛芬和双氯芬酸在所有样品中均有检出，表明它们在上海及其周边地区广泛使用，污染普遍存在。研究期间黄浦江及其支流中 5 种酸性药物的浓度变化幅度较大，从检出限到＞89ng/L，复杂的空间分布特征可以归因于黄浦江开放的河流系统（表 2-7-4）。从黄浦江上游到下游，5 种酸性药物的总浓度有一定的波动，这可能与黄浦江沿岸居民密度有关，人口密度比较大，药物使用量相对较大。

表 2-7-4 黄浦江及其支流水体中 5 种酸性药物的浓度水平 单位：ng/L

采样点	酮洛芬		萘普生		氯贝酸		双氯芬酸		布洛芬	
	范围	均值	范围	均值	范围	均值	范围	均值	范围	均值
S1	11.8～81.3	36.8	5.8～29.5	15.7	0.4～5.3	2.1	0.8～25.1	17.3	2.9～36.6	20.5
S2	9.1～50.4	25.1	1.2～24.3	10.2	ND～1.3	0.6	9.8～26.7	13.8	2.8～40.0	15.8
S3	9.0～24.3	17.4	1.9～20.8	11.0	0.4～2.1	1.0	6.4～20.1	16.0	3.3～32.5	19.0
S4	9.6～57.6	24.1	0.8～33.3	13.8	0.2～2.1	1.1	7.6～26.0	17.5	0.6～39.1	22.1
S5	9.1～50.8	23.6	ND～34.7	15.3	0.2～5.5	1.6	6.1～30.0	14.3	4.2～39.5	23.8
S6	10.8～56.8	27.3	0.5～20.8	8.2	0.3～4.1	1.3	5.1～16.2	9.0	4.2～55.8	19.3
S7	16.1～85.6	39.4	ND～24.0	9.0	ND～5.9	1.7	5.8～17.2	8.9	5.9～39.4	22.1
S8	12.3～57.9	30.0	1.2～32.5	14.3	ND～4.6	1.8	0.7～23.4	11.5	9.2～46.7	29.3
S9	ND～89.3	40.7	1.3～27.5	10.3	0.3～3.7	1.9	6.6～29.3	16.1	4.6～72.8	33.4
S10	14.9～53.3	30.2	0.1～39.8	15.7	ND～3.9	2.1	3.0～13.8	8.6	11.1～45.3	29.1

续表

采样点	酮洛芬		萘普生		氯贝酸		双氯芬酸		布洛芬	
	范围	均值	范围	均值	范围	均值	范围	均值	范围	均值
S11	12.0～46.6	23.0	ND～30.0	13.1	ND～3.6	2.2	8.9～19.3	13.1	8.4～72.7	27.0
Z1	23.7～78.5	53.6	1.8～32.5	22.0	0.5～4.2	1.9	11.2～20.7	16.6	3.5～19.7	9.0
Z2	8.3～42.1	20.2	15.2～34.1	23.5	ND～5.6	1.9	9.2～23.2	14.1	1.2～17.4	8.4
Z3	4.5～56.9	24.4	ND～32.6	19.6	ND～2.0	0.9	14.3～28.9	20.2	0.8～14.9	6.2
Z4	19.8～45.6	31.5	0.7～3.4	1.9	ND～1.2	0.4	9.4～20.1	13.3	17.3～52.7	37.8
Z5	9.0～17.0	12.9	ND～4.7	2.4	1.1～7.3	3.3	8.4～19.7	12.7	13.4～67.2	31.4
Z6	13.9～39.0	24.1	ND～6.2	2.6	ND～1.3	0.7	4.8～26.4	12.1	8.9～67.2	35.1

注：ND 表示未检出。

各个采样点处颗粒物的浓度为 30～39.9mg/L，颗粒物中目标药物的检出率明显低于水相中的检出率，所有颗粒物样品中均检测到双氯芬酸，80%的样品中检测到酮洛芬、萘普生和布洛芬，氯贝酸的检出率较低（仅 60%）。计算 5 种药物的固液分配系数 K_d，双氯芬酸为 123.68L/kg，酮洛芬为 114.84L/kg，氯贝酸为 33.74L/kg，布洛芬为 21.07L/kg，萘普生为 17.05L/kg，5 种酸性药物的 $\lg K_d$ 在 1.2～2.1 之间，这表明目标药物主要分配在水相中，颗粒物的贡献只有 2%左右。5 种酸性药物的固液分配系数普遍较低，这与它们都是极性化合物有关，这表明河流中的酸性药物总负载主要受水相浓度的影响，颗粒物中的浓度则在一个相对稳定的范围内，河流中的酸性药物的总浓度不会因为颗粒相的存在而有较大的波动，人群的日常生活可能对水中酸性药物的浓度变化有较大影响。

通过测定黄浦江及其支流中 5 种酸性药物在不同季节的浓度水平发现，研究期间黄浦江中 5 种酸性药物的浓度在旱季普遍高于雨季。如图 2-7-2（a）所示，在黄浦江干流中酮洛芬（$p=0.038$）和萘普生（$p=0.033$）的浓度在旱季显著高于雨季；如图 2-7-2（b）所示，在黄浦江上游支流中布洛芬（$p=0.018$）、萘普生（$p=0.009$）和氯贝酸（$p=0.018$）的浓度在旱季显著高于雨季；如图 2-7-2（c）所示，在黄浦江下游支流中布洛芬（$p=0.018$）和萘普生（$p=0.009$）的浓度在旱季显著高于雨季，这可能与冬季的温度低及降雨量小等有关。

4. 结论与展望

5 种酸性药物在黄浦江水体中均有检出，且其浓度变化幅度较大，酮洛芬和布洛芬是 2 种主要的目标药物，双氯芬酸和萘普生次之，氯贝酸浓度最低。从黄浦江上游到下游，5 种酸性药物的总浓度有一定的波动，这与人口密度和药物使用量有很大关系。研究期间 5 种酸性药物的浓度在旱季明显高于雨季，这与它们在寒冷的冬天使用量大，冬季水温较低降低了河流中生物降解速率及雨季降雨量大稀释作用强等有关。

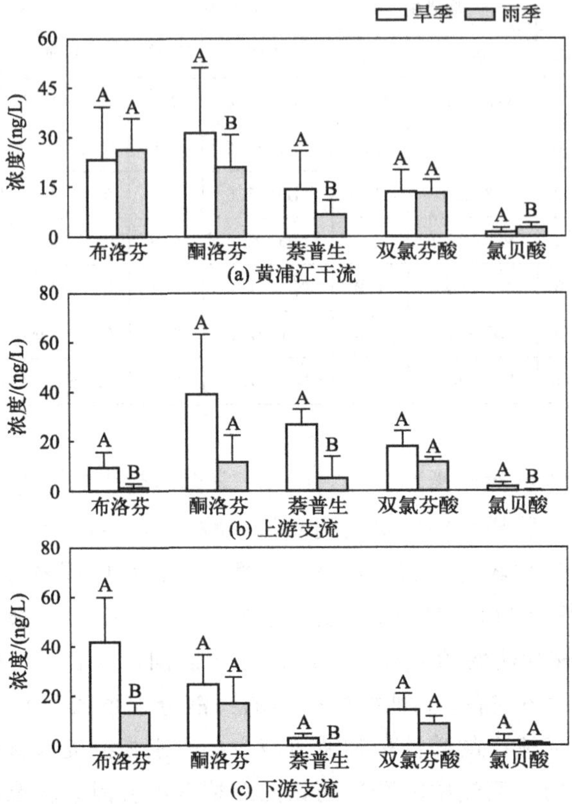

图 2-7-2　黄浦江及其支流水体中 5 种酸性药物的季节性变化（不同大写字母表示组间显著性差异，$p<0.05$）

现有环境中 PPCPs 的分析监测方法多针对特定类型的 PPCPs（酸性药物），难以实现对多种 PPCPs 的全面筛查。前处理固相萃取阶段，可以结合不同的填料类型进行萃取柱的串联使用，同时捕获更多的物质，增加目标物质的类型和范围。新型传感器和高通量筛查技术的研发，使得对环境中 PPCPs 的实时监测成为可能。同时，多技术整合与优化将成为重要趋势，通过结合色谱、质谱、分子生物学等多种技术手段，可以实现对复杂环境样品中 PPCPs 的全面、准确检测。

案例 8

长江口-近海区域鱼体抗生素赋存特征

1. 研究背景

抗生素是由某些微生物（包括细菌、真菌、放线菌属）或高等动植物在生命活动过程中产生的，具有抗病原体或其他活性的一类次级代谢产物，能干扰其他细胞发育功能。抗生素的用途非常广泛，除了用于抗细菌感染治疗外，还可用于抗真菌、抗肿瘤以及免疫抑制等方面，自其问世以来在人类健康和畜牧养殖方面发挥着重要作用。然而由于人类对抗生素的不合理使用，抗生素污染问题层出不穷。研究表明，30％～90％的抗生素通过原药或药物活性成分直接或间接排入环境中。目前，抗生素在全球大气、水体、沉积物、生物体等各种环境介质中被广泛检出，这些进入环境中的抗生素可能对生态系统构成威胁，导致生物群落结构和多样性发生变化，甚至产生耐药菌，引起了国际社会的普遍关注。

随着污染治理行动的进行，对各源头和多环境基质中抗生素含量的快速精准、灵敏可靠的监测分析提出了更高要求，只有对抗生素含量进行精准监测，才能准确评估其潜在的生态和健康风险，溯明污染源，探究迁移转化机理。部分抗生素因其较高的持久性和使用历史、高频率的检出和潜在的生态健康风险，已在多个国家和地区被列入优控清单，例如中国环境介质中 26 种重点抗菌药物被列为优控抗生素，其中喹诺酮类 8 种、磺胺类 5 种、大环内酯类 5 种、四环素类 4 种、其他类 3 种、未分类抗生素 1 种，其中有 18 种抗生素在水固两相中均被评为优先级高的抗生素。然而目前我国针对化妆品、食品和水体虽已建立部分抗生素检测的标准方法，但多针对特定类别。已有文献和专利对土壤、生物体等固体环境介质中抗生素的检测种类有所增加，但抗生素种类多，理化性质差异大，已有方法难以实现大量不同类抗生素的同步高效检测，在实际应用中存在局限性。相比于水体和大气，土壤、沉积物

（包括污泥）和生物体等固体基质相对较复杂，且容易蓄积抗生素。尤其在河口这一复杂生态系统中，受咸淡水相互作用和人类活动影响剧烈，如何从河口区域复杂环境介质中分离检出痕量级的抗生素并保证测定的精密度和准确度是目前迫切需要解决的问题之一。

目前普遍采用高灵敏度的超高效液相色谱三重四极杆串联质谱（UPLC-MS-MS）检测抗生素，但是需要预先对环境样品中的抗生素进行富集浓缩，降低杂质干扰。然而目前针对复杂环境介质中抗生素提取净化的前处理条件差异较大，且大部分研究采用的固相萃取前处理需要的溶剂量大，氮吹较费时，迫切需要针对复杂环境基质建立高效快速、高灵敏度、低检出限的抗生素同步提取分析方法，这对综合评价河口环境介质中抗生素的污染状况具有重要意义。本研究选取长江口近海区鱼体作为研究介质，应用固相萃取前处理技术联合 UPLC-MS-MS 揭示抗生素赋存特征，为未来河口区域新污染物治理和防控工作提供科学的数据支撑。

2. 实验材料

（1）实验材料与仪器

① 试剂

色谱纯（HPLC 级）甲醇、乙腈、甲酸和氨水，实验用水为 Millipore 超纯水。1%甲酸/甲醇溶液：量取 1mL 甲酸，加入甲醇，定容至 100mL。5%氨水/甲醇溶液：量取 5mL 氨水，加入甲醇，定容至 100mL。5%甲酸/甲醇-乙腈混合液（体积比为 1∶1）：量取 5mL 甲酸，加入甲醇/乙腈 1∶1 混合液，定容至 100mL。磷酸盐缓冲液（pH＝3）：量取 1.35mL 磷酸，加入 31.2g 磷酸二氢钠（$NaH_2PO_4 \cdot 2H_2O$），定容至 1L。

② 材料

固相萃取 HLB 小柱（填料为二乙烯苯和 *N*-乙烯基吡咯烷酮共聚物，6mL/500mg）、有机相滤膜（0.22μm/0.45μm）、玻璃离心管（15mL）、玻璃移液管、注射器（5mL）、GC 进样小瓶和预开口瓶盖等。

注意事项：所有的玻璃器皿使用前使用大量自来水冲洗并用超纯水清洗干净。烘干后放入马弗炉在 450℃焙烧 4h 后冷却备用，使用前用丙酮和甲醇再依次淋洗。所有试剂临用现配。

③ 标准样品

42 种抗生素标准样品分别为泰乐菌素、螺旋霉素、罗红霉素、交沙霉素、阿奇霉素、克拉霉素、竹桃霉素、泰妙菌素、金霉素、土霉素、四环素、强力霉素、甲烯土霉素、林可霉素、莫西沙星、二氟沙星、司帕沙星、沙拉沙星、氟罗沙星、马波沙星、恩诺沙星、洛美沙星、培氟沙星、环丙沙星、诺氟沙星、帕珠沙星、磺胺间二甲氧嘧啶、磺胺喹噁啉、甲氧苄啶、磺胺氯哒嗪、磺胺间甲氧嘧啶、磺胺二甲嘧啶、磺胺二甲异嘧啶、磺胺甲基嘧啶、磺胺甲噁唑、磺胺噻唑、磺胺嘧啶、磺胺吡啶、磺胺醋酰、氯霉素、甲砜霉素、氟苯尼考；5 种抗生素内标为磺胺甲噁唑-d_4、四环素-d_6、罗红霉素-d_7、氟罗沙星-d_3、氯霉素-d_5，分别购于天津阿尔塔和上海安谱实验科技股份有限公司。

标准曲线的绘制：采用 10%甲醇水溶液配制浓度分别为 1μg/L、2μg/L、5μg/L、

10μg/L、20μg/L、50μg/L 和 100μg/L 的 42 种抗生素混合标准溶液（以上浓度代表每种抗生素的浓度）。

④ 仪器

所需仪器主要包括超高效液相色谱三重四极杆串联质谱（Waters XEVO-TQ）、平行定量浓缩仪（Multivap-8，莱伯泰科）、超声波清洗机（SB-5200DTD，宁波新芝）、电子分析天平（Sartorius）、马弗炉（SX-12-10N，上海一恒）等。

（2）样品采集

本研究在长江口-近海区域采集 6 份棘头梅童鱼样品，采样点分别位于 M7、S11、H7、H1、H3 和 A15（表 2-8-1），将每个采样点采集的鱼类样品装入密封袋中，内外均应附标签，标明采样编号、采样点名称、采样地、采样时间和采集人，所有样品现场采集完后立即带回实验室在－20℃下冷冻保存。

表 2-8-1　长江口-近海区域鱼体样品采样点

采样点	经度/°E	纬度/°N
M7	122.2025	31.2619
S11	122.3261	31.1278
H7	122.2815	31.3705
H1	122.0683	31.3904
H3	122.1392	31.3958
A15	122.5994	30.9573

（3）前处理流程

将鱼类样品解剖后取适量鱼肉冷冻干燥、研磨，过 100 目筛，准确称取 1g 左右预处理后的样品置于 15mL 玻璃离心管中，加入 5mL 磷酸盐缓冲液（含磷酸和磷酸二氢钠，pH 值为 3）和 5mL 5%甲酸/甲醇-乙腈混合液（体积比为 1∶1），1000r/min 下涡旋振荡混合 1min，在室温水浴下、以 40kHz 的功率超声萃取 15min，然后在 5000r/min 的转速下离心 6min，重复超声萃取和离心 3 次，合并上清液。用玻璃针式过滤器吸取合并后的上清液并过 0.45μm 有机相尼龙滤膜去除颗粒物，将滤液倒入平行定量浓缩仪中加氨水调节 pH 值为 5，在 40℃的水浴中进行氮吹浓缩处理，得到 1mL 浓缩液，氮吹压力为 4psi；浓缩液加 20mL 超纯水进行稀释，稀释液中有机溶剂的体积分数为 4.8%。

依次用 6mL 甲醇和 6mL 超纯水活化平衡 HLB 柱（500mg，6mL），在添加溶剂进行活化的过程中始终保持柱头湿润，以去除残留在柱子上的溶剂和杂质。用玻璃吸液管反复多次吸取上述稀释液冲洗浓缩杯内壁，然后用吸液管将稀释液转移至 HLB 柱中，以 1 滴/s 的速度使稀释液在负压下流过 HLB 柱。用 10mL 超纯水淋洗固相萃取柱，此时全部目标物均被固定在 HLB 柱上，此前的样品和淋洗液均弃置。继续抽真空 30min 将 HLB 柱抽干，使杂质和淋洗液完全流出。依次用 2mL 1%甲酸/甲醇溶液和 2mL 5%氨水/甲醇溶液洗脱 HLB 柱，用 15mL 玻璃离心管收集洗脱液，将收集到的洗脱液在平行定量浓缩仪上氮吹浓缩至 0.5mL，用玻璃注射器吸取浓缩液并过 0.22μm 有机相滤膜后，转移到 2mL 棕色玻璃进样小瓶中，加 20ng 的 5 种抗生素内标混合物（磺胺甲噁唑-d_4、四环素-d_6、罗红霉素-d_7、氟罗沙星-d_3、氯霉素-d_5），再用 10%甲醇水溶液定容至 1mL，4℃保存待测。

（4）仪器分析条件

采用超高效液相色谱串联质谱仪对待测液进行检测。液相色谱条件为：色谱柱为 ACQUITY UPLC BEH C_{18} 柱（2.1mm×50mm×1.7μm），柱流速 0.4mL/min，进样量 2μL。正离子模式流动相 A 为 0.1%甲酸水溶液，流动相 B 为甲醇/乙腈（体积比为 3∶7）溶液，流动相梯度洗脱条件为 0～0.5min，10% B 相，0.5～3min，B 相增至 40%，3～6min，B 相增至 70%，6～8min，B 相增至 95%，8～10min，B 相降至 10%。负离子模式流动相 A 为超纯水，流动相 B 为乙腈，流动相梯度洗脱条件为 0～0.2min，5% B 相，0.2～4min，B 相增至 90%，4～5min，B 相维持在 70%，5～6.5min，B 相降至 5%。质谱条件为：电喷雾离子源，ESI 负离子模式，多反应监测（MRM），去溶剂气流量为 800L/h，去溶剂气温度 500℃，锥孔气流量为 150L/h，雾化气为氮气，载气为高纯氩气。抗生素的仪器定量参数如表 2-8-2 所示。

表 2-8-2　抗生素质谱参数及色谱出峰时间

种类	名称	保留时间/min	母离子（m/z）	子离子 1（m/z）	子离子 2（m/z）	锥孔电压/V	碰撞电压/V
磺胺类	磺胺氯哒嗪	2.11	285.1	156	92.1	10	14/24
	磺胺甲噁唑	2.29	254.1	92	156	30	25/15
	磺胺嘧啶	0.99	251	92	156	30	27/15
	磺胺甲基嘧啶	1.39	265.1	92	156	35	25/15
	磺胺间甲氧嘧啶	2.09	275.9	110	123	22	22/32
	甲氧苄啶	1.54	291.1	261	123.1	18	28/24
	磺胺噻唑	1.18	256	92	156	31	25/15
	磺胺吡啶	1.26	250	108	156	33	25/16
	磺胺二甲嘧啶	1.75	279.1	124.1	186	40	25/15
	磺胺间二甲氧嘧啶	2.86	311.1	156	92.1	10	18/28
	磺胺喹噁啉	2.92	301.1	92.2	156.1	32	30/16
	磺胺二甲异嘧啶	0.87	279	124.1	186.1	12	24/16
	磺胺醋酰	0.83	216.9	76.9	157.5	15	18/15
喹诺酮类	培氟沙星	1.69	334.1	316	233.1	12	18/20
	二氟沙星	2.16	400.1	382.1	299	14	22/28
	氟罗沙星	1.59	370	326.2	269.2	8	18/26
	环丙沙星	1.71	332.1	288.1	314.1	35	18/22
	诺氟沙星	1.67	320.1	233	276.1	40	25/20
	恩诺沙星	1.9	360.3	316.3	342.3	45	20/20
	帕珠沙星	1.73	319.1	280.9	258	9	24/20
	沙拉沙星	2.16	386	368.1	342.1	12	20/18

续表

种类	名称	保留时间/min	母离子(m/z)	子离子1(m/z)	子离子2(m/z)	锥孔电压/V	碰撞电压/V
喹诺酮类	莫西沙星	2.42	402.1	384.1	260.2	10	24/22
	司帕沙星	2.24	392.9	347.4	291.7	10	22/26
	马波沙星	1.5	363.1	319.2	72	15	15/20
	洛美沙星	1.83	352.1	265.2	237	8	20/30
四环素类	金霉素	2.46	479.3	444.2	462.2	15	22/18
	土霉素	1.68	461	426.2	444.2	20	18/18
	四环素	1.8	445.3	154.1	410.2	20	28/18
	强力霉素	2.75	445.2	154	428.2	30	28/20
	甲烯土霉素	2.63	443.1	426	201.1	20	18/36
大环内酯类	罗红霉素	4.18	837.6	158.1	679.5	40	35/20
	阿奇霉素	4.19	750.4	592	158.1	12	28/30
	克拉霉素	4.18	749.4	591.3	157.9	12	30/32
	螺旋霉素	2.55	843.4	539.5	174.1	15	32/36
	林可霉素	1.34	444.2	126.1	381.8	14	38/22
	竹桃霉素	3.28	688.3	544.3	158.1	10	18/26
	交沙霉素	4.28	828.3	228.9	174.2	10	30/32
	泰妙菌素	3.71	494.2	285.2	191.7	10	22/22
	泰乐菌素	3.66	917.4	772	173.9	12	32/38
氯霉素类	氯霉素	2.02	320.8	151.9	257	8	16/10
	甲砜霉素	1.51	353.8	184.9	290	8	20/12
	氟苯尼考	1.9	355.8	185	335.9	10	18/8
内标物质	氯霉素-d_5	2.01	325.9	262		8	10
	磺胺甲噁唑-d_4	2.24	258.1	96.1	160	25	28/16
	四环素-d_6	1.8	451.4	160.2	416.4	20	28/18
	罗红霉素-d_7	4.16	844.8	158.1	686.7	36	36/20
	氟罗沙星-d_3	1.58	373	329.1	269	22	18/26

(5) 质量控制与质量保证

使用平行样检测、基质加标等方法进行数据质控，即每 10 个样品至少做一个空白样品、一个基质加标和一个平行样。空白试验中不添加待测样品，其他条件均和待测样品的检测条件相同，重复 7 次空白试验，计算 7 次平行测定目标物含量值的标准偏差，并乘以置信度为 99%时的 t 值（自由度为 6）即为方法检出限（MDL）。随机抽取实际样品，加入 40ng 的 42 种目标物混合标准样品溶液（20μL，混标浓度为 2000μg/L），进行基质加标试验，按照待测样品的方法重复测定 3 次。随机抽取实际样品，称取 2 份平行样，按照上述方法重复测定 3 次，计算平行样相对标准偏差。对各类型样品的实验结果进行分析处理，所得结果如表 2-8-3 所示。本案例提供的生物样品检测方法中 42 种抗生素的 MDL 为 0.002～0.192ng/g，基质加标回收率为 53.6%～109.6%，平行样相对标准偏差（RSD）为 0.05%～5.89%。样品最终结果均已扣除方法空白。

表 2-8-3　抗生素的 MDL、基质加标回收率和平行样相对标准偏差（RSD）

化合物	MDL /(ng/g)	基质加标回收率/%	平行样 RSD/%	化合物	MDL /(ng/g)	基质加标回收率/%	平行样 RSD/%
泰乐菌素	0.004	96.71	0.12	洛美沙星	0.047	86.70	5.24
螺旋霉素	0.012	85.10	0.35	培氟沙星	0.192	69.38	5.57
罗红霉素	0.006	54.60	0.16	环丙沙星	0.165	61.23	4.80
交沙霉素	0.003	59.87	0.10	诺氟沙星	0.146	77.37	4.25
阿奇霉素	0.005	60.34	0.15	帕珠沙星	0.011	89.12	2.48
克拉霉素	0.004	57.81	0.13	磺胺间二甲氧嘧啶	0.002	75.96	0.05
竹桃霉素	0.005	109.62	0.15	磺胺喹噁啉	0.006	79.32	0.17
泰妙菌素	0.011	79.08	0.31	甲氧苄啶	0.032	88.21	0.94
金霉素	0.044	53.60	1.28	磺胺氯哒嗪	0.017	84.84	0.50
土霉素	0.016	67.23	0.46	磺胺间甲氧嘧啶	0.007	73.65	0.20
四环素	0.023	68.41	0.67	磺胺二甲嘧啶	0.008	106.03	2.77
强力霉素	0.105	87.36	3.05	磺胺二甲异嘧啶	0.002	73.51	1.36
甲烯土霉素	0.067	83.48	1.94	磺胺甲基嘧啶	0.007	96.61	0.20
林可霉素	0.004	92.83	0.11	磺胺甲噁唑	0.020	74.40	0.59
莫西沙星	0.079	95.47	2.29	磺胺噻唑	0.012	79.92	0.07
二氟沙星	0.009	73.23	0.26	磺胺嘧啶	0.022	76.18	0.06
司帕沙星	0.083	86.45	2.41	磺胺吡啶	0.049	79.21	5.89
沙拉沙星	0.073	81.70	2.11	磺胺醋酰	0.044	71.12	1.27
氟罗沙星	0.095	69.24	2.77	氯霉素	0.012	82.45	0.34
马波沙星	0.021	75.25	1.35	甲砜霉素	0.007	75.40	0.20
恩诺沙星	0.045	67.46	1.30	氟苯尼考	0.013	100.73	0.36

3. 方法应用

本案例中 42 种抗生素在近海区域 6 份棘头梅童鱼中的浓度和检出率如表 2-8-4 所示。42 种抗生素在 6 份样品中的平均检出率为 52.4%～57.1%，其中大环内酯类和喹诺酮类检出率低于 20%，四环素类、磺胺类和氯霉素类检出率达 100%，暗示这三类抗生素在鱼体中普遍存在，这三类抗生素也是长江经济带水体中主要的抗生素类型。从单个抗生素检出率来看，螺旋霉素、林可霉素、金霉素、土霉素、环丙沙星、磺胺二甲嘧啶等19种抗生素检出率为100%，其次诺氟沙星、甲氧苄啶和磺胺醋酰具有高检出率（83.3%），绝大多数大环内酯类和喹诺酮类未检出。氯霉素是浓度最高的抗生素，均值浓度为5.61ng/g，其次是土霉素（3.06ng/g）和螺旋霉素（2.51ng/g）。

表 2-8-4　长江口-近海鱼体中抗生素含量及检出率

类别	化合物	浓度/(ng/g)	平均值/(ng/g)	标准差/(ng/g)	检出率/%
大环内酯类	泰乐菌素	ND	ND	ND	0
	螺旋霉素	1.61～4.28	2.51	0.97	100
	罗红霉素	ND	ND	ND	0
	交沙霉素	ND	ND	ND	0
	阿奇霉素	ND	ND	ND	0
	克拉霉素	ND	ND	ND	0
	竹桃霉素	ND	ND	ND	0
	泰妙菌素	ND	ND	ND	0
	林可霉素	0.03～0.13	0.06	0.04	100
四环素类	金霉素	0.66～1.63	1.02	0.37	100
	土霉素	0.84～8.28	3.06	2.80	100
	四环素	0.67～3.00	1.26	0.87	100
	强力霉素	1.00～2.77	1.58	0.70	100
	甲烯土霉素	ND～0.97	0.97	ND	16.7
喹诺酮类	莫西沙星	ND	ND	ND	0
	二氟沙星	ND	ND	ND	0
	司帕沙星	ND	ND	ND	0
	沙拉沙星	ND	ND	ND	0
	氟罗沙星	ND	ND	ND	0
	马波沙星	ND	ND	ND	0
	恩诺沙星	ND	ND	ND	0
	洛美沙星	ND	ND	ND	0
	培氟沙星	ND	ND	ND	0
	环丙沙星	0.23～0.58	0.36	0.12	100
	诺氟沙星	ND～1.34	1.08	0.16	83.3
	帕珠沙星	ND	ND	ND	0
磺胺类	磺胺间二甲氧嘧啶	0.33～0.83	0.54	0.18	100
	磺胺喹噁啉	0.37～0.90	0.61	0.20	100
	甲氧苄啶	ND～1.00	0.77	0.20	83.3
	磺胺氯哒嗪	0.55～1.60	1.00	0.40	100

续表

类别	化合物	浓度/(ng/g)	平均值/(ng/g)	标准差/(ng/g)	检出率/%
磺胺类	磺胺间甲氧嘧啶	ND～1.70	1.09	0.50	66.7
	磺胺二甲嘧啶	0.72～1.94	1.20	0.44	100
	磺胺二甲异嘧啶	0.23～0.88	0.42	0.24	100
	磺胺甲基嘧啶	0.12～0.62	0.25	0.19	100
	磺胺甲噁唑	1.33～3.23	2.12	0.71	100
	磺胺噻唑	0.40～1.41	0.74	0.37	100
	磺胺嘧啶	0.31～2.36	0.80	0.77	100
	磺胺吡啶	ND～1.56	0.77	0.55	66.7
	磺胺醋酰	ND～6.76	1.93	2.79	83.3
氯霉素类	氯霉素	3.66～8.46	5.61	2.01	100
	甲砜霉素	0.03～0.12	0.06	0.03	100
	氟苯尼考	0.70～1.70	1.11	0.36	100

注：ND表示未检出。

棘头梅童鱼中42种抗生素总浓度范围为15.8～38.8ng/g，均值为28.9ng/g。五类抗生素含量均值依次为：磺胺类（11.2ng/g）＞四环素类（7.08ng/g）＞氯霉素类（6.78ng/g）＞大环内酯类（2.57ng/g）＞喹诺酮类（1.26ng/g）。如图2-8-1所示，磺胺类在所有采样点中所占比例最高，占总浓度比例为27.3%～49.8%，平均值为37.7%。磺胺类抗生素使用量虽然只占全国使用量的5%，但因其水溶性较高，极易随水流扩散，在H7采样点处鱼体中磺胺类占比最高（49.8%），其在生物体内的高浓度可能是由于其在海水环境中有相对较

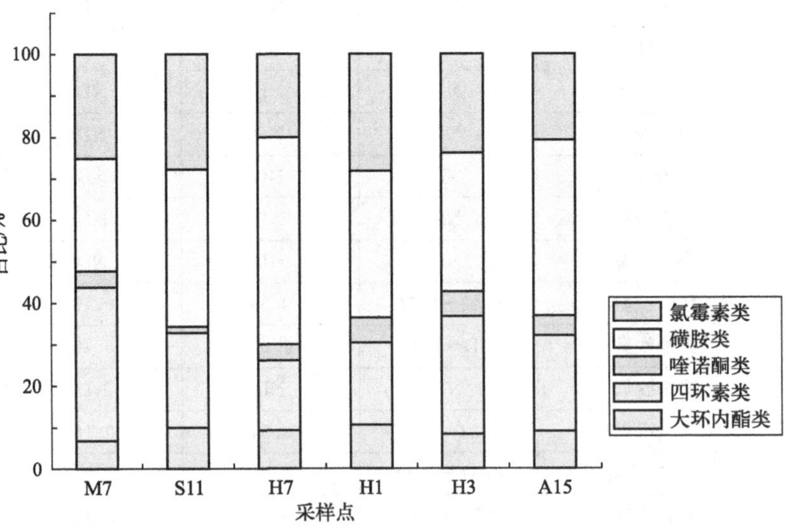

图2-8-1　长江口-近海不同采样点鱼体中抗生素组成

高的残留水平。四环素类抗生素被人畜广泛应用，在水产养殖区水体和生物体中都有较高的残留水平，其在M7采样点处检出率高达37.0%，在所有采样点平均占比为24.4%。氯霉素类抗生素在所有采样点所占比例为20.2%～28.1%，平均值为24.3%，最高值出现在H1采样点处。氯霉素类抗生素在水产养殖和畜牧业中曾作为杀菌剂和高效抗生素被广泛使用，尽管目前氯霉素已被禁止用于所有食品动物，但由于其使用年限长、使用范围广，在环境中仍普遍存留并在本案例生物体中出现蓄积。

4. 结论与展望

本研究通过对超高效液相色谱串联质谱仪的色谱-质谱条件和样品前处理过程中萃取方式、固相萃取洗脱条件进行优化，并将优化后的方法应用于检测鱼体样品中抗生素含量及组成。方法检出限为0.002～0.192ng/g，基质加标回收率为53.6%～109.6%，平行样相对标准偏差为0.05%～5.89%，总体来说，方法检出限低，重现性好，回收率较高，能够满足多种固体样品抗生素分析检测需求。

结果发现42种抗生素在6份鱼体样品中的平均检出率为52.4%～57.1%，其中大环内酯类和喹诺酮类检出率低于20%，四环素类、磺胺类和氯霉素类检出率达100%，说明这三类抗生素在鱼体中普遍存在，其在生物体内的高赋存可能是由于其在海水环境中有相对较高的残留水平。

抗生素种类繁多，性质各异，大量抗生素的同步检测仍然面临不少挑战，尤其在复杂环境介质中前处理提纯净化尚难以做到满足各目标物的高回收率，未来仍需开发更加先进的且步骤较少的前处理技术，实现诸多抗生素的同步高效检测。

案例9

污水中酚类内分泌干扰物的检测分析

1. 研究背景

环境内分泌干扰物（EDCs）是一类能够模拟、阻断或干扰生物体内分泌激素的外源性化合物，被联合国环境规划署视为重大环境问题，也被我国列为“十四五”时期重点管控的新污染物之一。EDCs通过干扰内分泌系统的正常功能，可能对生物体的生殖、发育、免疫和神经系统产生深远影响，甚至导致癌症、生殖障碍和代谢紊乱等疾病。近年来，随着工业化和城市化的快速发展，EDCs的排放量不断增加，其在水环境中的赋存水平、转化规律和生态风险引起了全球范围内的广泛关注。其中，烷基酚（alkylphenols，APs）因其广泛存在和显著不良效应而备受关注，它们是近十年来我国九大流域水环境中高检出率的新污染物，可对环境和健康造成危害。常见的烷基酚结构式如图2-9-1所示。

城市污水处理厂是阻控APs进入水环境的关键屏障，对维持水生态系统安全至关重要。然而，目前广泛采用的氯化消毒方法却可能带来新的环境问题。在氯化消毒过程中，活性氯会与APs等酚类EDCs发生反应，催生大量氯化产物。这些氯化产物可能种类更多、更持久或毒性更强，从而对水生生物和人体健康构成潜在威胁。而且，鉴于目前APs分析方法和参考标准的不足，关于其控制技术的研究尚处于起步阶段。广东省38个污水处理厂的调查结果显示，壬基酚（NPs）在目标EDCs中占主导地位。进水和出水中NPs的平均浓度分别为4295.14ng/L和2430.09ng/L，分别占进水和出水浓度的98%和97%。在滇池周边的6个污水处理厂中，4-壬基酚（4-NP）和4-叔辛基苯酚（4-*t*-OP）在进水中的平均浓度分别为134.3ng/L和48.0ng/L，经二级处理工艺后去除率均达到60%以上。德国的两个污水处理厂中，4-NP和4-*t*-OP的去除率在73%～93%之间。这些研究表明，尽管污水处理厂在去除 APs 方面取得了一定成效，但其去除率仍受工艺类型、进水浓度以及地区政策等多种因素的影响，进一步优化污水处理工艺以提高 APs 的去除率仍具有重要意义。

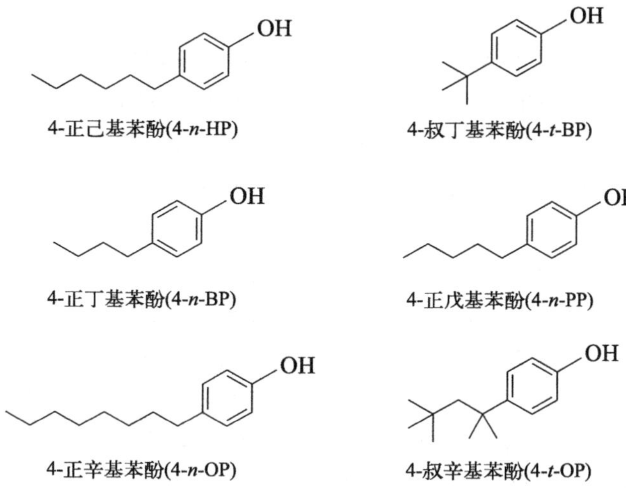

图 2-9-1 常见烷基酚结构式

近年来，丹磺酰氯（DNS）作为一种高效的衍生化试剂，在液相色谱-电喷雾电离-串联质谱（LC-ESI-MS/MS）分析中展现出显著优势，能够有效提升酚类化合物的电离效率和检测灵敏度。这一技术已广泛应用于环境、食品和生物样品等多个领域中酚类化合物的检测。研究表明，DNS 衍生化处理可大幅提高水中雌激素的检测灵敏度，提升幅度可达 1000～10000 倍。同样地，Honda 等也利用 DNS 标记技术成功实现了自来水和污水处理厂出水中雌激素及其羟基代谢物的同时检测。DNS 标记技术的基本原理在于，DNS 能够与酚类化合物发生特定的化学反应，生成易于电离和检测的衍生物。这些衍生物在 LC-ESI-MS/MS 分析过程中展现出更高的响应信号，从而显著提高了酚类化合物的检测灵敏度。由于其独特的优势和广泛的应用前景，DNS 标记技术在酚类 EDCs 的检测领域发挥着越来越重要的作用，成为识别这类污染物的有效工具。

本研究基于前期建立的 DNS 衍生化结合 LC-ESI-MS/MS 技术，以中国粤港澳大湾区 14 座污水处理厂的进水与最终出水为研究对象，系统量化了 APs 的浓度水平与赋存特征。研究结果不仅有助于填补大湾区 APs 环境行为的认知空白，还可为全球高密度城市化区域的 EDCs 风险管理提供参考。

2. 检测方法与质控

（1）实验试剂与仪器

4-叔丁基苯酚（4-*t*-BP）、4-正丁基苯酚（4-*n*-BP）、4-正戊基苯酚（4-*n*-PP）、4-正己基

苯酚（4-n-HP）、4-正庚基苯酚（4-n-HtP），4-正辛基苯酚（4-n-OP）、4-叔辛基苯酚（4-t-OP）、4-正壬基苯酚（4-n-NP）和 4-壬基酚（4-NP）购于 AccuStandard（美国）公司；d_4-4-n-NP 购于阿尔塔（中国）公司。DNS 衍生化试剂购于 Sigma（美国）公司。二氯甲烷（DCM）为农药残留级，购于 CNW（中国）公司。乙酸乙酯（EtAC）、甲基叔丁基醚（MTBE）、冰乙酸和乙酸铵均为 HPLC 级，购于 CNW（中国）公司。甲醇（MeOH）和乙腈（ACN）为 HPLC 级，购于 Merck（德国）公司，碳酸钠（Na_2CO_3）购于麦克林（中国）公司，碳酸氢钠（$NaHCO_3$）购于国药集团（中国），盐酸（优级纯）购于广州化学试剂厂（中国）。微孔过滤膜（直径 50mm，孔径 0.45μm，水系）购于津腾（中国）公司。50mL 的聚丙烯（PP）离心管购于 Eppendorf（德国）公司。

（2）样品采集

在中国粤港澳大湾区的四个代表性城市（即香港、深圳、广州和珠海）中，共收集了 14 个城市污水处理厂的 41 个瞬时污水样本。污水处理厂的基本特征详细列在表 2-9-1。污水处理厂采用的二级处理工艺为生物处理技术（W01～W12，共 12 个）或化学处理技术（W13 和 W14，共 2 个）。三级处理工艺（消毒工艺）包括紫外线照射（UV）、氯消毒（NaClO）或两者的组合。所有污水处理厂均在正常条件下运行，且在采样前 72h 内没有发生降水。由于现场操作限制，W01 没有收集消毒前的出水样本，剩余 13 个污水处理厂都分别采集了进水、消毒前出水和最终出水样本，各约 300mL。然后将样本储存在冰箱（－20℃）中，待分析。

表 2-9-1　14 个污水处理厂的基本信息

编号	处理能力/(10^4m^3/d)	处理技术	二级处理工艺	三级处理工艺	城市
W01	6	生物处理	改良 AAO	UV	广州
W02	75		改良 AAO	NaClO	广州
W03	120		改良 AAO	UV/NaClO	广州
W04	30		改良 AAO	UV/NaClO	深圳
W05	55		AAO	NaClO	广州
W06	12		AAO	UV/NaClO	深圳
W07	26		AO	UV	香港
W08	5		OD	UV	珠海
W09	16		MBR	UV	广州
W10	40		BNR＋MBR	UV	深圳
W11	0.9		MBBR	NaClO	香港
W12	56		MUCT	UV	深圳
W13	5	化学处理	CEPT	UV	香港
W14	180		CEPT	NaClO	香港

注：AAO 表示厌氧-缺氧-好氧工艺；AO 表示缺氧-好氧工艺；OD 表示氧化沟工艺；MBR 表示膜生物反应器；BNR 表示生物脱氮除磷工艺；MBBR 表示移动床生物膜反应器；MUCT 表示改良型 UCT 工艺；CEPT 表示化学强化一级处理。

（3）前处理流程

所有污水样本都经 0.45μm 的滤膜过滤后，采用稀盐酸酸化至 pH＝2。目标 EDCs 的富集采用 Oasis® HLB 的固相萃取（SPE）小柱（500mg，6mL）完成。具体流程如下：依次以 10mL 甲醇、10mL 超纯水活化萃取柱，确保去除柱内杂质并建立适宜分离环境。取 1 份 100mL 过滤酸化水样，加入 d_4-4-*n*-NP 内标（10ng），以 1～2mL/min 流速过柱。加样完成后，真空条件下干燥 60min，彻底去除残留水分。依次使用 7mL 甲醇、5mL 二氯甲烷洗脱目标化合物，洗脱液经 40℃氮吹浓缩至干。

DNS 衍生化流程如下：干燥后的样品复溶于 100μL 的 Na_2CO_3-$NaHCO_3$ 缓冲液（0.1mol/L，pH＝9.6）。加入 100μL DNS 溶液（1mg/mL），在 40℃下反应 45min。反应冷却后，加入 900μL 的甲基叔丁基醚和 100μL 的超纯水，混匀萃取，以 5000r/min 离心 10min，合并有机相氮吹浓缩至干后复溶于 100μL 乙腈。对于磷酸酯类 EDCs，通过 SPE 洗脱干燥后的提取物直接复溶于 100μL 甲醇，用于后续分析。

（4）仪器分析条件

采用美国安捷伦公司的 1290Infinity Ⅱ UHPLC 液相色谱仪与 6495 三重四极杆质谱仪进行目标 EDCs 的分析，质谱仪配备了 iFunnel 技术。分析 DNS 衍生化的烷基酚时采用 ESI＋模式。使用沃特世公司的 Acquity UPLC® BEH C_{18} 色谱柱（2.1mm×100mm，1.7μm 粒径）来分离目标 EDCs。色谱条件：进样体积 10μL，色谱柱流量 0.3mL/min，柱温 35℃；流动相 A 为含 0.1%乙酸的超纯水，流动相 B 为乙腈。洗脱程序采用梯度模式：0～2min（5%～15% B）、2～2.5min（15%～50% B）、2.5～8min（50%～80% B）、8～10min（80%～95% B）、10～15min（95% B）、15～15.1min（95%～5% B）、15.1～22min（5% B）。质谱条件：离子化模式为电喷雾正离子（ESI＋），扫描模式为多反应监测（MRM）；碎裂电压 166V，毛细管电压 4000V，喷嘴电压 500V；干燥气温度 200℃，流速 14L/min；雾化气压力 35psi；鞘气温度 350℃，流速 12L/min。LC-MS/MS 操作参数的详细信息见表 2-9-2。

表 2-9-2　污水中 7 种烷基酚及内标在多反应监测（MRM）下的参数

化合物	离子对（*m*/*z*）	碰撞能/eV	保留时间/min
4-*n*-PP	398.0>156.0	50	10.792
	398.0>171.0	30	
4-*n*-HP	412.0>156.0	50	11.235
	412.0>171.0	30	
4-*n*-HtP	426.0>156.0	50	11.665
	426.0>171.0	30	
4-*t*-OP/4-*n*-OP	440.0>156.0	50	11.448
	440.0>171.0	30	12.159
4-NP/4-*n*-NP	454.0>156.0	60	12.069
	454.0>171.0	40	12.768
d_4-4-*n*-NP	458.0>156.0	70	12.685

(5) 质量控制和保证

现场空白样品是使用 100mL 的 Milli-Q 水进行制备，并且在采样活动期间与实际污水样本保持相同的运输条件。每批 10 个污水样本均伴随一个加标基质样本和一个程序空白样本，用作质量控制检查。在空白样本中未检测到目标 APs。所有目标 APs 的平均回收率介于 58%±13%至 134%±1.3%之间。仪器检测限（LOD）和定量检测限（LOQ）基于信噪比分别为 3 和 10 计算得出，信噪比源自最低验证水平样本的色谱图。对于在程序空白中检测到的分析物，其 LOQ 被设定为这些空白中其浓度标准差的 10 倍。目标 APs 的 LOD 和 LOQ 的范围分别为 0.002～0.03ng/L 和 0.005～0.10ng/L。

3. 方法应用

尽管不同污水处理厂的处理工艺存在差异，但目标 EDCs 的整体分布模式呈现一致性（图 2-9-2），这可能反映了粤港澳大湾区污水处理厂接收的污水具有相似的排放源特征，例如区域内工业活动、生活污水及消费品使用的同质性。具体到不同城市的情况，位于两个不同城市的污水处理厂 W05 和 W06 均采用厌氧-缺氧-好氧（AAO）工艺进行二级处理，尽管三级处理方法不同，但其最终出水中主要化合物类别基本相似，未观察到显著差异。作为非离子表面活性剂，烷基酚聚氧乙烯醚（APEOs）的主要降解产物，4-NP 和 4-*t*-OP 是进水和最终出水中的主要成分，检出率为 100%。但 4-NP 在最终出水中的浓度（152ng/L）显著高于 4-*t*-OP（67.1ng/L），前者浓度约为后者的 2.3 倍。这一分布特征与非离子表面活性剂 APEOs 的降解行为一致，进一步证实了 APs 主要来源于城市生活污水的排放。此外，二者在污水处理厂中的普遍赋存也反映了 APEOs 在日常生活及工业活动中的广泛使用及其在环境中的持久性。

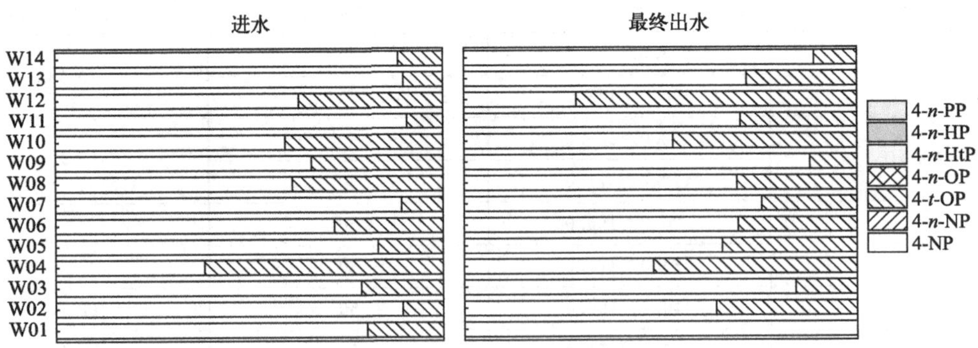

图 2-9-2 中国大湾区 14 个污水处理厂的进水和最终出水中 7 种烷基酚（APs）的组成比例

就目标 APs 在污水处理厂（W01～W12）的去除效率而言，二级处理工艺对于 APs（主要是 4-NP 和 4-*t*-OP）的整体去除率并不理想（通常低于 50%）。从具体工艺来看（图 2-9-3），尽管污水处理厂 W01～W04 采用同种处理方法（改良 AAO），但是对 APs 的去除效果存在明显差异，且 W01 的去除效果较好。此外，采用 AAO 工艺的污水处理厂 W05 和 W06 对 APs 也有明显去除效果。一项比较不同二级处理工艺对酚类 EDCs 处理效果的研究发现，AAO 工艺的处理效果最好。对于三级处理工艺，氯消毒（包括 NaClO 和 UV/NaClO）对 4-*t*-OP 的中值去除率为 44%，对 4-NP 的中值去除率为 13%，均高于仅使用紫外线消毒的去除率，尽管差异在统计上并不显著（$p>0.05$），这可能归因于 APs 中羟基（—OH）的供电子性质增强了其与亲电试剂（如氯）的反应性。总体而言，对于二级处理工艺无法有效去除的 APs，后续的消毒处理可以在一定程度上促进其去除，这凸显了根据污水中存在的污染物选择合适的消毒方法的重要性。

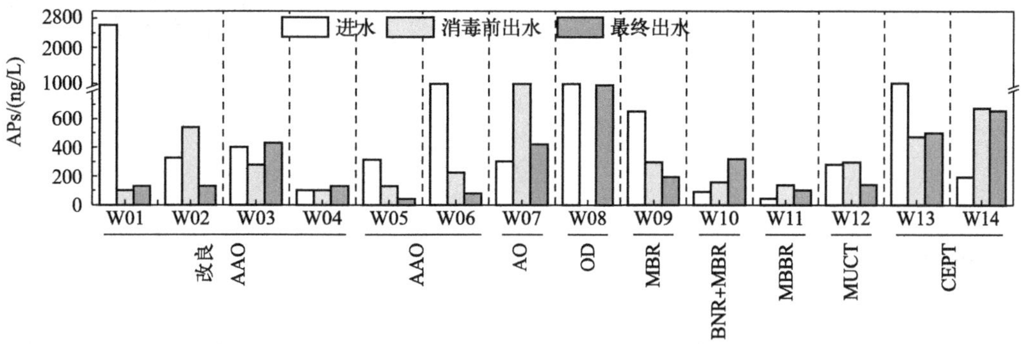

图 2-9-3　中国大湾区 14 个不同工艺的污水处理厂中 7 种烷基酚（APs）在进水、消毒前出水和最终出水中的浓度分布

4. 结论与展望

本案例系统介绍了多种烷基酚同时检测的高灵敏度分析方法，基于 100mL 的样本分析量结合 DNS 衍生化和 LC-ESI-MS/MS 联用技术，实现污水中多种 APs 的精准检测与定量分析，其准确性、精密度及可靠性方面均满足环境样品分析要求。同时实际污水样品检测结果表明，该方法可以实现污水基质中酚类 EDCs 的高灵敏度与高准确性检测，为环境监测与污染控制提供了可靠的技术支撑，具有重要的实际应用价值。未来研究可进一步深化非靶向筛查技术的应用，通过高分辨质谱（HRMS）结合代谢组学分析，全面识别污水中的未知 EDCs 及其转化产物，揭示其代谢路径与潜在生态毒性。

案例10

肺泡灌洗液中微塑料的检测分析

1. 研究背景

微塑料（microplastics，MPs）通常指粒径小于5mm的塑料碎片和颗粒，是国际上广为关注的四类新污染物之一，其污染已成为生态安全和人类健康的常态化威胁。常见传统和生物可降解塑料聚合物的结构式如图2-10-1所示。研究表明，MPs可以通过呼吸、饮食、皮肤接触等方式进入人体，现已在胎盘、肺、结肠甚至血液中发现了MPs的存在。随着大气环境中MPs的普遍检出，综合考虑人类生存活动对大气的绝对依赖性，学者们逐渐将呼吸暴露视为人体摄入MPs的最主要途径。但是，由于难以直接获取人体样本和临床数据，吸入MPs的潜在健康危害尚不清晰，仍缺乏相关毒理机制的深入探索。目前，通过塑料相关行业的流行病学调查发现，职业暴露人群出现肺尘埃沉着病、间质纤维化、慢性肺炎等呼吸类疾病的风险远高于普通人。

相比于其他固体颗粒，MPs具有持久性、强吸附性和颗粒毒性等特性，不仅是多种病原菌的优势载体，还会引发免疫系统的氧化应激和炎症反应，对人体尤其是敏感人群（如儿童）的潜在危害更为严重。因此，塑料在为人类提供便利的同时，也在加剧MPs全球性污染和人类健康风险。

目前，国际上针对MPs的污染防控已从科学研究层面向全球实质性污染管控和治理延伸。我国是塑料生产和消费大国，在全球“减塑行动”中也彰显了大国担当。2022年5月，国务院办公厅印发《新污染物治理行动方案》并将MPs列入重点管控新污染物清单。但是，随着一次性塑料制品的用量显著增加，MPs的人体暴露水平很可能更为严重。

基于以上因素，本研究以儿童作为研究对象，以肺结核作为肺部感染性疾病的模式代表，通过检测罹患肺结核和异物梗阻的儿童肺泡灌洗液中 MPs 的赋存特征，初步分析 MPs 在人体肺部的累积行为以及与儿童肺结核的潜在的构效关系，旨在为推进 MPs 的人体健康风险评估奠定基础。

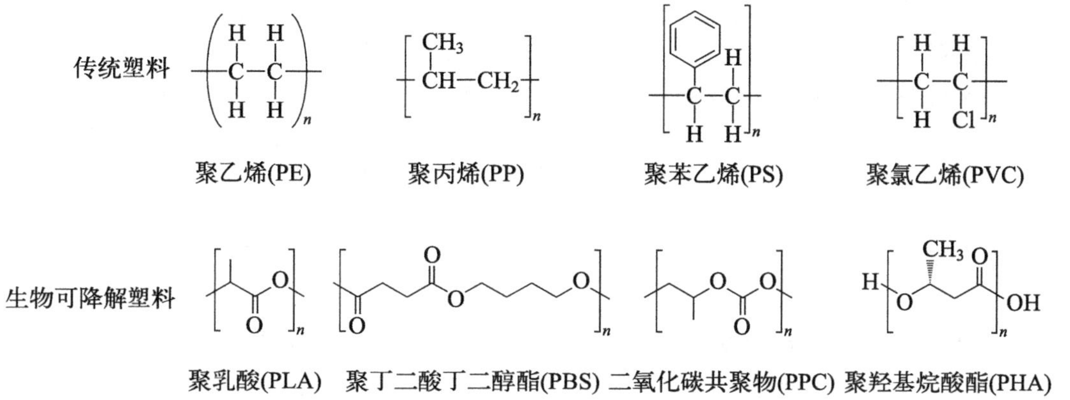

图 2-10-1　常见传统和生物可降解塑料聚合物结构式

2. 检测方法与质控

（1）样品采集

通过首都医科大学附属北京儿童医院采集患肺部疾病儿童的肺泡灌洗液，放于玻璃瓶里密封，同步记录儿童的性别、年龄、居住地址及患病类型，根据患病情况将其分为轻症肺炎组、重症肺炎组和其他疾病组。样本采集之前已征得志愿者和家属的同意，并且匿名运送到实验室进行分析。为避免采样过程中由于人为因素和所用塑料制品的干扰，整个采样过程设置了过程空白对照，即通过支气管镜但不进入患儿鼻腔的生理盐水。

（2）前处理流程

首先，吸取灌洗液样本于超纯水冲洗过的玻璃小瓶中，加入 10mL KOH（10%）溶液后放置在 60℃的恒温振荡箱消解 24h。使用 0.22μm 的氧化铝薄膜过滤消解后的灌洗液，然后将滤膜置于 2mL 无水乙醇中低频低温（35℃以下）超声 1～2h，氮吹浓缩后移取样品至 Kevley 载玻片上（每个检测点滴加 20μL）。

前处理过程中需要注意以下事项：①所有使用的溶剂必须多次预先通过 0.22μm 的滤膜进行多次过滤，以确保纯净度；②尽可能减少塑料制品的使用，以降低潜在的人为污染风险；③在使用载玻片前，需在显微镜下仔细检查，确保其表面无塑料颗粒或其他杂质，以避免对实验结果造成干扰。

（3）仪器分析条件

利用 inVia 共焦显微拉曼光谱仪（Raman，Renishaw，Gloucestershire，UK）进行

MPs 的定性定量检测，同步记录其种类、数量、形貌以及粒径分布等。具体参数为：激光能量 1%，曝光时间 10s，激发波长 785nm，1200 倍光栅，扫描范围 100～2000cm^{-1}。通过比对待测微粒的拉曼（Raman）光谱和 Renishaw 自带的谱库/开放谱库确定 MPs 的种类，当匹配度达到 70%以上即被认定为该聚合物类型。

（4）质量控制和保证

为避免其他塑料颗粒的污染，消解所用的 KOH 溶液和无水乙醇需多次通过 0.45μm 的玻璃纤维滤膜过滤，末次过滤后的滤膜通过显微镜观测不含 MPs 后，相应的试剂可用于后续处理；预处理过程中不使用塑料制品，且所有玻璃器皿在使用前用过滤的乙醇溶液冲洗 3 次；此外，空白对照（10mL 的 KOH 溶液）也同步经历消解、浓缩等过程，当空白样中 MPs 的含量≤1 个时，同批次的分析结果被认为是可接受的。

3. 方法应用

依据显微 Raman 的检测结果和灌洗液样品的体积，可以获得每个样品中 MPs 的含量（个/10mL）。77 个灌洗液样本共发现 332 个 MPs 颗粒，且检出率高于 89.6%，部分 MPs 颗粒的形貌如图 2-10-2 所示。灌洗液中 MPs 的浓度均值为（4.31±2.77）个/10mL，与其他研究相比结果明显偏低。例如，Prata 等根据室内空气中 MPs 的暴露水平估算得出人体肺部每天会吸入 26～130 个塑料颗粒；Vianello 等也通过假人模型模拟发现 24h 的室内暴露会导致人体吸入高达 272 个 MPs。造成这些差异的原因主要有两个：一方面，前人研究主要借助室内大气中的 MPs 含量进行估算，忽略了人体肺部特有的自清除机制，实际上部分经呼吸系统暴露的 MPs 可以通过呼吸道黏膜分泌的黏液和纤毛运动排出体外；尽管剩余的塑料颗粒可能进入肺部，但同时也会遭受巨噬细胞的吞噬并借助淋巴运输等将其转运。另一方面，室内空气中的 MPs 含量要明显高于室外，这也会造成估算结果偏高。

彩图

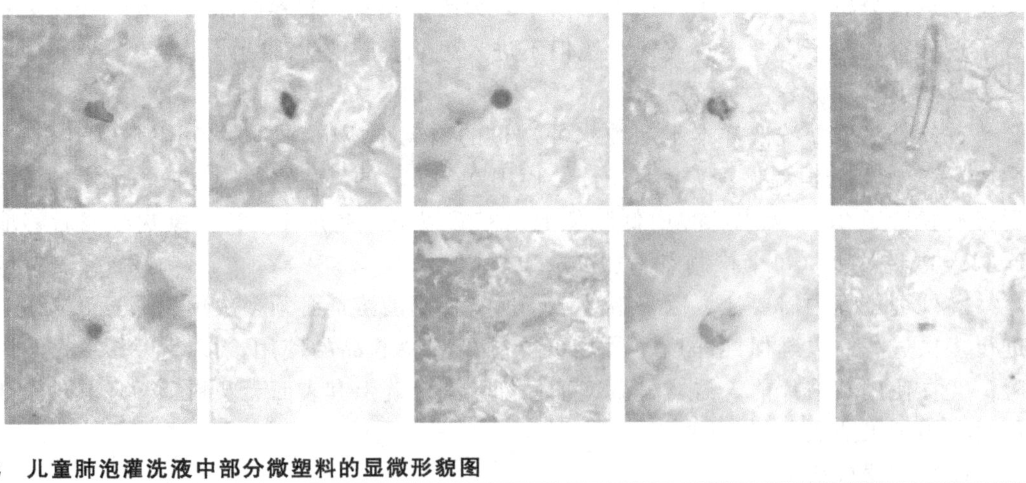

图 2-10-2 儿童肺泡灌洗液中部分微塑料的显微形貌图

图 2-10-3 展示了灌洗液样本中检测到的 10 种 MPs 的 Raman 光谱，其类型主要包括聚丙烯（PP）、聚乙烯（PE）、聚氯乙烯（PVC）、聚对苯二甲酸乙二醇酯（PET）、聚酯（PES）、聚酰胺（PA）、聚碳酸酯（PC）、聚对苯二甲酸丁二酯（PBT）、聚四氟乙烯（PTFE）和丙烯酸（AC）。其中，PP 和 PE 是主要的聚合物种类，分别占总量的 41.9% 和 19.4%，排名第三的是 PES，其占比约为 13.6%，如图 2-10-4(a) 所示。目前其他关于人体样本的检测研究也分析了 MPs 的类型，但结果存在一定的差异。例如，Huang 等在检测成人痰液时发现聚氨酯（PU）（34.0%）和 PES（21.6%）是主要的 MPs 类型；Yan 等也探究了人体粪便中 MPs 的存在水平，结果显示排名前三位的聚合物依次是 PET（28.1%）、PA（10.6%）和 PP（9.1%）。其原因主要是 MPs 的来源不同，人体肺部累积的 MPs 主要通过呼吸吸入，大气中的 MPs 是其主要来源，而粪便和痰液中的 MPs 主要来自消化道，食物和饮用水可能是其主要来源。同时，前人研究发现 PET、PE、PP 和 PS 是大气中 MPs 的常见类型，而且 PP 和 PE 的密度相对较小，在空气中悬浮的时间更长，进入人体的可能性更大。

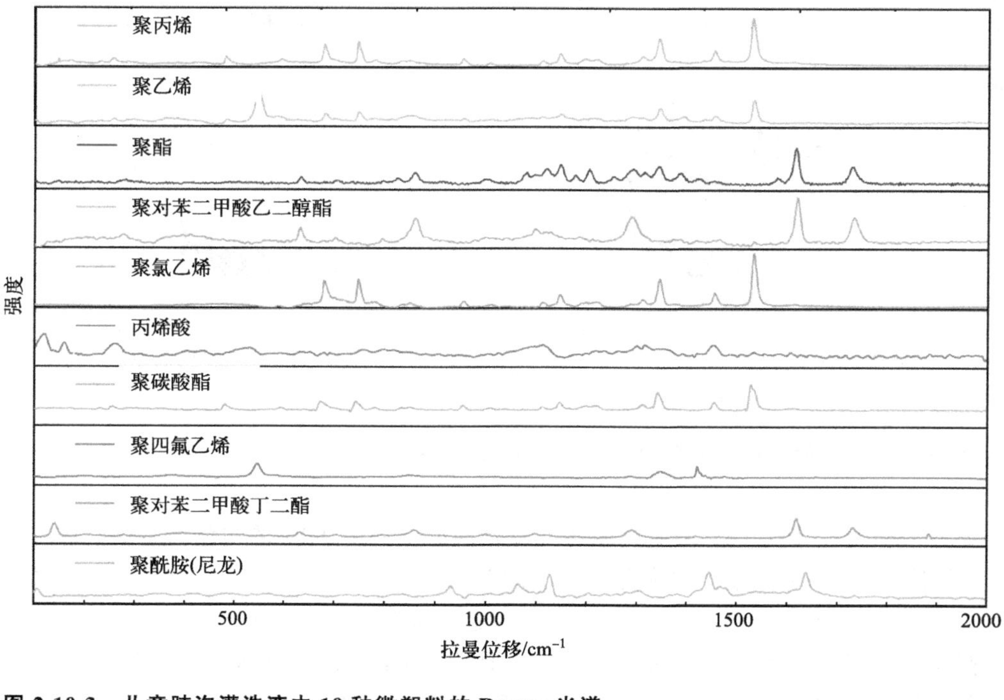

彩图

图 2-10-3　儿童肺泡灌洗液中 10 种微塑料的 Raman 光谱

如图 2-10-4（b）所示，灌洗液中的 MPs 按粒径大小可以分为 3 部分，其中≤5μm 的 MPs 和 5～10μm 的 MPs 分别占总量的 41.6% 和 29.6%，10～20μm 的 MPs 占比为 16.5%。我国学者曾在 2018 年调查了北京西北部地区大气中 MPs 的垂直分布特征，他们发现 80% 的微颗粒/微纤维的粒径都小于 20μm，并且浓度峰值出现在近地面的灰尘样本中；

同时，Catarino 等通过对比烹饪前海产品中 MPs 的含量与烹饪过程中大气沉降 MPs 的含量差异，证实了室内灰尘吸入是 MPs 进入人体的重要途径。因此，小粒径塑料颗粒在儿童肺部高比例的累积形式可能与儿童的活动习惯和生活环境有关。详细来说，本研究的受试群体中幼儿（1～6 岁）占比高达一半以上，相比于成年人，他们与地面和床铺等接触的概率更大，使得呼吸时摄入室内灰尘导致 MPs 暴露的概率相对更高。

彩图

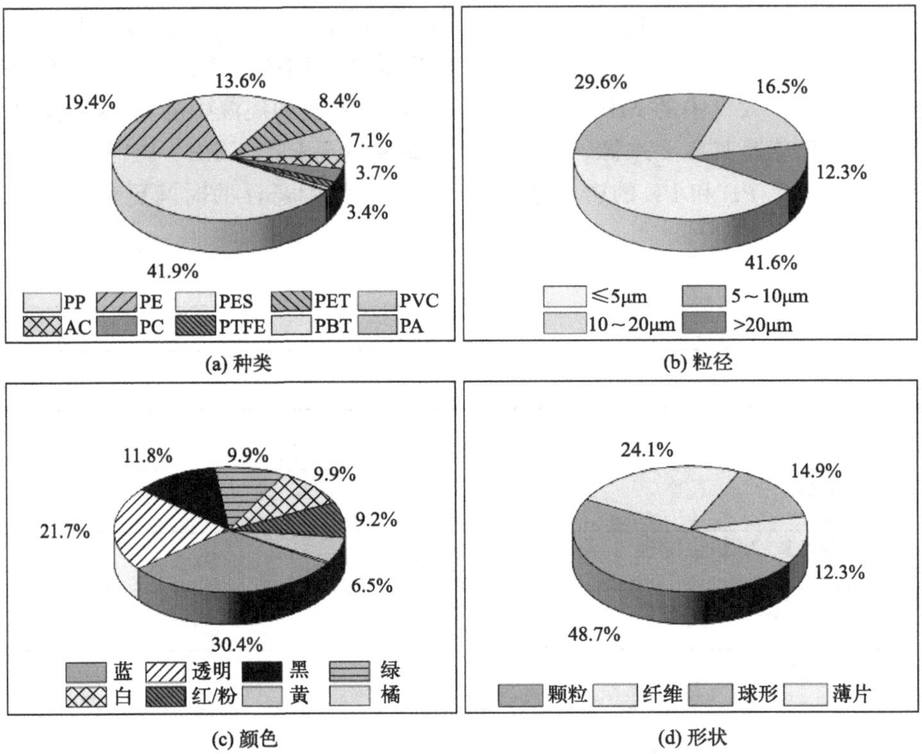

图 2-10-4　儿童肺泡灌洗液中微塑料的种类、粒径、颜色和形状分布

图 2-10-4（c）和图 2-10-4（d）分别展示了儿童肺泡灌洗液中 MPs 的颜色和形状信息。其中，颜色分布的检出率由高到低依次为蓝色（30.4%）、透明色（21.7%）、黑色（11.8%）、绿色（9.9%）、白色（9.9%）、红/粉色（9.2%）、黄色（6.5%）和橘色（0.5%）。对于形状分布而言，颗粒（48.7%）和纤维（24.1%）是主要的 MPs 形状。目前，颗粒状和纤维状 MPs 是环境样品中最常见的检出类型，大气中的 MPs 污染也以微纤维（≥5μm）和微颗粒为主。相比于室外环境，室内很可能是人体遭受大气中 MPs 暴露的主要途径且 MPs 的来源（如衣服、床单、一次性塑料制品等）和扩散方式（如通风率、气流、气候条件、房屋构造等）多样，这使得通过呼吸作用进入人体肺部的 MPs 表面形貌存在很大的差异。

本研究针对儿童年龄和肺泡灌洗液中 MPs 的含量进行了相关性分析。由图 2-10-5 可以看出，随着年龄的增长，儿童肺部的 MPs 含量呈显著下降趋势（Pearson $r=-0.80$，$p<$

0.05)。一方面，如前文所述，对于整个室内环境而言，靠近地面的区域是 MPs 的高值区，婴幼儿的行动方式主要依赖爬行且身高较低，与地面灰尘接触的概率比青少年或者成年人高；另一方面，儿童（尤其是婴幼儿）的免疫系统和呼吸系统尚未发育完全，自身抵抗外来异物入侵的能力和自身免疫应答远不如成年人。有研究也发现婴幼儿对 PET 和 PC 两种塑料聚合物的暴露量［83000ng/(kg・d) 和 860ng/(kg・d)］要远高于成年人［5800ng/(kg・d) 和 200ng/(kg・d)］。目前，尽管动物模型实验显示生物体固有的免疫应答可以清除部分经口或呼吸暴露的微纳米颗粒，但是对于 MPs 在人体尤其是敏感人群如儿童、孕妇、老人体内的代谢和排出机制仍不清楚。

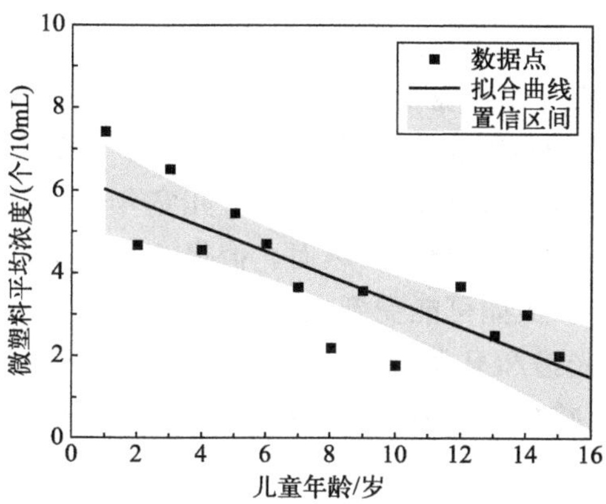

图 2-10-5　儿童年龄与肺泡灌洗液中微塑料暴露水平的相关关系

本研究也按照儿童居住地为北京市内（六环以内）或城郊地区将测定结果分成了两类。由图 2-10-6 可知，来自发达城市和发展中城市的儿童肺泡灌洗液中 MPs 含量接近，但是来自北京市内的儿童肺泡灌洗液中 MPs 的含量［(5.5±6.8)个/10mL］显著高于来自城郊地

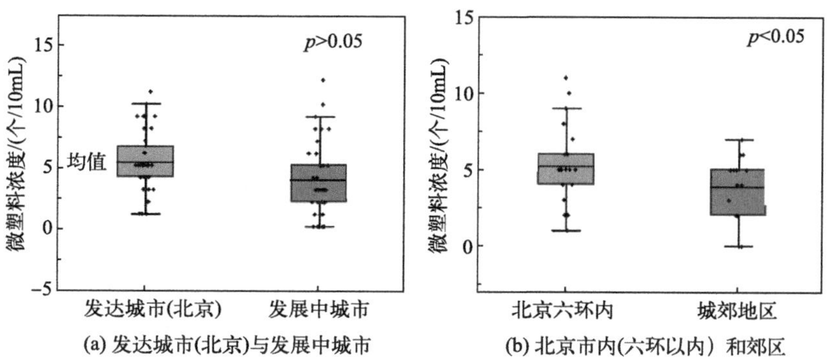

图 2-10-6　儿童肺泡灌洗液中微塑料的含量与居住地发展程度的关系

区的儿童肺泡灌洗液中的MPs含量［(3.8±4.7)个/10mL，$p<0.05$］。其原因可能在于儿童肺部MPs污染的来源主要是室内空气，室外空气的贡献相对较小。理论上，不同地区的室内环境中MPs的来源和丰度差异较小，主要来自纤维和纺织品的使用，但是城市中心区域和城郊地区在合成纺织业、工业、交通运输业等方面的发展程度差异明显，使得室外大气中的MPs污染水平存在一定的时空差异；当然，小颗粒的MPs也会受干湿沉降、大气气流等的影响，局部气流的运动可能驱动大气MPs进行短距离传输。

4. 结论与展望

本研究建立了弱碱消解-显微Raman分析肺泡灌洗液中MPs赋存的分析方法，可用于量化呼吸摄入的MPs在人体肺部的暴露水平。儿童肺泡灌洗液的检测结果显示：PP和PE是最常见的塑料聚合物类型。与环境中或水生生物体内的MPs相比，人体肺部检测到的MPs粒径较小，但在种类和颗粒形态上却表现出相似性。通过统计学分析发现，灌洗液中MPs的含量与儿童的年龄呈现负相关，这表明随着儿童年龄的增长，他们的免疫系统可能对MPs等异物的侵入有一定的防御能力。然而，值得注意的是，本研究中使用的Raman光谱分析方法存在一些局限性，例如可能受到主观因素的影响，并且操作过程较为耗时。随着技术的发展，显微-Raman光谱和显微-红外光谱技术已被引入MPs的检测分析领域，这些技术显著提高了检测效率，减少了人力需求，显示出在MPs检测分析中的巨大潜力。

案例 11

环境样品中微塑料的检测分析

1. 研究背景

微塑料（microplastics，MPs）作为粒径小于 5mm 的塑料颗粒或碎片，已成为全球环境科学领域关注的核心污染物。自 2012 年 Science 研究首次系统揭示海洋微塑料污染以来，其环境行为与生态效应研究呈现爆发式增长。全球每年约 800 万吨塑料进入海洋，其中 15%以微塑料形式存在于表层水体，且通过大气环流、洋流迁移等途径已扩散至南北极等极端环境。这类污染物具有显著的“伪持久性”特征：尽管化学结构稳定，但表面官能团（如羟基、羧基）的持续氧化会导致粒径减小和毒性增强。例如，纳米级微塑料（$<1\mu m$）可穿透血脑屏障引发神经毒性，而微米级颗粒更易在鱼类肠道内富集并通过食物链传递。南极冰芯记录显示，1950—2020 年的 70 年间微塑料浓度上升了 240%，其中聚乙烯（PE）占比达 65%，印证了其全球扩散能力。

当前对环境样品中微塑料的检测技术中，傅里叶变换红外光谱（FTIR）和拉曼光谱作为“黄金标准”，通过特征吸收峰（如 PE 在 $2915cm^{-1}$ 的 C—H 伸缩振动）实现聚合物类型鉴别。然而，传统 FTIR 需样品厚度$>100\mu m$，无法检测单颗粒；显微拉曼虽能实现亚微米分辨率，但对深色或透明颗粒的信号衰减达 80%。光谱类的方法可提供聚合物种类、颗粒数量和粒径分布信息，这些参数对评估微塑料的毒理学潜力至关重要。然而，对于微塑料监测而言，评估其来源、归宿及在环境系统中的分布时，质量浓度比颗粒数量更具适用性，光谱学方法仅能对微塑料含量进行粗略估算。

由于微塑料具有特殊性质（分子量极高、在大多数溶剂中难溶），无法通过气相色谱-质谱联用（GC-MS）或液相色谱-串联质谱（LC-MS/MS）等经典分析方法进行检测。热裂解-

气质联用技术更适合微塑料定量分析，可提供对监管和监测而言至关重要的质量浓度信息，但其仍存在检测限较高、受基质相关的背景干扰以及样品中微塑料颗粒分布不均匀等问题。Dierkes团队开发的加压液体萃取（PLE)-Py-GC-MS联用方法，通过优化萃取溶剂（甲苯：丙酮＝3：1）和压力条件（10MPa)，将土壤中PE、PP的LOQ降至0.3mg/g，但含氯塑料（如PVC）的定量偏差仍达15%。

本研究选用了加压液体萃取（PLE）结合热裂解-气相色谱/质谱联用（Py-GC-MS）的分析方法，对环境基质中低浓度聚乙烯（PE）、聚丙烯（PP）和聚苯乙烯（PS）等微塑料进行定量分析。对实际环境样品的线性关系、定量检测限（LOQ）和重现性进行了评估。

2. 检测方法与质控

（1）实验试剂与仪器

微塑料标准物质：PE、PS和PP标准样品均购于德国Sigma-Aldrich公司，内标物聚苯乙烯购于加拿大Polymer Source公司。

试剂：海砂和未稳定化四氢呋喃（THF）均购于德国Sigma-Aldrich公司，色谱级甲醇购于德国Merck公司，玻璃滤膜和硅胶由德国迪伦的Macherey-Nagel公司提供。

实验仪器设备包括：低温研磨机、行星式研磨机、热裂解-气相色谱-质谱联用仪(Frontier，Agilent 7890B GC，5977B MSD)。

（2）样品采集

为了评估方法对实际环境样品的有效性，采集各种基质至少500g，包括沉积物、河流悬浮物、路边土壤、盆栽土壤和污水污泥。为降低污染风险，采样及储存过程中所有样品均避免接触塑料工具和容器。沉积物、土壤和污水污泥的采样使用不锈钢铲，随后样品被转移至玻璃或铝制容器中运输/储存。

（3）前处理流程

由于PE和PP在大多数溶剂中的溶解性较差，因此几乎无法通过稀释储备溶液的方法来制备校准溶液。此外，直接称量聚合物也不适用，因为称量极少量标准样品配制低浓度校准样品时，容易产生称量误差。所以，我们使用惰性基质（煅烧海砂）连续稀释储备混合物来制备校准样品。将PE、PS和PP在低温研磨机中研磨，然后各取250mg与煅烧海砂混合，以制得10g储备混合物。然后将混合物在行星式研磨机中均质化20min。将1～2g储备混合物与砂子混合以进行连续稀释，获得0.005～10mg/g范围内的各个聚合物校准浓度。在每个稀释步骤后将混合物均质化。

进行PLE时，取1g样品放入10mL不锈钢萃取室中，并使用溶剂萃取仪器完成萃取。使用甲醇进行预萃取，以减少基质效应。使用四氢呋喃在185℃和100bar下萃取微塑料。将提取物收集至含200mg煅烧硅胶的60mL样品瓶中。萃取完成后，加入10μL聚苯乙烯-d_5作为内标。然后将溶剂蒸发，并使用硅胶捕获沉淀的聚合物。用二氯甲烷冲洗黏附在样品瓶上的微塑料，至少三次，然后将硅胶均质化5min。

(4) 仪器分析条件

所有样品的热裂解 GC-MS 分析均使用 EGA/PY-3030D Multi-Shot 热裂解仪和 AS-1020E Auto-Shot 进样器（Frontier Laboratories）搭配 7890B 气相色谱仪和 5977B GC/MSD。分析每个样品时，称取 20mg 均质硅胶置于 80μL 热裂解杯中（Eco-Cup LF，Frontier Laboratories），并在 600℃下进行热裂解。

7890B 气相色谱仪配备 30m×0.25mm 内径，0.25μm 膜厚的色谱柱，固定相为（5%苯基）-甲基聚硅氧烷。安捷伦惰性 GC-MS 接口流路设计用于提升对低浓度分析物的分析性能，扩展定量和检测范围。5977B GC/MSD 配备 Extractor EI 离子源，并在选择离子监测（SIM）模式下运行，以最大程度地提高灵敏度。Extractor EI 离子源可最大程度增加离子源产生并传输至四极杆质量分析器的离子数量。GC-MS 的运行时间为 29min。检测的聚合物热裂解产物的离子和保留时间信息如表 2-11-1 所示，标样中不同离子的色谱图如图 2-11-1 所示。

表 2-11-1　各聚合物和热裂解产物所检测的离子和保留时间

聚合物	热裂解产物	监测的离子(m/z)	保留时间/min
聚丙烯	2,4-二甲基-1-庚烯	126,70	4.89
聚乙烯	1,14-十五碳二烯	81	10.29
聚乙烯	1-十五碳烯	97	10.32
聚苯乙烯	苯乙烯	104,91	5.54
聚苯乙烯-d_5	苯乙烯-d_5	109	5.50

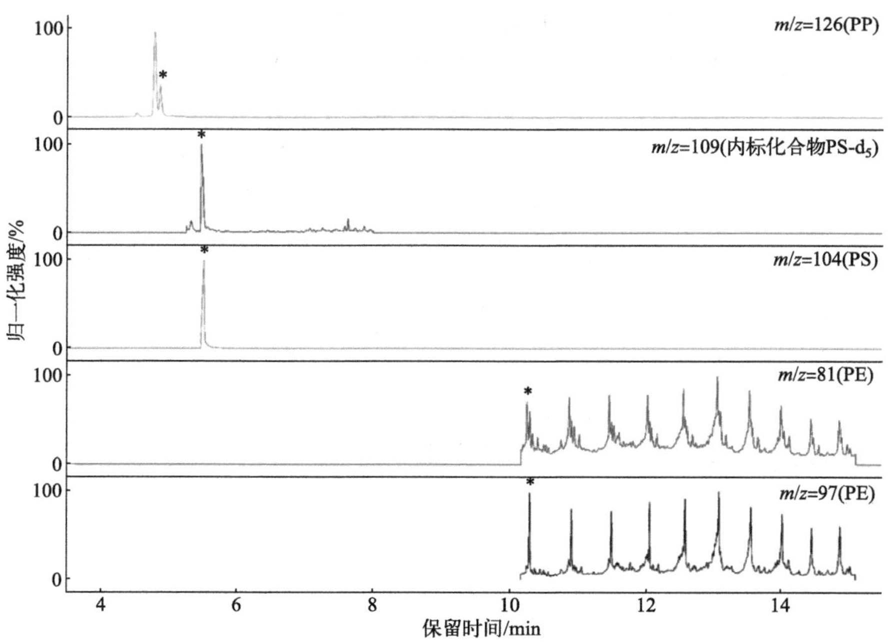

图 2-11-1　0.25mg/g 混标的提取离子色谱图

（5）质量保证与控制

使用聚苯乙烯-d_5 内标计算相对峰面积，以绘制校准曲线。所有聚合物均得到最低 0.005mg/g 的线性校准曲线（R^2>0.97）。PP 和 PS 的线性响应最高浓度为 1mg/g。PE 线性响应的最高浓度为 10mg/g。

由于塑料在大多数实验室中的使用非常普遍，因此存在微塑料的假阳性检测问题。因此，将 LOQ 定义为 95%的空白样品显示较低信号的浓度。使用 11 个空白样品的平均相对响应值，计算出具有单侧置信区间［$t_{(p=0.95;n-1=10)}$ =1.812，其中，p 表示置信水平，n 表示样本数］的空白聚合物浓度作为 LOQ，其中 PP、PE（m/z=97）、PE（m/z=81）、PS 的 LOQ 分别为 0.007mg/g、0.007mg/g、0.16mg/g 和 0.008mg/g。

不同基质中加标回收率的实验结果显示，本方法中未出现基质效应造成的问题。不同基质的加标回收率也显示出较好的重现性和可靠性，回收率达到 77%～118%。

3. 方法应用

对不同的沉积物、悬浮颗粒、土壤和污水污泥中的 PP、PE 和 PS 污染物进行了分析，结果如表 2-11-2 所示。在河流沉积物中，检测到的 PP 和 PE 浓度分别为（0.032±0.001）mg/g 和（0.028±0.006)mg/g，而未在 LOQ（0.008mg/g）以上检测到 PS。在悬浮物中检测到的 PE 和 PP 最高浓度分别为（0.98±0.02)mg/g 和（0.055±0.010)mg/g。在污水污泥中检测到的所有 3 种聚合物的浓度范围为（0.08±0.02)mg/g（PP）至（3.3±0.3）mg/g（PE）。盆栽土壤中的 PE 浓度与污水污泥相似，但仅检测到痕量的 PP。未检测到 PS。在路边土壤中检测到了所有 3 种聚合物，最高浓度达到（0.85±0.07)mg/g（PE）。以上结果表明 Py-GC-MS 适用于不同类型基质中 PE、PP 和 PS 微塑料的分析检测。

表 2-11-2 不同基质环境样品中微塑料的分析结果

样品	N	PE		PP		PS	
		平均值/(mg/g)	RSD/%	平均值/(mg/g)	RSD/%	平均值/(mg/g)	RSD/%
土壤 1	7	0.79	6.0	0.039	7.4	0.054	9.6
土壤 2	6	0.85	7.3	0.040	9.2	0.057	7.9
污泥 1	7	3.03	6.8	0.100	12.3	0.61	4.1
污泥 2	7	3.27	4.2	0.081	10.0	0.50	4.0
盆栽土壤	7	2.81	7.1	<0.007	不适用	<0.008	不适用

注：N 表示平行样品的个数。

4. 展望

热裂解-气相色谱/质谱联用技术凭借其高灵敏度、化合物特异性和自动化潜力，在微塑料分析领域展现出广阔的应用前景。随着环境科学研究的深入和技术迭代，Py-GC-MS 有望在检测限与灵敏度优化、多维分析能力拓展等方面取得突破。通过改进热解炉设计、优化载气纯度和色谱柱选择性，并结合新型高灵敏度质谱检测器（如 Orbitrap），可显著提升痕量 MPs 的检测能力，尤其适用于大气气溶胶、极地冰芯等复杂场景。此外，开发多模式热解程序（如分级热解）和引入特征离子筛选算法，或将突破单一聚合物检测的局限性，实现 PE、PP、PS 等传统目标物以外的复合污染物分析。与此同时，样品前处理的自动化与标准化将成为关键突破口。研发全自动微塑料处理平台（如集成研磨、筛分、热解的一体化设备），结合人工智能优化热解温度、萃取溶剂比例等参数，可减少人为操作偏差，提升方法重复性。在此基础上，Py-GC-MS 与光谱技术（如拉曼光谱）的联用将推动“定量-定性”双轨分析模式的形成。通过热解定量结合显微光谱的空间分布解析，可同步获取 MPs 的成分、粒径及表面官能团信息，满足环境风险评估的多维度需求。未来，随着仪器性能的提升和多学科交叉融合，Py-GC-MS 有望从单一的定量工具演变为“成分鉴定-溯源追踪-生态风险评估”的综合平台，成为应对微塑料污染挑战的核心分析手段之一。

案例12

典型都市圈土壤中短链氯化石蜡赋存特征

1. 研究背景

氯化石蜡（chlorinated paraffins，CPs）是一组由正构烷烃组成的具有不同氯化程度的合成有机化学品，其分子通式为 $C_mH_{2m+2-n}Cl_n$，它们是由石油蒸馏得到的不同正构烷烃馏分经氯化反应得到的，是氯碱工业平衡氯气的重要耗氯产品。根据碳链长度可将其分为短链氯化石蜡（short-chain chlorinated paraffins，SCCPs，C_{10}～C_{13}）、中链氯化石蜡（medium-chain chlorinated paraffins，MCCPs，C_{14}～C_{17}）和长链氯化石蜡（long-chain chlorinated paraffins，LCCPs，C_{18}～C_{30}），氯化度（CPs中氯元素的质量分数）通常在40%～70%之间（按质量计算）。由于CPs具有较高的化学稳定性、良好的绝缘性和阻燃性、低挥发性和低成本等优点，自20世纪30年代以来大量生产并主要用作阻燃剂和聚氯乙烯增塑剂，广泛应用于生产电缆料、地板料、软管、人造革、橡胶、聚氨酯等制品以及用作涂料、润滑油等产品的添加剂等。其中，SCCPs因其高持久性、生物累积潜力和毒性在过去十几年中引起了国际社会的广泛关注，并在2017年被《斯德哥尔摩公约》列为限制生产和使用的持久性有机污染物。近年来我国已成为SCCPs生产和使用大国，且产能逐年增长。随着2023年新污染物管控清单发布，我国已明确提出自2023年3月1日起，除了橡胶传送带、皮革业、润滑油添加剂、户外装饰灯管、防水和阻燃油漆、黏合剂等9类用途外，禁止生产和使用SCCPs，未来其产量将逐渐下降。然而，SCCPs在生产、储存、运输和使用过程中不可避免地被释放到环境中，导致其在各种环境介质中广泛分布，其生态和环境风险仍不容忽视。

环境样品中SCCPs的检测主要涉及前处理与仪器分析。通常根据基质类型和目标化合物的理化性质选择最佳的前处理方法。SCCPs前处理方法主要包括提取和净化两部分，其中索氏提取、加速溶剂萃取、超声萃取、微波辅助萃取、液液萃取等是常用的提取方法。由于不同 SCCPs 混合物之间的理化性质差异较大（$\lg K_{ow}$ 为 5.05～8.12），SCCPs 分析面临巨大挑战，需要多种净化步骤来消除潜在干扰。通常借助色谱柱吸附色谱法去除杂质干扰，常用吸附剂包括硅胶、氧化铝和弗罗里硅土等。SCCPs 异构体有几千种，色谱分离度不足、同位素模式较复杂以及参考物质组成未知等因素导致 SCCPs 仪器分析十分具有挑战性。改变固定相的极性或者串联不同极性的固定相都无法实现 SCCPs 的完全分离。

目前 SCCPs 色谱分离结果只有两种，一种是尽可能分离（GC×GC，相互重叠），另一种就是不分离（GC，五指峰）。净化后的 SCCPs 样品通常是经过 GC、GC×GC、LC 等分离后，联合各类检测器如 ECD、EI-MS-MS、负化学电离-高分辨/低分辨质谱（ECNI-HRMS/LRMS）、碳骨架 GC-FID、APCI-MS、ECNI-HRTOFMS 得到分析。GC-ECD 具有低耗、高灵敏度的优点，但是极易受到其他有机氯干扰，也不能鉴定 SCCPs 同族体，适用于金属切削液和密封剂中 SCCPs 的定量，由于 ECD 无分辨率，不适用于环境样品的定量。GC-EI-MS-MS 通过测定 SCCPs 产生相同的二级质谱碎片离子非常适合迅速测定 SCCPs 的总量，能够检测低氯 CPs，响应受氯化度和碳链长度的影响较小，能提供满意的选择性和灵敏度，但是由于电子轰击电离（EI）源电离程度太强，所有组分均可产生低质荷比碎片离子（$m/z<110$），无法提供样品同族体的组成信息。由于 CPs 具有电负性强的氯原子，电子捕获负离子源电离程度弱，容易获得特征离子峰，则基于监测 $[M\text{-}Cl]^-$ 特异性负离子峰特征碎片离子可定量不同碳氯原子数的同系物，能够排除质量相同的碎片离子干扰，提供高选择性和灵敏度，反映原物质组成信息，所以是常用且比较受认可的分析方法。低分辨率质谱（LRMS）极易受到与自身质量相同的碎片离子和其他氯化物的影响，LR/HRMS 都不能检测低氯代的 SCCPs，氯原子数不同响应不同，样品测定依赖标准物质的选择，高分辨成本过高，所以 LRMS 是普遍的检测技术。2024 年我国发布了《消费品中重点化学物质检测方法　第 1 部分：短链氯化石蜡》（GB/T 44165.1—2024），规定了消费品中短链氯化石蜡测定的 GC-ECNI-LRMS 法，适用于含氯原子数≥5 的 SCCPs 的测定。有研究者使用全二维气相色谱-负化学电离源-高分辨飞行时间质谱（GC×GC-ECNI-HRTOFMS）定性定量 SCCPs 和 MCCPs，虽五氯代以下组分难以测到，碎片离子受氯取代数目影响，但该方法极大地改善了不同碳链长度、不同氯取代同系物的色谱分离度，还有效解决了同族体和其他相似 POPs（PCBs、PBDEs、二噁英）在 CPs 定量上的干扰，为环境样品 CPs 的分析提供了新的思路。

本研究选取典型都市圈——宁波都市圈表层土壤作研究介质，应用净化提纯前处理技术联合 GC-ECNI-LRMS 揭示了宁波、舟山和台州三个城市土壤中 SCCPs 赋存特征，并推测其可能来源，为未来城市群新污染物治理和防控工作提供了科学的数据支撑。

2. 检测方法与质控

（1）实验试剂与仪器

① 试剂

色谱纯（HPLC 级）二氯甲烷、丙酮和正己烷，以及优级纯浓硫酸、浓盐酸购自国药集团化学试剂有限公司，实验用水为 Millipore 超纯水。

② 材料

中性硅胶：柱色谱用硅胶（100～200 目）在 180℃下活化 12h，冷却至室温后加入 3%（水：硅胶=3：100，质量比）的蒸馏水去活化，放置于干燥器中平衡过夜后加入正己烷使用。

4%酸性硅胶：中性硅胶中加入浓硫酸（56：44，质量比）混匀后，置于干燥器中平衡过夜后加入正己烷使用。

弗罗里硅土：农残级弗罗里硅土（60～100 目）在 65℃下活化 12h，冷却至室温，加入 3%（水：弗罗里硅土=3：97，质量比）的蒸馏水去活化，平衡 12h 后于正己烷中密封保存。

无水硫酸钠：分析纯无水硫酸钠在 600℃下活化 4h，冷却后于干燥器中保存。

复合色谱柱：柱子规格为 400mm×10mm（内径），活塞为聚四氟乙烯材质。采用湿装法填装（在柱子底部塞少量脱脂棉，自下而上分别加入 20cm 的弗罗里硅土、2cm 的中性硅胶、5cm 的酸性硅胶和 2cm 的无水硫酸钠）。

注意事项：所有的玻璃器皿使用前依次使用重铬酸钾/硫酸洗液清洗，大量自来水冲洗和蒸馏水淋洗。烘干后放入马弗炉在 450℃焙烧 4h 后冷却备用，使用前丙酮、二氯甲烷和正己烷依次淋洗。复合色谱柱装填过程中保持溶剂流动，利用重力作用使填料自然沉降，并不断敲打柱子以防止柱内产生气泡。

③ 标准样品

SCCPs 及 MCCPs 标准样品：100ng/μL 氯含量为 51.5%、55.5%、63%的 SCCPs 标样，100ng/μL 氯含量为 52%、57%的 MCCPs 标样均购于德国 Dr. Ehrenstorfer 公司。内标^{13}C-HCB 购于德国 Dr. Ehrenstorfer 公司，回收率指示物$^{13}C_6$-β-BHC 购于美国 Cambridge Isotope Laboratories（Andover，MA）。

④ 仪器

所需仪器主要包括气相色谱-质谱联用仪（GC7890B-ECNI-LRMS5977B）、加速溶剂萃取仪（ASE350，赛默飞）、旋转蒸发仪（RE-52AA，上海亚荣）、超声波清洗机（SB-5200DTD，宁波新芝）、真空冷冻干燥机（Scientz-12N，宁波新芝）、电子分析天平（Sartorius）、马弗炉（SX-12-10N，上海一恒）等。

（2）样品采集

本案例 80 份表层土壤样品采自长三角宁波都市圈宁波、舟山和台州三个城市，以 12km×12km 网格划分城市区域，在每个格网处以对角线法采集 5 等份表层土壤（0～20cm）组成一个混合代表样。采样前先清除地表凋落物，有植物生长时应先清除植株及其根系。采样现场应剔除砾石和其他异物。注意及时清洁采样工具，避免交叉污染。各采样点的取土深度及采样量应一致。各分点混匀后用四分法取 1kg 土样装入样品袋，多余部分弃去。将所采土样装入密封袋中，内外均应附标签，标明采样编号、采样点名称、采样的深度、采样地点、采样时间和采集人，所有样品现场采集完后立即带回实验室在−20℃下冷冻保存。

（3）前处理流程

取适量土壤样品冷冻干燥后过 100 目不锈钢筛。准确称取 5g 过筛后的样品加入 0.5g 铜粉以去除含硫杂质干扰，将样品与硅藻土充分混合装填入 34mL 不锈钢萃取池中，加入 10μL 的 10mg/L 的回收率指示物$^{13}C_6$-β-BHC 后进行加速溶剂萃取。其中，萃取溶剂选用体积比为 1∶1 的二氯甲烷和正己烷混合溶液。ASE350 萃取条件为：萃取温度 100℃，系统压力 10342kPa，加热时间 5min，静态时间 10min，循环 3 次，冲洗体积 60%，吹扫时间 60s。将接收的萃取液转移至圆底烧瓶中，在 40℃水浴温度下旋转蒸发至 2mL 左右，待弗罗里硅土-硅胶复合柱净化，根据前述装柱方法，采用正己烷湿法装柱，自下而上分别加入 20cm 的弗罗里硅土、2cm 的中性硅胶、5cm 的酸性硅胶和 2cm 的无水硫酸钠（图 2-12-1），装柱后先用 45mL 正己烷淋洗柱子（流出 PBDEs、PCBs 组分），接着用 50mL 二氯甲烷洗脱同时接收洗脱液，洗脱液旋转蒸发至 1～2mL 后加入 25mL 正己烷进行溶剂置换，再次旋转蒸发至约 1mL。用少量正己烷冲洗圆底烧瓶内壁一并转移至 2mL 棕色 GC 进样瓶中，少量多次正己烷冲洗后氮吹准确定容至 1mL，仪器分析前加入 100ng^{13}C-HCB 内标。

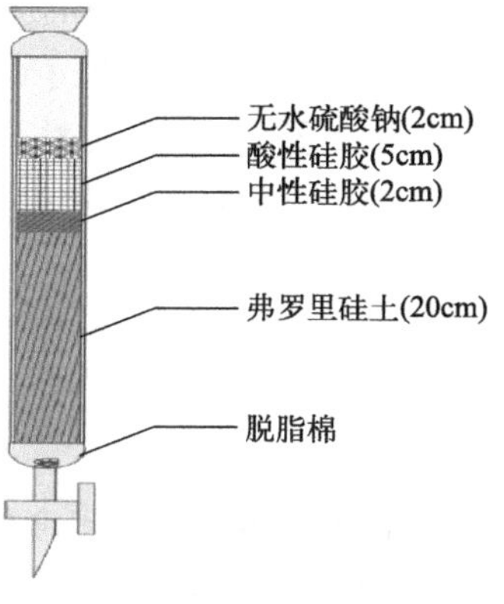

图 2-12-1　复合柱示意图

（4）仪器分析条件

仪器分析采用安捷伦气相色谱-质谱联用仪（GC7890B-MS5977B），配备色谱柱为 DB-5MS（15m×0.25mm×0.1μm），离子源为负化学电离源，载气为高纯氦气，反应气为甲烷气。采用不分流进样模式，进样体积为 1μL。进样口温度为 250℃，MS 质量传输线温度为 280℃，离子源温度为 200℃。柱流速为 1.5mL/min。升温程序如下：初始温度 80℃保持 3min，以 25℃/min 速度升温至 160℃，保持 6min，然后以 20℃/min 速度升温至 280℃，保持 15min。实际样品分析中为消除 MCCPs 对 SCCPs 的定量干扰，质谱获取方式为选择性离子扫描（SIM）方式，离子分组中加入 MCCPs 定量离子扫描，每个样品分四次进样，具体分组为 C_{10} 和 C_{15}、C_{11} 和 C_{16}、C_{12} 和 C_{17}、C_{13} 和 C_{14}。

（5）质量控制与质量保证

样品化学分析过程中设置方法空白、空白加标、基质加标和样品平行样等保证数据的准确性和可靠性。前处理过程中所使用的玻璃仪器均在马弗炉 450℃下烘烤 4h，同时对每个样品添加回收率指示物以监测目标物在实验过程中的损失情况。空白加标和基质加标实验中，SCCPs 的回收率范围分别为 76%～92%、63%～64%，回收率指示物$^{13}C_6$-β-BHC 的回收率分别为 97%±17.5%、90%±5.8%。方法检出限（MDL）为美国国家标准局定义的 11 次空白试验的 10 倍标准偏差，为 3.68ng/g。样品最终结果均已扣除方法空白。

（6）定量计算方法

首先检测不同氯化度的 SCCPs 标样，提取离子计算面积积分，各离子面积要先除以离子同位素丰度得到化合物面积，再除以氯原子个数得到单位氯原子化合物的响应，所有离子响应之和为单位氯原子的总面积，每个离子的氯化度是已知的，用其单位离子响应占总响应的比例乘以氯化度求和可得到样品中的总氯化度，单位氯原子的总面积除以质量得到标准响应因子，这个响应因子在不同氯化度下不一样，用不同氯化度标样分别测定，得到氯化度与响应因子的回归曲线。然后，测定样品时只要计算出样品中的总氯化度就可以知道样品响应因子，根据样品中计算出的单位氯原子的响应面积就可以知道其中 SCCPs 的总含量。同时也可以反推得到样品中不同单体的浓度组成。最好先用标准样品检验下方法是否有系统偏差。关于 SCCPs 的定量分析方法，以 SCCPs 同系物中响应信号最强的物质与其混合物平均分子量所呈现的线性关系看作定量基准。响应信号经过了最大响应信号对混合物同位素所占的比例及在混合物物质的量所占含量的双重校正。该方法应用的定量程序参照前人建立的氯化度与总响应因子的线性关系曲线。运用该方法，在环境样品和参考标准氯化度不同的情况下也能得到比较可靠的定量结果。

3. 方法应用

SCCPs 在宁波都市圈所有的表层土壤中均有不同程度的检出，检出率为 100%。宁波都市圈土壤中 SCCPs 含量空间分布差异性较大，浓度范围处于 4.30～36520ng/g 之间，中位值为 20.76ng/g，平均浓度为（578±4094）ng/g，变异系数为 7.09，氯化度为 61.7%～66.0%。从碳链长度来看（图 2-12-2），宁波都市圈土壤中 SCCPs 单体主要以 C_{10} 和 C_{13} 单体为主，平均分别占 35.1%和 29.8%，显著高于 C_{11} 和 C_{12} 的 20.6%和 14.5%。从氯取代数来看，$Cl_{6\sim8}$ 是关键同族体，比例高达 77.7%。

如图 2-12-3 所示，宁波都市圈南部为 SCCPs 含量高值区域，即台州中北部、台州电子垃圾拆解区中 CPs 浓度与其他地区相比处于较高水平，与陈茹等的研究一致，这表明电子垃圾拆解活动仍然给当地带来极大的环境污染。在宁波都市圈发现，农田区域浓度较高的点周围都有明显的废弃塑料的堆积与丢弃现象，CPs 作为增塑剂和阻燃剂，广泛应用于国内高分子产品，比如塑料、橡胶、食品包装。有研究发现聚对苯二甲酸乙二醇酯（PET）、聚丙烯（PP）、聚乙烯（PE）和食品包装中的 SCCPs 平均浓度分别为 234ng/g、3968ng/g、150ng/g 和 188ng/g，SCCPs 可能在这些聚合物产品的运输、使用和废物处理过程中释放到周边环境中。以往研究发现农田中 SCCPs 的污染源主要来自污水灌溉，污水灌溉会造成 SCCPs 在农田中的累积。在现代化农业生产中，塑料薄膜、大棚的大面积兴起，势必会加剧农田生态系统里 SCCPs 污染，密集的电子垃圾拆解活动也会通过大气的干湿沉降以及远距离迁移加重区域内的污染情况，因此推测宁波都市圈农田中 SCCPs 的污染主要来自废弃塑料的堆积与丢弃。

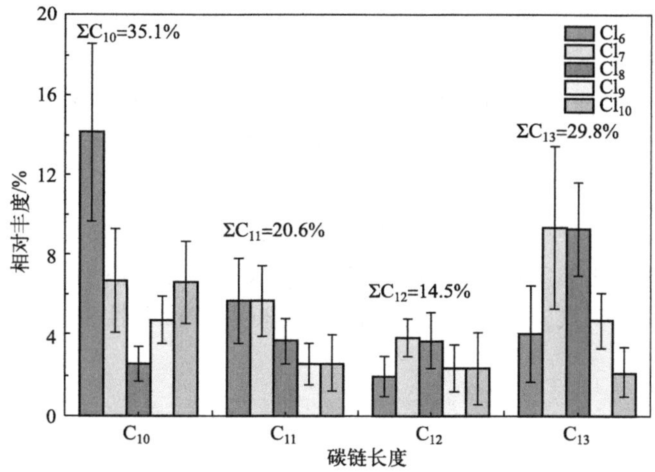

彩图

图 2-12-2　宁波都市圈土壤 SCCPs 同系物分布

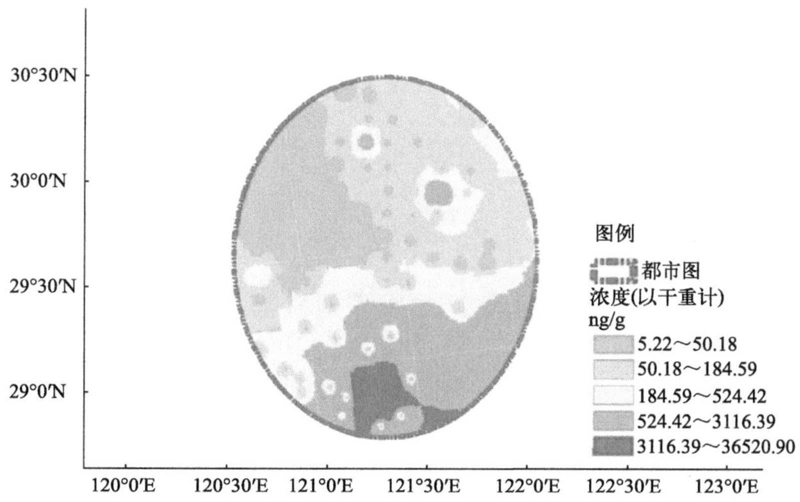

彩图

图 2-12-3　宁波都市圈土壤 SCCPs 含量空间分布

4. 结论与展望

本研究借助加速溶剂萃取、弗罗里硅土-硅胶复合柱对宁波都市圈复杂土壤基质进行萃取净化，联合气相色谱-负化学电离源-质谱联用仪实现了对不同土地利用类型土壤中 SCCPs 浓度和同系物组成的精准定量。方法线性、重复性好，方法检出限为 3.68ng/g，加标回收率大于 90%，符合土壤中 SCCPs 检测要求，对其他固体样品如沉积物、灰尘等样品中 SCCPs 的检测也具有较强实用性。

结果发现 SCCPs 污染在城市土壤中普遍存在，点源污染较明显。浓度高值点中 C_{13} 组分比例明显高于其他碳链组分，而浓度低值点中 C_{10} 组分占比较高，这种“重”组分富集，“轻”组分亏损的现象可能与不同 CPs 迁移能力不同有关，“轻”组分由于有相对较高的蒸气压和溶解度，所以迁移能力高于“重”组分，因此在离源较近的区域形成“重”组分富集。

SCCPs 不是单一化合物，而是一类化合物的混合物，因此其定量解析相对较复杂，目前还没有形成统一规范化的定性定量分析方法。未来需要综合使用全二维色谱技术、质谱技术以及专用的数据处理工具，以确保分析结果的准确性和可靠性。

案例13

肺组织中有机磷阻燃剂的检测分析

1. 研究背景

有机磷酸酯（organophosphate esters，OPEs）类阻燃剂是一类会干扰生物体内分泌系统的物质，它们广泛存在于环境介质（如水、土壤、大气）中，图 2-13-1 展示了几种常见OPEs的分子结构。OPEs可以通过呼吸、饮食、皮肤接触等方式进入人体，现已在人体胎盘、乳汁、血液、尿液中发现了OPEs的存在，说明从胎儿开始人类就暴露于OPEs污染的环境并且这种暴露涵盖整个生命周期。实际上OPEs在人体会经历复杂的降解过程并转化成相应的代谢产物，现有针对人体OPEs暴露的研究主要聚焦于人体体液，通过分析尿液中代谢产物的浓度水平得到母体物质的内暴露情况，但是通过尿液反算的污染物暴露浓度是人体能够净化的部分，对于人体无法代谢的污染物水平仍不清晰。虽然部分相关研究也以血液为检测样本，但是血液循环与尿液的形成有很大的关系，血液中污染物的检出并不能代表其在人体内的累积。因此，基于人体组织中OPEs的暴露分析对于科学认识其在人体的累积行为至关重要。

肺是呼吸摄入大气污染物的重要靶向器官。人每天通过肺的呼吸不断吸进清气、排出浊气，很容易遭受大气EDCs的侵袭。Wong等已在室内和室外大气环境中检测到了OPEs的存在，并且室内环境高于室外环境。因此，人体肺部很可能通过呼吸作用暴露于OPEs。相比于成年人，儿童应该是呼吸暴露OPEs的高负担群体，一方面，室内环境是人体吸入OPEs的主要场所且OPEs多集中分布于近地面区域；儿童尤其是处在爬行期的婴幼儿与室内地面和床铺接触的时间更长，吸入大气OPEs的概率更高。另一方面，儿童的呼吸系统尚未发育完全，机体抵御外来异物（如OPEs）入侵的能力或固有免疫应答远不如成年人。而且，早在 2011 年大西洋两岸的儿科内分泌学会发表了一份联合声明，提醒其成员注意一些儿科患者的疾病可能是由接触内分泌干扰物引起的。流行病学调查显示，空气污染是儿童健康的主要威胁之一，五岁以下儿童约 10%的死亡系由空气污染所致；仅 2016 年，全球就有 69 万儿童死于因空气污染引起的急性下呼吸道感染。内分泌干扰物种类繁多、在大气中广泛存在，很可能通过呼吸作用暴露于人体并构成潜在的危害。因此，亟须关注儿童肺部对于多种内分泌干扰物（如 OPEs）的复合暴露特征。

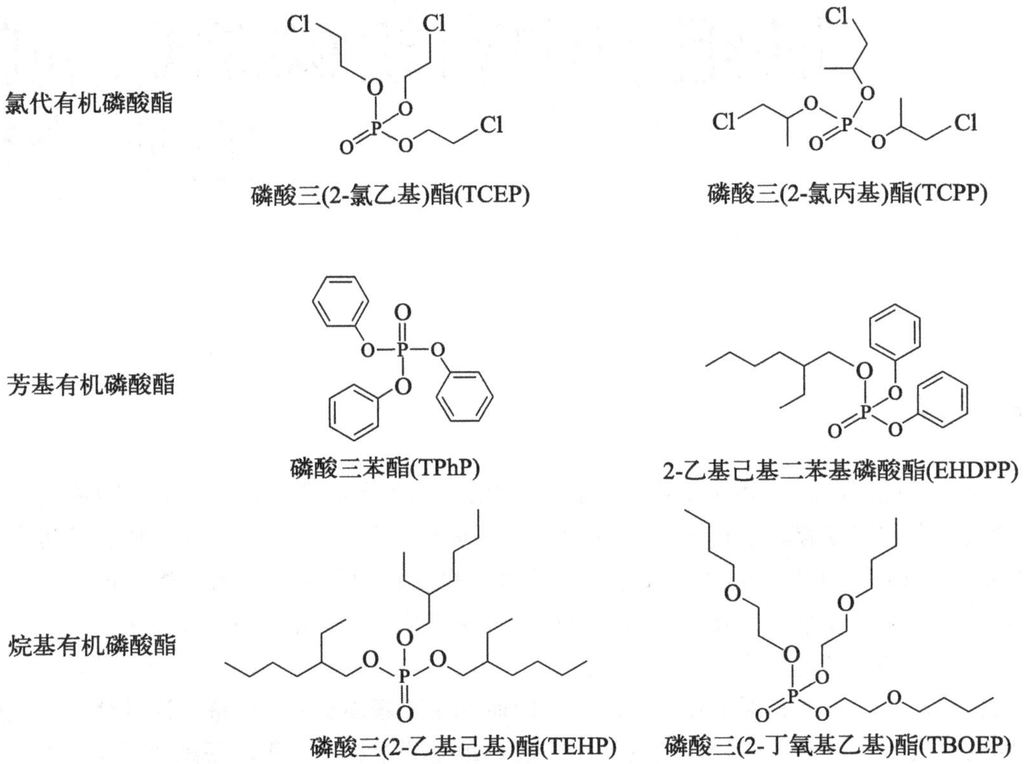

图 2-13-1　常见有机磷酸酯结构式

本研究主要聚焦儿童肺组织样品，定量分析了 19 种 OPEs 的浓度分布和累积行为，为评估呼吸暴露典型内分泌干扰物的健康效应奠定基础。

2. 检测方法与质控

（1）实验试剂与仪器

磷酸三甲酯（TMP）、磷酸三乙酯（TEP）、磷酸三丙酯（TPrP）、磷酸三异丙基酯（T*i*PrP）、磷酸三丁酯（T*n*BP）、磷酸三异丁酯（T*i*BP）、磷酸三(2-乙基己基)酯（TEHP）、磷酸三(2-丁氧基乙基)酯（TBOEP）、磷酸三(2-氯乙基)酯（TCEP）、磷酸三(2-氯丙基)酯

（TCPP）、磷酸三(1,3-二氯异丙基)酯（TDCPP）、磷酸三苯酯（TPhP）、2-乙基己基二苯基磷酸酯（EHDPP）、磷酸三甲苯酯［包括磷酸三对甲苯酯（*p*-TCP）、磷酸三邻甲苯酯（*o*-TCP）三种异构体］、磷酸三间甲苯酯（*m*-TCP）、2,2-双氯甲基-三亚甲基-双［双(2-氯乙基)磷酸酯］(V6)、磷酸二丁基苯基酯（DBPP）、间苯二酚四苯基二磷酸酯（RDP）、三苯基氧化膦（TPPO）和双(2-丁氧基乙基)-2-(3-羟丁氧基）乙基磷酸三酯（3-OH-TBOEP）的标准样品均购自 AccuStandard（纽黑文市，美国）公司；内标 TPhP-d_{15}、TCPP-d_{18}、T*n*BP-d_{27}、TCEP-d_{12}、TEHP-d_{51} 和 TEP-d_{15} 购自 J&K 科技有限公司（中国北京）；HPLC 或 LC-MS 级甲醇、甲苯、正己烷、乙腈（ACN）、乙酸乙酯（EtOAc）、二氯甲烷（DCM）、甲基叔丁基醚（MTBE）和甲酸购自默克公司（德国达姆施塔特）。实验用水为超纯水（电阻率≥18.2MΩ·cm）。所需仪器主要包括液相色谱三重四极杆质谱联用仪（Exion LCAD/Triple Quad^{TM} 6500，AB Sciex）、研磨仪（JXFSTPRP-L，Jingxin）、涡旋仪、离心机等。

（2）样品采集

通过首都医科大学附属北京儿童医院采集不同年龄段（1～16 岁）手术儿童的肺部组织样品，冷冻保存。

（3）前处理流程

取自然解冻的 30～50mg 肺组织样品加入 0.5mL 超纯水，使用全自动样品快速研磨仪研磨成匀浆，加入 8ng 同位素标记内标（TPhP-d_{15}、TCPP-d_{18}、T*n*BP-d_{27}、TCEP-d_{12}、TEHP-d_{51} 和 TEP-d_{15}）充分混匀，匀浆样品需依次使用三种不同体积的有机提取剂：2mL DCM-MTBE（1∶1，体积比），3mL 的 EtOAc-正己烷（3∶2，体积比，含 0.6%的甲酸）以及 2mL 的 ACN 进行液液萃取。每次萃取时，需将匀浆和有机溶剂涡旋混匀 5min，然后以 3000r/min 离心 5min 以达到固液分离的状态。最后，将合并的上清液（约 8mL）在温和的氮气流下浓缩至近干，然后加入 0.4mL 的甲醇复溶，低温离心（12000r/min，4℃）使蛋白质沉淀后转移至色谱小瓶待进一步定量分析。

前处理过程中需要注意以下事项：①在组织研磨过程中，应添加超纯水而非提取溶剂，否则会使得匀浆包裹在磁珠上难以洗下来；②最大限度减少塑料制品的使用，以降低可能的人为污染；③选择德国 Eppendorf 品牌的 1.5mL 塑料离心管，它在蛋白沉淀过程中引入的干扰最小。

（4）仪器分析条件

液相色谱三重四极杆质谱联用仪（Exion LCAD/Triple Quad^{TM} 6500，AB Sciex）被用于定量检测儿童肺组织中 OPEs 的浓度。BEH C_{18} 柱（3mm 内径×100mm 柱长，2.7μm 粒径）为色谱分析柱，进样体积设置为 2μL。流动相 A 和 B 分别为 5mmol/L 的乙酸铵水溶液和甲醇。梯度洗脱程序设置如下：0～0.5min，10%的溶剂 B；0.5～1.0min，从 10%增加到 50%的溶剂 B；1.0～10min，从 50%增加到 100%的溶剂 B；10～15min，保持 100%的溶剂 B；15.1～18min，10%的溶剂 B。流速为 0.4mL/min，分析期间柱温保持在 40℃。样品分析采用电喷雾电离（ESI）正负离子切换模式，相关参数详见表 2-13-1。

表 2-13-1 用于定量分析肺组织中 19 种目标有机磷酸酯浓度的电喷雾电离参数

类别	参数
气帘气压力	35psi
碰撞气压力	中等
辅助气体 1	60psi
辅助气体 2	65psi
辅助气温度	450℃
离子喷雾电压	5500V/－4500V

（5）质量控制和保证

前期选择猪肺组织来建立整套方法流程，包括前处理条件筛选、质谱分析参数优化、质量控制和质量保证。仪器质量控制通过对每批次样品（10 个）插入一个标准溶液和一个溶剂空白实现。方法质量控制通过对每批次样品（10 个）插入一个空白加标（上机浓度 50ng/mL）和一个程序空白实现。当加标样品中目标物的回收率低于 70％时，重新制备标准曲线以确保结果的可靠性和准确性。除 TCP 和 T*i*BP 外，其余所有目标物质在空白样品中都未检出或检出浓度低于 1ng/mL。因此，儿童肺组织中绝大多数 OPEs（除上述两种外）的定量不受背景干扰。猪肺组织中 19 种目标化合物的加标回收率范围在 70％～120％之间。仪器检测限（LOD）和定量检测限（LOQ）分别依据特征离子色谱峰信噪比为 3 和 10 来计算。除 TCPP 其 LOD 和 LOQ 分别为 2.5ng/mL 和 10ng/mL 外，其余 18 种 OPEs 的 LOD 和 LOQ 范围分别为 0.005～0.5ng/mL 和 0.02～2.5ng/mL。

3. 方法应用

应用上述定量分析方法，本研究定量分析了 73 个儿童肺组织中 19 种目标 OPEs 的浓度水平。其中，TMP、TEP 和 TBOEP 在所有样品中都检出（检出率＝100％），剩余 15 种 OPEs 有 5 种化合物（即 T*i*BP、T*n*BP、TCP、TCEP 和 TEHP）的检出率高于 50％。下面针对这 8 种化合物（检出率＞50％）展开讨论（图 2-13-2）。

TEP 是儿童肺组织中含量最高的 OPEs，占总 OPEs 的 4.65％～94.8％。相似的结果也在来自杭州的人群血清样本中观测到了，研究发现干燥综合征和健康对照组中 TEP 的人体负荷都是最高的，其平均值分别为 2.17ng/mL 和 3.63ng/mL。TBOEP 是儿童肺组织中第二常见的 OPEs，其几何均值±几何标准差（GMC±GSD）为（21.65±4.05)ng/g。二者较高的暴露可能是由于其在家居产品中的大量使用以及较高的蒸气压，使得它们更容易释放到空气中。尽管 TMP 和 TCP 在儿童肺组织中的暴露存在显著的负相关关系，但是二者的 GMC 值相近，分别为（17.68±7.18)ng/g 和（13.82±9.41)ng/g。其余的 4 种 OPEs（即 T*i*BP、T*n*BP、TCEP 和 TEHP）在肺组织中展示出相对较低的暴露水平，GMC 均低于 10ng/g，这可能主要归因于 OPEs 在人体内较短的半衰期，通常在几小时或者几天内就可以代谢并随尿液排出。

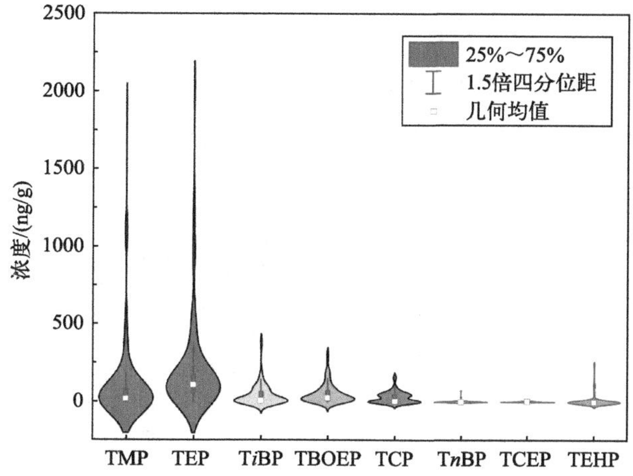

图 2-13-2　儿童肺组织中 8 种有机磷酸酯（检出率>50%）的浓度分布

越来越多的证据表明，儿童早期接触内分泌干扰物可能会影响神经内分泌系统的发育和成熟。因此，本研究也分析了儿童年龄与肺组织中 OPEs 分布的相关关系。结果显示 T*i*BP、TCP 和 T*n*BP 在儿童肺组织中的赋存水平与年龄显著相关（$p<0.05$ 或 $p<0.01$），说明年龄是影响这些化合物呼吸暴露的重要流行病学因素。图 2-13-3（a）结果表明，T*i*BP 和 TCP 暴露浓度与儿童年龄呈负相关，T*n*BP 暴露浓度与年龄呈正相关。Toms 等在分析人体血清样本中多溴联苯醚暴露时也发现了相似的结果。此外，图 2-13-3（b）和（c）结果表明，肺组织中 TEHP 的暴露也会随儿童发育阶段的不同展现出不同的浓度分布，如青春期肺部 THEP 的暴露浓度显著高于学步期和幼儿期，其余 5 种 OPEs 不随年龄或者发育阶段的变化发生显著性变化。

对于性别影响来说，绝大多数目标物质在儿童肺部的赋存并不因性别不同而展现出不同的特征。但是，T*i*BP 和 TBOEP 更容易在男孩的肺部累积，TMP 则更倾向于赋存在女孩的肺部（图 2-13-4）。相似的结果在之前的研究中也有报道，比如 You 等在探究人体血浆中多种化学品复合暴露时也发现，β-HCH、邻苯二甲酸单环己酯和 PFHxS 受性别影响很大。此外，两种 OPEs（即 TCP 和 TBOEP）在儿童肺组织中的暴露浓度也随居住城市的不同存在显著差异，二者的最大值都出现在小城市（城市常住人口 50 万以下）居住的儿童队列中，尤其是 TCP 在小城市儿童肺部的暴露浓度要显著高于中等、大和特大城市（城市常住人口 50 万以上）。前人研究也发现人群密度和城市化与空气质量有很大的相关性，大城市人口数量的增加会改善空气质量。但需要指出的是，本研究中来自小城市的儿童样本量较少，很可能也会影响上述分析结果。

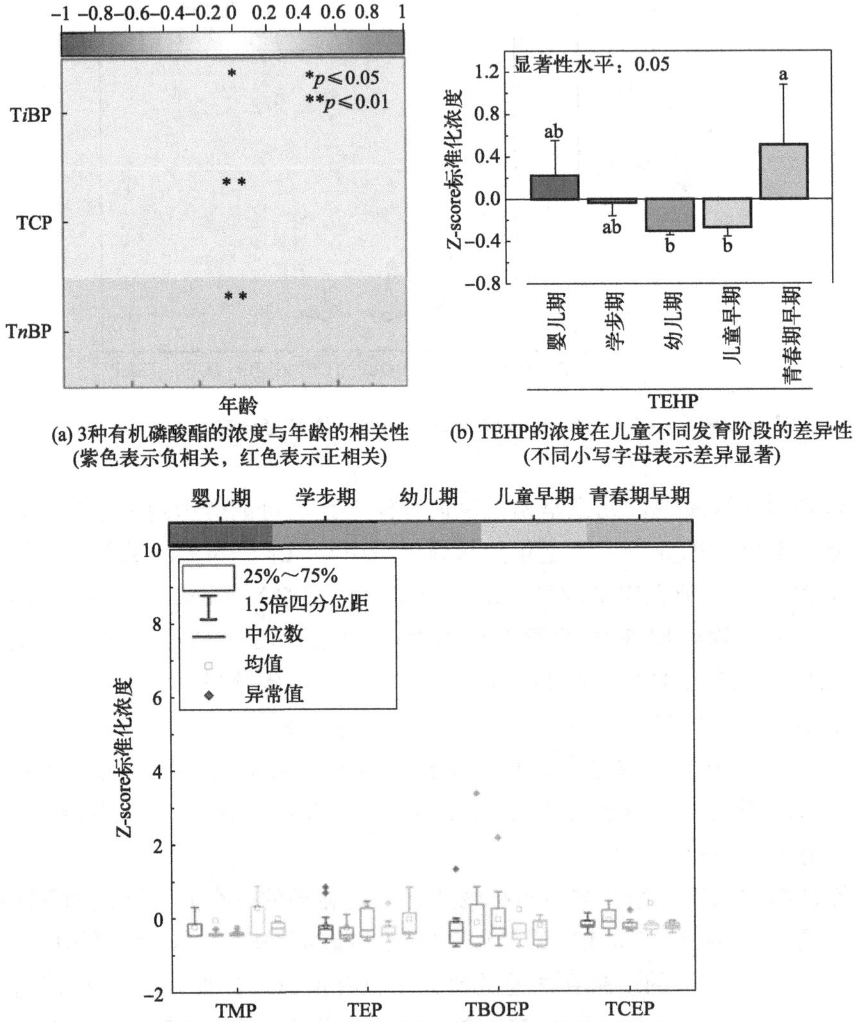

(a) 3种有机磷酸酯的浓度与年龄的相关性
(紫色表示负相关，红色表示正相关)

(b) TEHP的浓度在儿童不同发育阶段的差异性
(不同小写字母表示差异显著)

(c) 5种有机磷酸酯的浓度在儿童不同发育阶段的差异性

彩图

图 2-13-3　儿童年龄与肺组织中 8 种有机磷酸酯（检出率大于 50%）暴露的相关性

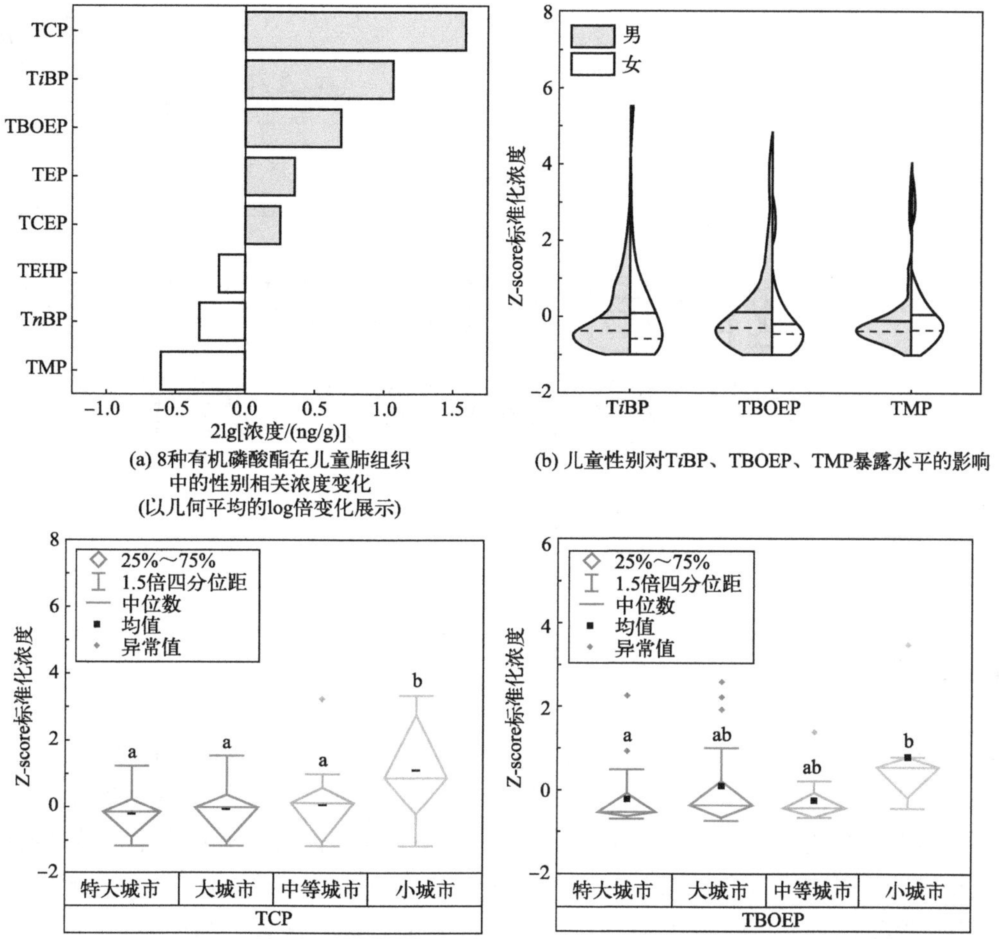

(a) 8种有机磷酸酯在儿童肺组织中的性别相关浓度变化(以几何平均的log倍变化展示)

(b) 儿童性别对TiBP、TBOEP、TMP暴露水平的影响

(c) 居住区域对TCP暴露水平的影响

(d) 居住区域对TBOEP暴露水平的影响

图 2-13-4 儿童性别和居住区域对肺组织中 8 种有机磷酸酯（检出率＞50%）暴露水平的影响（不同小写字母表示差异显著）

4. 结论与展望

本研究成功建立了一套液相色谱串联三重四极杆质谱分析方法，该方法能够定量分析呼吸摄入的 OPEs 在儿童肺部的暴露水平，实际上，该方法不仅能检测 OPEs，还能同时检测肺组织中其他 8 大类内分泌干扰物（包括有机磷酸酯代谢物、邻苯二甲酸酯、邻苯二甲酸酯代谢物、壬基酚、双酚类、烷基酚、二苯甲酮和三氯生）。鉴于环境中的新污染物种类繁多、成分复杂且浓度极低，未来的研究需要进一步优化前处理流程和质谱条件，发展多污染物共分析的技术，以期为制定环境保护政策和健康指南提供坚实的科学基础。

案例 14

越南同奈河表层沉积物中有机磷酸酯的赋存特征

1. 研究背景

有机磷酸酯（organophosphate esters，OPEs）是一类由链烃、卤代烃或芳烃为取代基的磷酸酯类化合物，图 2-14-1 给出了三类不同取代基的几种常见 OPEs 的结构式。OPEs 作为增塑剂和阻燃剂被广泛应用于塑料制品、电子设备、纺织品等工业产品中。随着溴代阻燃剂的全球禁用，其使用量急剧增加。统计显示，2008 年至 2017 年间，全球阻燃剂市场中 OPEs 的消费占比从 11%增加到 32%。然而，这类化合物不仅具有细胞毒性、基因毒性和内分泌干扰效应，其中氯代-OPEs，如磷酸三(2-氯乙基)酯（TCEP）和磷酸三(1,3-二氯异丙基）酯（TDCPP）更被证实具有致癌、致突变的风险，已成为备受关注的新污染物。

OPEs 通过物理均质作用被添加到材料中，容易通过挥发、浸出和磨损进入环境。现有研究表明，OPEs 已广泛赋存于空气、室内灰尘、地表水、沉积物及土壤等环境介质中。值得注意的是，河流沉积物作为 OPEs 的重要“汇”。尽管已有研究报道了美国的芝加哥运河、欧洲的 Adige 河和我国的珠江等水体沉积物中 OPEs 浓度显著高于传统多溴联苯醚，但全球范围内关于河流沉积物中 OPEs 的赋存特征研究仍较为有限，其环境归趋机制亟待深入探究。

越南作为快速工业化的发展中国家，在承接全球产业转移过程中面临严峻的环境挑战。胡志明市作为其经济核心区，2019 年贡献了全国约 23%的 GDP，但市政污水处理设施建设滞后，导致工业废水、医疗废物及生活污水中的污染物未经有效处理直接排入水体。同奈河（Dong Nai River）作为越南第一大河（全长 437km，流域面积 37330km^2），不仅是胡志明都市圈近 1900 万人口的重要水源，还承担着发电、航运和水产养殖等多重功能。然而现有研究多聚焦于该流域的富营养化进程、重金属迁移及传统有机污染物分布，对 OPEs 的环境行为研究尚属空白。特别值得注意的是，同奈河下游与汛苦河交汇形成的河口区域受潮汐作用影响显著，复杂的水动力条件可能通过改变沉积物再悬浮-沉降过程，进而影响 OPEs 的空间分布格局。解析河口沉积动力学过程与 OPEs 赋存特征的耦合关系，对制定针对性水环境管理策略具有重要意义。

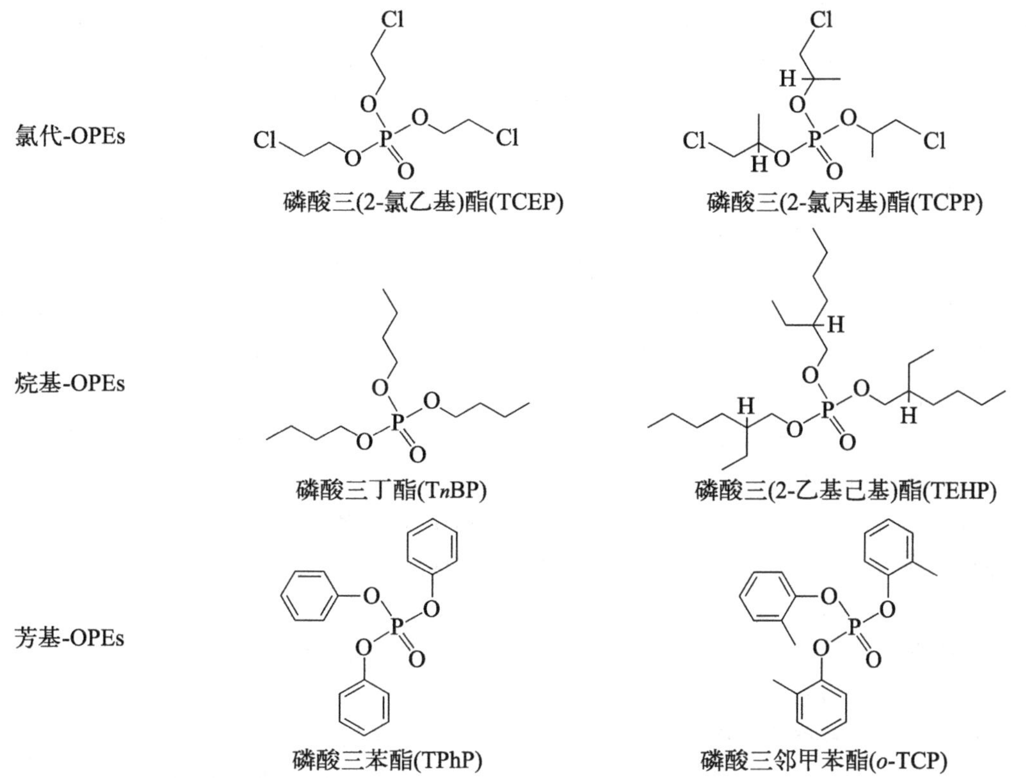

图 2-14-1　常见有机磷酸酯结构式

本研究首次系统开展越南同奈河水系表层沉积物中 OPEs 的赋存特征研究，通过分析 11 种典型 OPEs 的浓度水平、组成特征及空间分布规律，为越南新污染物的管控和法规制定提供基础数据。

2. 检测方法与质控

(1) 实验试剂与仪器

11 种 OPEs 标准样品，包括磷酸三（2-氯乙基）酯（TCEP）、磷酸三(2-氯丙基)酯(TCPP)、磷酸三(1,3-二氯异丙基)酯（TDCPP)、磷酸三丁酯（T*n*BP)、磷酸三(2-乙基己基)酯（TEHP)、磷酸三(丁氧基乙基)酯（TBEP)、磷酸三苯酯（TPhP)、2-乙基己基二苯基磷酸酯（DPEHP)、磷酸三对甲苯酯（*p*-TCP)、磷酸三邻甲苯酯（*o*-TCP)、磷酸三间甲苯酯（*m*-TCP)，以及 2 种内标（T*n*BP-d_{27} 和 TPhP-d_{15})，均采购自美国百灵威科技有限公司。将上述标准样品用正己烷稀释至 1mg/L，储存于棕色样品瓶中，并置于－20℃冰箱保存。有机溶剂（二氯甲烷、丙酮和正己烷）均为色谱纯，采购自上海安谱实验科技股份有限公司。

实验材料包括 Florisil 小柱（500mg，6mL)、20mL 玻璃管、玻璃移液管、2mL 棕色色谱小瓶和聚四氟乙烯色谱瓶瓶盖。所需仪器主要包括气相色谱-三重四极杆质谱仪（TSQ XLS，赛默飞)、超声清洗机（KQ5200E，昆山超声)、涡旋振荡仪（QB-228，其林贝尔)、离心机（TDL-5-A，上海安亭)、固相萃取仪（12 位，上海安谱)、氮吹仪（EFAA-AC-02，上海安谱)、真空冷冻干燥机（Scientz-12N，宁波新芝）等。

（2）样品采集

研究区域包括约 90km 长的同奈河干流和约 35km 长的汛苦河支流。纵断面上每个采样点的平均距离为 5km，实际采样点根据河流汇合处、工农业分布、河流弯道和采样可达性进行了调整。共布设了 48 个采样点，包括 12 个下游采样点（S1～S12)、11 个中游采样点（S13～S23)、15 个上游采样点（S24～S38）和 10 个支流采样点（T1～T10)。其中设置了 5 个垂直采样样带，每个样带由 6 个均匀分布的采样点组成。

在 2018 年 5 月，本研究采用 KS 抓取式取样器（15cm×15cm，2.7L，Rigo Co.，Ltd.）采集沉积物。在剔除砂砾和动植物残体后，将沉积物装入 100mL 带特氟龙盖的棕色玻璃罐中。样品置于低温避光环境保存并尽快转移至实验室。沉积物样品经真空冷冻干燥、充分研磨及过 100 目金属筛处理，在－20℃下冷冻保存。

（3）前处理流程

准确称取 2.00g 沉积物样品，并加入 6mL 丙酮-正己烷混合溶液（体积比为 1∶1)，经 1min 涡旋混合，30min 超声萃取（温度控制在 30℃±5℃）后，以 3000r/min 离心 5min，提取上清液。该步骤重复 3 次，收集的上清液经液氮吹浓缩至 2mL 后，通过活化的 Florisil 小柱（500mg，6mL）进行净化。Florisil 小柱分别加入 4mL 二氯甲烷和两次各加入 5mL 正己烷进行活化，进样后加入 3mL 的二氯甲烷-正己烷混合溶液（体积比为 1∶9）洗脱 3 次，收集所有的洗脱液。洗脱液经氮吹浓缩至 0.1mL 左右，加入 50ng 内标，用正己烷定容至 1mL，待测。

前处理过程中需要注意以下事项：①最大限度减少塑料制品的使用，以降低可能的人为污染；②所有的玻璃器皿使用前用大量自来水冲洗和超纯水清洗，在清洗烘干后放入马弗炉在 450℃焙烧 4h 后冷却备用，使用前用丙酮和正己烷依次淋洗。

（4）仪器分析条件

OPEs 采用气相色谱-三重四极杆质谱仪（GC-MS/MS）进行测定，色谱柱型号为 Rix-5MS（30m×0.25mm×0.25μm)。仪器进样口温度设定为 290℃，进样量为 1μL，采用不分流进样。升温程序设置为：初始柱温 90℃，保持 1min，以 10℃/min 的速率升至 220℃，再以 5℃/min 的速率升至 280℃，并保持 1min。载气为高纯氦气，柱流量设为 1.2mL/min，以高纯氩气作为碰撞气体。离子源和传输线接口的温度均设定为260℃。在质谱分析过程中，采用70eV电子电离模式结合选择反应监测模式（SRM）和内标法定量。11种OPEs和2种氘代OPEs的定性离子对、定量离子对与保留时间信息如表2-14-1所示。

表2-14-1　目标分析物的定性和定量参数

类别	中文名称	缩写	保留时间/min	定量参数		定性参数	
				离子对(m/z)	碰撞电压/V	离子对(m/z)	碰撞电压/V
氯代-OPEs	磷酸三(2-氯乙基)酯	TCEP	12.26	249～63	10	201～125	10
	磷酸三(2-氯丙基)酯	TCPP	12.67	125～99	10	201～99	10
	磷酸三(1,3-二氯异丙基)酯	TDCPP	18.56	191～75	10	211～99	10
烷基-OPEs	磷酸三丁酯	T*n*BP	10.95	99～81	10	155～99	10
	磷酸三(丁氧基乙基)酯	TBEP	19.40	199～45	10	199～57	10
	磷酸三(2-乙基己基)酯	TEHP	20.15	211～99	20	211～113	20
芳基-OPEs	磷酸三苯酯	TPhP	19.40	326～325	10	325～233	10
	2-乙基己基二苯基磷酸酯	DPEHP	19.73	251～153	10	251～250	10
	磷酸三邻甲苯酯	*o*-TCP	21.82	368～180	5	368～180	5
	磷酸三间甲苯酯	*m*-TCP	22.58	368～367	5	368～367	5
	磷酸三对甲苯酯	*p*-TCP	23.75	268～367	5	368～367	5
定量内标	磷酸三丁酯-d_{27}	T*n*BP-d_{27}	10.75	167～103	10	167～103	10
	磷酸三苯酯-d_{15}	TPhP-d_{15}	19.30	341～243	10	341～243	10

（5）质量控制和保证

OPEs的标准曲线的线性范围在5～200μg/L，其相关系数（R^2）大于0.995。样品分析过程中，每分析10个样品都加入一个平行样品、一个程序空白样品和一个溶剂空白样品进行质量控制。除T*n*BP外，其余OPEs在空白样品中都未检出。本研究报道的T*n*BP的浓度均进行了空白校正。每6个空白基质样品分别加入20ng/g（以干重计，下同）、50ng/g和80ng/g的OPEs混标，计算基质加标回收率。11种OPEs的回收率范围为66.9%～106%，平行样相对标准偏差（RSD）为1.44%～13.4%。仪器检测限（LOD）被设定为3倍信噪比（S/N），定量检测限（LOQ）被设定为10倍S/N。11种OPEs的仪器检测限和定量检测限分别为0.004～0.14ng/g和0.01～0.47ng/g。低于LOQ值设定为未检出（ND），参与统计时以二分之一LOD计算。

3. 方法应用

研究结果显示，越南同奈河水系表层沉积物中共检出了10种OPEs，其中*p*-TCP在所有样品中均未检出。从检出频率来看，TCPP、T*n*BP和TEHP表现为100%的检出率，TPhP、DPEHP和TCEP的检出率亦超过80%。这些目标物的高检出率反映出它们在当地的高使用频率特征。TBEP 的检出率约 50%，而 TDCPP、*m*-TCP 和 *o*-TCP 仅在不足 25% 的样品中被检出，且浓度大多低于定量限。10 种 OPEs 的总浓度（Σ_{10}OPEs）范围为 39.4～373ng/g [平均值为（128±61.7)ng/g]，其中最大值出现在同奈河中游 S22 采样点，最小值见于支流 T2 采样点。

图 2-14-2 进一步揭示了各 OPEs 组分的浓度分布特征。氯代-OPEs 占据绝对主导地位，其贡献率达 81.3%，显著高于烷基-OPEs（17.4%）和芳基-OPEs（1.36%）。具体而言，TCPP 作为优势组分，其浓度范围为 25.3～329ng/g，平均浓度为（104±55.8)ng/g，占 Σ_{10}OPEs 的 43.9%～92.7%。T*n*BP 和 TEHP 也是主要种类，其浓度范围分别为 2.34～69.8ng/g 和 0.62～7.90ng/g，平均浓度分别为（19.5±14.1)ng/g 和（2.19±1.56)ng/g。其余 7 种 OPEs 的浓度水平相对较低，平均浓度均未超过 1.00ng/g。

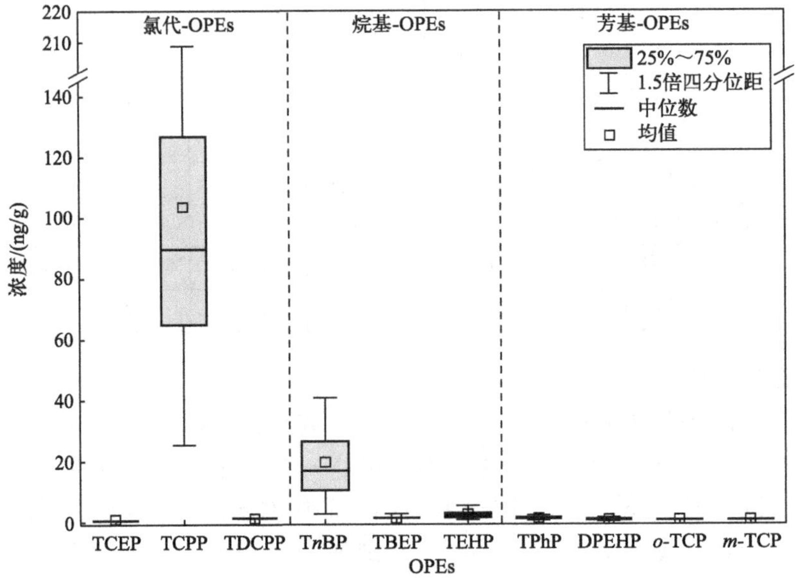

图 2-14-2　越南同奈河水系表层沉积物中 OPEs 的浓度分布

图 2-14-3 给出了同奈河水系 OPEs 的纵向分布情况。Σ_{10}OPEs 浓度整体呈现中游＞下游＞上游的空间变化趋势。上游河段（S24～S38），除 S33 采样点（257ng/g）出现异常高值外，其余采样点的 Σ_{10}OPEs 浓度在 85.7～172ng/g 范围内波动，未呈现沿水流方向的显著变化趋势。中游河段（S13～S23）的 Σ_{10}OPEs 浓度随水流方向递增（由 115ng/g 增至 373ng/g)，这主要归因于河岸密集分布汽车制造、纺织加工及电子组装等工业园区，表明工业源输入是主要贡献途径。值得注意的是，受纳胡志明市污废水的西贡河汇入后的 S22 采样点的检出浓度最高，印证了胡志明市污水对该河段 OPEs 负荷的重要影响。然而进入下游农业区后，Σ_{10}OPEs 浓度从 149ng/g 降低至 84.3ng/g，可能归因于水体的稀释效应。

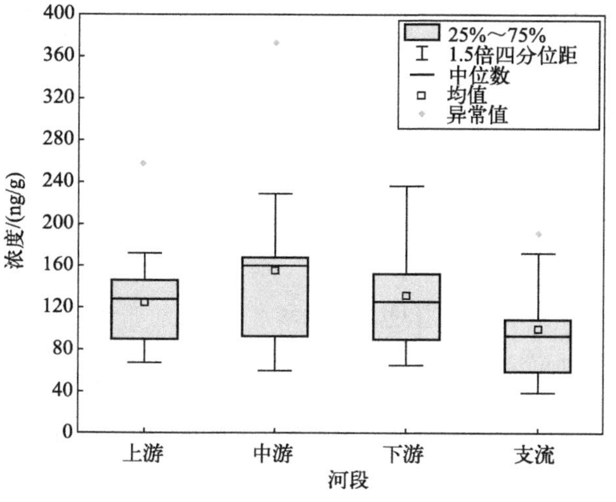

图 2-14-3 越南同奈河水系沉积物中 OPEs 的空间分布

支流中也出现了类似的变化趋势。从汛苦河上游到下游，Σ_{10}OPEs 浓度从 39.4ng/g 增加到 192ng/g，随后降低到 89.4ng/g，表明汛苦河的中下游有 OPEs 的潜在输入源，且下游河段受水体稀释作用明显。特别是在汛苦河与同奈河交汇处（S4 采样点），Σ_{10}OPEs 浓度高达 214ng/g。结合水文观测数据，该现象与强烈的潮汐作用密切相关，潮汐作用会驱动 OPEs 从沉积物中再悬浮释放，还会促进 OPEs 的迁移和回荡，导致其在入海口处积累。Wilcoxon 秩和检验表明各个河段 Σ_{10}OPEs 总浓度差异未达到显著水平（$p>0.05$），说明强烈的河流-潮汐耦合作用通过增强沉积物-水界面交换，加速了 OPEs 的空间均质化过程。

图 2-14-4 进一步展示了河流断面的横向分布特征。这五个采样断面基本都呈现左岸浓度显著高于右岸的空间格局，这与胡志明市工业区集中在左岸的实际情况高度吻合。具体而言，近左岸的 Σ_{10}OPEs 浓度可达右岸的 2.4～3.6 倍，直观反映了城市陆源输入的主导作用。不过，中游断面的中间采样点（S15）Σ_{10}OPEs 浓度高于左岸采样点。这可能是该断面具有相对较高的河道弯曲度，导致细粒径沉积物（OPEs 主要载体）更易在河道中心沉积，而粗粒径沉积物在两岸堆积。

4. 结论与展望

本研究成功建立了一套基于 GC-MS/MS 的 OPEs 分析方法，该方法可用于精确定量表层沉积物中 11 种 OPEs 的浓度水平。该方法具有前处理流程简单、方法检出限低、重复性好等优点。方法的加标回收率为 66.9%～106%，RSD 为 1.44%～13.4%，说明方法回收率良好、重现性较好，完全满足沉积物中 OPEs 检测要求。该方法克服了沉积物基质复杂、目标物浓度低的检测难点，为 OPEs 的环境监测提供了可靠技术支撑。应用本方法对越南同奈河的研究表明，研究区 OPEs 浓度呈现显著的人源驱动特征——工业密集区毗邻位点浓度可达背景值的 6～10 倍，印证了生产消费活动的主导作用。结合空间分布和水动力特征进一步揭示，河流-潮汐耦合作用通过调控沉积物运移-再沉积过程，导致河口区形成 OPEs 的"临时汇"。这些发现为解析新污染物的"源-汇"机制提供了典型案例。

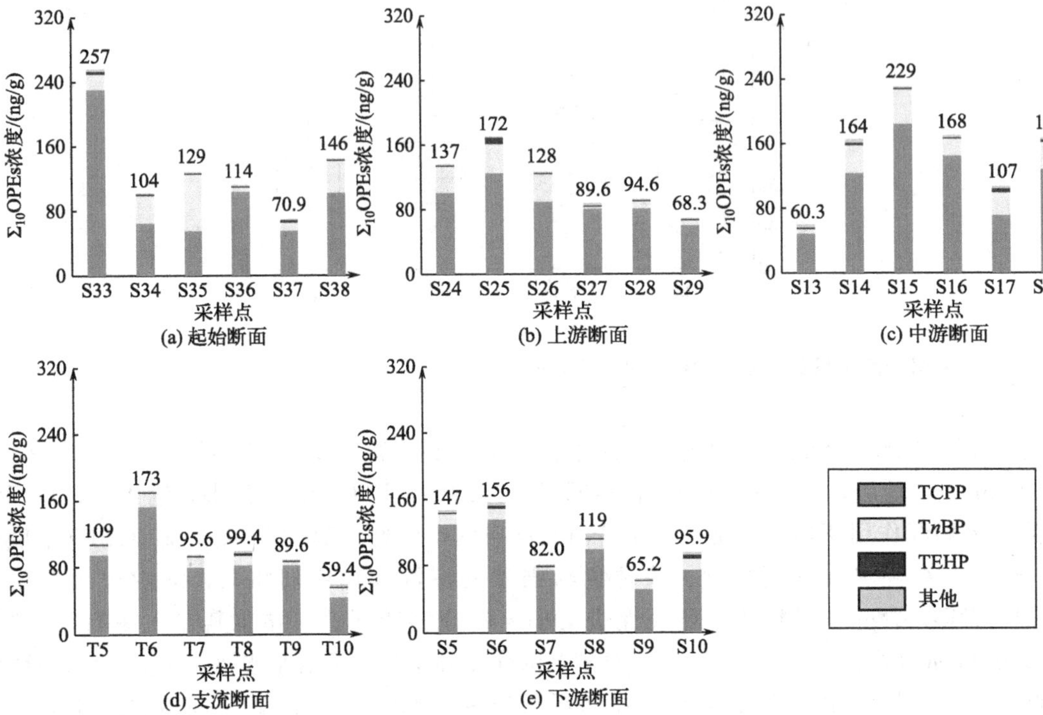

图 2-14-4 越南同奈河横断面沉积物中 OPEs 的空间分布

案例15

河口潮滩沉积物中全氟化合物的赋存特征

1. 研究背景

全氟化合物（perfluorinated compounds，PFCs）是一类人工合成的持久性有机污染物。由于 PFCs 具有强耐热性、表面活性以及优越的疏水疏油性等性质，自 20 世纪 40 年代以来已被大量生产并广泛用于工业领域和商业产品中，包括油墨、清漆、蜡、泡沫灭火器、金属电镀、皮革涂层、润滑剂和地毯等工业生产和日用纺织品制造。氟原子在卤素中电负性最大，所以构成 PFCs 骨架的 C—F 共价键非常坚固。而 PFCs 固有的这种持久性全氟烷基部分使它们具有耐水解、耐光解、不易代谢、抗氧化和抗生物降解能力，使得 PFCs 普遍存在于水体和沉积物等复杂环境基质中。

样品中 PFCs 的检测分为仪器检测方法和样品前处理两部分。目前，针对不同的领域开发了各种 PFCs 检测方法，荧光和电化学检测适用于有限空间中快速、经济、有效定量检测，紫外检测和比色传感也是 PFCs 分析的可行方法，对技术知识、设备和空间要求较低。高效液相色谱串联质谱法检测全氟化合物具有灵敏度高、精确度高的特点，能够准确地对低浓度样品进行检测。样品前处理能达到去除杂质、提高检测精度的目的，对于 PFCs 样品研究者们开发了多种前处理方法。离子对萃取法操作简便，能大大节省溶剂，但存在引入污染的风险。固相微萃取是一种将采样、分离和富集整合到一个步骤中的无溶剂样品预处理技术，与环境质谱耦合可以实现对复杂样品中痕量分析物的高灵敏度和高选择性测定。加速溶剂萃取常用于固相样品的处理，能够快速萃取，且回收率较高。对于环境多介质样品，固相萃取是应用较广泛的样品前处理方法，可从大量干扰物质中提取 PFCs 并纯化基质。总的来说，样品基质不同，前处理方法有所不同，但都需要经过一系列的样品预处理、样品萃取与净化过程，排除有机物质如脂质、蛋白质、色素以及腐殖酸和富里酸等杂质的干扰后，再进行仪器检测。

目前，国内外对于全氟化合物的样品前处理方法和质谱检测方法没有统一的标准。以环境介质中全氟化合物测定标准分析方法为例，国际标准化组织于 2009 年率先颁布了 ISO 25101：2009 水质全氟辛基磺酸（PFOS）和全氟辛酸（PFOA）的测定标准，规定了采用高效液相色谱串联质谱法测定未经过滤的饮用水、地下水和地表水（淡水和海水）样品中两种线性异构体的方法。美国环保署（USEPA）分别于 2019 年和 2020 年发布了饮用水、地表水、地下水、废水和固体中 20 余种 PFCs 的标准分析方法（EPA 533—2019/EPA 8327—2019/EPA 537.1—2020），在 2022 年修订的 EPA 1633 草案中又制定了废水、地表水、地下水、垃圾渗滤液和土壤等环境介质中 37 种 PFCs 的标准分析方法，为全域新污染物调查监测获得高可比性结果奠定了基础。我国江苏省于 2021 年针对地表水发布了地方标准《水质　17 种全氟化合物的测定　高效液相色谱串联质谱法》（DB32/T 4004—2021），2023 年我国针对水体和土壤中 PFOA 和 PFOS 发布了行业标准（HJ 1333—2023/HJ 1334—2023）。总体来讲，国内外现有的标准方法虽然都采用了固相萃取联合超高效液相色谱串联质谱法来检测氟化物，但是萃取、净化前处理条件差异大，溶剂消耗量大，也导致前处理浓缩过程较费时，可检测的目标物种类也比较少，尤其是我国暂未形成针对复杂环境多介质中多种 PFCs 检测的国标方法，迫切需要建立适合多种全氟化合物同时检测且灵敏可靠的样品前处理和定量检测技术方法，以满足我国新污染物防治攻坚战对多源多介质中 PFCs 含量的快速精准监测分析的迫切需求。

因此，本案例选取河口潮滩沉积物作为研究介质，以部分传统和新型氟化物为代表性目标物，在已有方法基础上对复杂基质中全氟化合物检测方法进行了优化，并探明潮滩沉积物中氟化物赋存特征及来源，以期为未来新污染物治理和防控工作提供科学的数据支撑。

2. 检测方法与质控

（1）实验材料与仪器

① 试剂

色谱纯（HPLC 级）甲醇、丙酮和乙酸铵，以及优级纯氨水（质量分数为 25%）和乙酸购自上海安谱实验科技股份有限公司；实验用水为 Millipore 超纯水。本实验所需试剂配制过程如下：

氨水/甲醇溶液：量取 2mL 氨水加入 498mL 甲醇中，混匀得到浓度为 0.1%的溶液；量取 10mL 氨水加入 490mL 甲醇，混匀得到浓度为 0.5%的溶液；量取 20mL 氨水加入 480mL 甲醇，混匀得到浓度为 1%的溶液。

乙酸铵水溶液：称取 0.0308g 乙酸铵溶于 200mL 超纯水，混匀得到浓度为 2mmol/L 的溶液；称取 0.077g 乙酸铵溶于 200mL 超纯水，混匀得到浓度为 5mmol/L 的溶液；称取 0.154g 乙酸铵溶于 200mL 超纯水，混匀得到浓度为 10mmol/L 的溶液；称取 1.927g 乙酸铵溶于 1L 超纯水，混匀得到浓度为 25mmol/L 的溶液。

② 实验材料

所需实验材料主要包括 Oasis WAX SPE 柱（150mg，6mL）、氮气（纯度≥99.99%）、0.22μm 有机相滤膜和聚丙烯材质容器（离心管、无菌枪头、注射器、进样小瓶等）。

注意事项：氟化物容易吸附在玻璃上，因此注意氟化物检测所需耗材避免使用玻璃制品，尽可能地选用不含氟的塑料制品（聚乙烯、聚丙烯等材质均可）。

③ 标准样品

41 种全氟化合物母液标准样品包括全氟辛酸（PFOA）、全氟丁酸（PFBA）、全氟戊酸（PFPeA）、全氟己酸（PFHxA）、全氟庚酸（PFHpA）、全氟壬酸（PFNA）、全氟癸酸（PFDA）、全氟十一酸（PFUdA）、全氟十二酸（PFDoA）、全氟十三酸（PFTrDA）、全氟十四酸（PFTeDA）、全氟十六酸（PFHxDA）、全氟十八酸（PFODA）、全氟辛基磺酸（PFOS）、全氟丁烷磺酸（PFBS）、全氟戊烷磺酸（PFPeS）、全氟己基磺酸（PFHxS）、全氟庚烷磺酸（PFHpS）、全氟壬烷磺酸（PFNS）、全氟癸烷磺酸（PFDS）、全氟-4-乙基环己烷磺酸盐（PFECHS）、8-氯全氟辛烷磺酸钠（Cl-PFOS）、9-氯全氟-3-壬氧基磺酸钾（6:2Cl-PFESA）、11-氯二十碳氟-3-氧十一烷-1-磺酸钾（8:2Cl-PFESA）、全氟磺酸钾（PFEESA）、4,8-二氧杂-3*H*-全氟壬酸钠（NaDONA）、全氟-5-氧杂己酸（PFMBA）、全氟-3,6-二氧杂庚酸（NFDHA）、2,3,3,3-四氟-2-(1,1,2,2,3,3,3-七氟丙氧基)-丙酸（HFPO-DA）、全氟辛烷磺酰胺（FOSA）、2-(*N*-甲基全氟辛烷磺酰氨基）乙酸（*N*-MeFOSAA）、*N*-乙基全氟-1-辛烷磺酰胺乙酸（*N*-EtFOSAA）、$^{1}H,^{1}H,^{2}H,^{2}H$-全氟己烷磺酸（4:2 FTS）、$^{1}H,^{1}H,^{2}H,^{2}H$-全氟辛烷磺酸（6:2 FTS）、$^{1}H,^{1}H,^{2}H,^{2}H$-全氟癸磺酸（8:2 FTS）、$^{1}H,^{1}H,^{2}H,^{2}H$-全氟十二烷磺酸（10:2 FTS）、双($^{1}H,^{1}H,^{2}H,^{2}H$-全氟辛基)磷酸（6:2 diPAP）、双($^{1}H,^{1}H,^{2}H,^{2}H$-全氟癸基)磷酸钠（8:2 diPAP）、双(全氟己基)次膦酸钠（6:6 PFPi）、全氟己基（全氟辛基）次磷酸钠（6:8 PFPi）、双(全氟辛基)次膦酸钠（8:8 PFPi）。17 种全氟化合物同位素内标标准样品包括$^{13}C_3$-PFHxS、$^{13}C_4$-PFBA、$^{13}C_5$-PFPeA、$^{13}C_5$-PFHxA、$^{13}C_4$-PFHpA、$^{13}C_8$-PFOA、$^{13}C_9$-PFNA、$^{13}C_6$-PFDA、$^{13}C_7$-PFUdA、$^{13}C_2$-PFDoA、$^{13}C_2$-PFTeDA、$^{13}C_2$-PFHxDA、$^{13}C_8$-PFOS、$^{13}C_3$-HFPO-DA、$^{13}C_2$-6：2FTS、$^{13}C_8$-FOSA、$^{13}C_3$-PFBS。这些标准样品均购自美国 Wellington 标准样品公司。

④ 标准曲线配制

41 种全氟化合物混合标准贮备溶液：41 种氟化物单标母液（50μg/mL＝50000μg/L），各取 40μL 用甲醇稀释为 1mL，得到 2000μg/L 标准贮备液。

17 种混合同位素内标贮备液：17 种内标单标母液（50μg/mL＝50000μg/L），各取 40μL 用甲醇稀释为 1mL，得到 2000μg/L 内标贮备液。所有标准溶液均在 4℃条件下储存。

将上述混标进一步稀释成 200μg/L 混标使用液，分别在 41 种全氟化合物混标（浓度为 200μg/L）中加入 50μL 17 种氟化物内标混合液（浓度为 200μg/L），用甲醇配制浓度分别为 1μg/L、5μg/L、10μg/L、50μg/L 和 100μg/L 的全氟化合物混合标准溶液。

⑤ 仪器

所需仪器主要包括超高效液相色谱串联质谱仪（Xevo TQ-S，Waters）、涡旋仪（BK-MAMLAB）、平行定量浓缩仪（MultiVap-8，莱伯泰科）、超声波清洗机（SB-5200DTD，宁波新芝）、电子分析天平（Sartorius）、手动固相萃取装置和真空抽气泵（CNW）。

（2）样品采集

于 2019 年 4 月和 2023 年 4 月分别采集 8 份长江口潮滩表层沉积物样品，具体采样点分布如表 2-15-1 所示。退潮后采集表层沉积物样品（0.5～5cm），并转移至灭菌的塑料袋中，所有样品均用冰袋保存运至实验室后于－20℃冷冻保存。

表 2-15-1　长江口潮滩表层沉积物采样点信息

采样点	采样点缩写	经度	纬度
浒浦	XP	121°56′11″E	31°45′49″N
七浦河河口	QYK	121°14′21″E	31°36′33″N
浏河河口	LHK	121°17′56″E	31°31′4″N
石洞口河口	SDK	121°23′49″E	31°28′41″N
吴淞口	WSK	121°30′39″E	31°23′28″N
三岔口	SCK	121°45′26″E	31°14′32″N
大治河	DZH	121°53′30″E	31°4′26″N
芦潮港	LCG	121°45′26″E	30°50′01″N

（3）前处理流程

将潮滩沉积物剔除动植物残体后冷冻干燥、研磨，过 100 目筛，过筛后的样品在－20℃冷冻保存。将 2g 预处理后的沉积物样品置于 50mL 聚丙烯离心管中，加入 0.5g 铜粉、10mL 甲醇和 10ng 17 种氟化物内标混合物，涡旋振荡混合 1min，在 30℃水浴下、以 40kHz 的功率超声萃取 10min，然后在 5000r/min 的转速下离心 6min，重复超声萃取和离心两次，合并上清液。用聚丙烯针式过滤器吸取合并后的上清液并过 0.45μm 有机相滤膜去除颗粒物，将滤液倒入平行定量浓缩仪浓缩杯中，在 38～40℃的水浴中进行氮吹浓缩处理，得到 0.5mL 浓缩液，氮吹压力为 3～4psi；浓缩液加超纯水进行稀释，稀释液中甲醇的体积含量≤20%。依次用 4mL 0.5%氨水/甲醇溶液、4mL 甲醇和 4mL 超纯水活化平衡 WAX 柱（150mg，6mL），在添加溶剂进行活化的过程中始终保持柱头湿润，以去除残留在柱子上的溶剂和杂质。将上述固体样品浓缩液用 5mL 超纯水稀释，用聚丙烯吸液管反复多次吸取上述稀释液冲洗浓缩杯内壁，然后用吸液管将稀释液转移至 WAX 柱中，以 1 滴/s 的速度使稀释液在负压下流过 WAX 柱。用 4mL 的 2mmol/L 乙酸铵溶液（用乙酸调 pH 值为 3）淋洗固相萃取柱，在酸性条件下全部目标物均被固定在 WAX 柱上，此前的样品和淋洗液均弃置。继续抽真空 10min 将 WAX 柱抽干，使杂质和淋洗液完全流出。依次用 4mL 甲醇和 1mL 的 0.5%氨水/甲醇溶液洗脱 WAX 柱，用 15mL 聚丙烯离心管收集洗脱液，将收集到的洗脱液在平行定量浓缩仪上氮吹浓缩至 0.5mL，用聚丙烯注射器吸取浓缩液并过 0.22μm 有机相滤膜后，转移到 2mL 聚丙烯进样小瓶中，定容至 1mL，4℃保存待测。

（4）仪器分析条件

采用超高效液相色谱串联质谱仪（UPLC-MS-MS）对待测液进行检测。液相色谱条件为：在二元溶剂泵与进样器之间串联一根 C_{18} 捕集柱以消除仪器含氟塑料组件的背景干扰；

流动相 A 和 B 分别为 2mmol/L 乙酸铵水溶液和甲醇，色谱柱为 ACQUITY UPLC BEH C_{18} 柱（2.1mm×50mm×1.7μm），柱流速 0.3mL/min，进样量 2μL。流动相梯度洗脱条件为：0～0.5min，初始条件为 10% B 相，0.5～3min，B 相比例增至 45%，3～6.5min，B 相比例增至 75%，6.5～11min，B 相比例增至 95%，11～11.1min，B 相比例降至 10%，平衡 2min。质谱条件为：ESI 源，负离子模式，多反应监测（MRM），相关参数详见表 2-15-2。去溶剂气流量为 800L/h，去溶剂气温度为 500℃，锥孔气流量为 150L/h，雾化气为氮气，载气为高纯氩气。根据内标法绘制关于目标氟化物浓度与峰面积的标准曲线，所得到的 41 种全氟化合物标准曲线的相关系数 R^2 均大于 0.99，可以进行实际样品检测和精准定量分析。

表 2-15-2　主要全氟化合物名称、缩写、分子式、母离子及子离子

化合物名称	缩写	分子式	母离子 (m/z)	子离子 (m/z)
$^1H,^1H,^2H,^2H$-全氟十二烷磺酸	10:2FTS	$C_{12}H_4F_{21}SO_3Na$	626.9	81/606.8
$^1H,^1H,^2H,^2H$-全氟己烷磺酸	4:2FTS	$C_6H_4F_9SO_3Na$	326.8	81/307.2
9-氯全氟-3-壬氧基磺酸钾	6:2Cl-PFESA	$C_8F_{16}ClSO_4K$	530.9	83/350.9
双($^1H,^1H,^2H,^2H$-全氟辛基)磷酸	6:2diPAP	$C_{16}H_8F_{26}O_4PNa$	788.9	97/442.9
$^1H,^1H,^2H,^2H$-全氟辛烷磺酸	6:2FTS	$C_8H_4F_{13}SO_3Na$	426.9	81.1/406.7
双(全氟己基)次膦酸钠	6:6PFPi	$C_{12}F_{26}O_2PNa$	701	62.8/100.8
全氟己基(全氟辛基)次磷酸钠	6:8PFPi	$C_{14}F_{30}O_2PNa$	801	400.6/500.7
11-氯二十碳氟-3-氧十一烷-1-磺酸钾	8:2Cl-PFESA	$C_{10}F_{20}ClSO_4K$	630.9	83/450.9
双($^1H,^1H,^2H,^2H$-全氟癸基)磷酸钠	8:2diPAP	$C_{20}H_8F_{34}O_4PNa$	988.8	96.9/542.8
$^1H,^1H,^2H,^2H$-全氟癸磺酸	8:2FTS	$C_{10}H_4F_{17}SO_3Na$	526.9	80.9/506.9
双(全氟辛基)次膦酸钠	8:8PFPi	$C_{16}F_{34}O_2PNa$	900.9	63.1/500.9
4.8-二氧杂-3*H*-全氟壬酸钠	NaDONA	$C_7HF_{12}O_4Na$	376.8	85/251
8-氯全氟辛烷磺酸钠	Cl-PFOS	$C_8ClF_{16}SO_3Na$	514.8	80.1/98.8
全氟辛烷磺酰胺	FOSA	$C_8H_2F_{17}NO_2S$	497.9	78/169
2,3,3,3-四氟-2-(1,1,2,2,3,3,3-七氟丙氧基)-丙酸	HFPO-DA(GenX)	$C_6HF_{11}O_3$	285	169
N-乙基全氟-1-辛烷磺酰胺乙酸	*N*-EtFOSAA	$C_{12}H_8F_{17}NO_4S$	584	418.9/525.7
全氟-3,6-二氧杂庚酸	NFDHA (3,6-OPFHpA)	$C_5HF_9O_4$	201	85
2-(*N*-甲基全氟辛烷磺酰氨基)乙酸	*N*-MeFOSAA	$C_{11}H_6F_{17}NO_4S$	569.9	219/419
全氟丁酸	PFBA	$C_4HF_7O_2$	212.9	168.8
全氟丁烷磺酸	PFBS	$C_4HF_9O_3S$	299.1	79.9/98.8
全氟癸酸	PFDA	$C_{10}HF_{1902}$	512.9	218.8/469.0

续表

化合物名称	缩写	分子式	母离子 (*m/z*)	子离子 (*m/z*)
全氟十二酸	PFDoA	$C_{12}HF_{23}O_2$	612.8	168.8/569.0
全氟癸烷磺酸	PFDS	$C_{10}HF_{21}O_3S$	598.8	80.0/99.0
全氟-4-乙基环己烷磺酸盐	PFECHS	$C_8F_{15}SO_3K$	460.9	99.1/380.9
全氟磺酸钾	PFEESA	$C_4F_9SO_4K$	314.9	83/135
全氟庚酸	PFHpA	$C_7HF_{13}O_2$	362.9	168.9/318.9
全氟庚烷磺酸	PFHpS	$C_7HF_{15}O_3S$	448.9	80.0/99.0
全氟己酸	PFHxA	$C_6HF_{11}O_2$	312.9	119/268.9
全氟十六酸	PFHxDA	$C_{16}HF_{31}O_2$	812.9	168.9/769.0
全氟己基磺酸	PFHxS	$C_6HF_{13}O_3S$	398.9	80.0/99.0
全氟-5-氧杂己酸	PFMBA	$C_5HF_9O_3$	278.9	85/235
全氟壬酸	PFNA	$C_9HF_{17}O_2$	462.9	219/418.9
全氟壬烷磺酸	PFNS	$C_9HF_{19}O_3S$	548.9	80.0/99.0
全氟辛酸	PFOA	$C_8HF_{15}O_2$	412.9	168.8/368.9
全氟十八酸	PFODA	$C_{18}HF_{35}O_2$	912.9	168.9/869.0
全氟辛基磺酸	PFOS	$C_8HF_{17}O_3S$	498.9	79.8/99.1
全氟戊酸	PFPeA	$C_5HF_9O_2$	262.9	218.8
全氟戊烷磺酸	PFPeS	$C_5HF_{11}O_3S$	348.9	80.1/99.0
全氟十四酸	PFTeDA	$C_{14}HF_{27}O_2$	712.9	168.9/669.1
全氟十三酸	PFTrDA	$C_{13}HF_{25}O_2$	662.9	168.9/619
全氟十一酸	PFUdA	$C_{11}HF_{21}O_2$	562.9	269.0/518.9
全氟丁酸-$^{13}C_4$	PFBA-$^{13}C_4$	$^{13}C_4HF_7O_2$	217	172
全氟戊酸-$^{13}C_5$	PFPeA-$^{13}C_5$	$^{13}C_5HF_9O_2$	267.9	223
2,3,3,3-四氟-2-(1,1,2,2,3,3,3-七氟丙氧基)-丙酸-$^{13}C_3$	HFPO-DA-$^{13}C_3$	$^{13}C_3{}^{12}C_3HF_{11}O_3$	287	169
全氟丁烷磺酸-$^{13}C_3$	PFBS-$^{13}C_3$	$^{13}C_3{}^{12}CF_9SO_3Na$	301.9	80/99
全氟己酸-$^{13}C_5$	PFHxA-$^{13}C_5$	$^{13}C_5{}^{12}C_1HF_{11}O_2$	317.9	119.9/272.9
全氟庚酸-$^{13}C_4$	PFHpA-$^{13}C_4$	$^{13}C_4{}^{12}C_3HF_{13}O_2$	366.9	169/321.9
全氟己基磺酸-$^{13}C_3$	PFHxS-$^{13}C_3$	$^{13}C_3{}^{12}C_3F_{13}SO_3Na$	401.9	80.1/99.1
全氟辛酸-$^{13}C_8$	PFOA-$^{13}C_8$	$^{13}C_8HF_{15}O_2$	421	172/376
$^1H,^1H,^2H,^2H$-全氟辛烷磺酸-$^{13}C_2$	6:2FTS-$^{13}C_2$	$^{13}C_2{}^{12}C_6HF_{13}SO_3Na$	428.9	408.8/81
全氟壬酸-$^{13}C_9$	PFNA-$^{13}C_9$	$^{13}C_9HF_{17}O_2$	471.9	223/426.9

续表

化合物名称	缩写	分子式	母离子 (m/z)	子离子 (m/z)
全氟辛烷磺酰胺-$^{13}C_8$	FOSA-$^{13}C_8$	$^{13}C_8H_2F_{17}NO_2S$	506	78
全氟辛基磺酸-$^{13}C_8$	PFOS-$^{13}C_8$	$^{13}C_8F_{17}SO_3Na$	506.9	80.1/99.1
全氟癸酸-$^{13}C_6$	PFDA-$^{13}C_6$	$^{13}C_6{}^{12}C_4HF_{19}O_2$	518.9	223/473.9
全氟十一酸-$^{13}C_7$	PFUdA-$^{13}C_7$	$^{13}C_7{}^{12}C_4HF_{21}O_2$	569.9	274/524.9
全氟十二酸-$^{13}C_2$	PFDoA-$^{13}C_2$	$^{13}C_2{}^{12}C_{10}HF_{23}O_2$	614.9	169/569.9
全氟十四酸-$^{13}C_2$	PFTeDA-$^{13}C_2$	$^{13}C_2{}^{12}C_{12}HF_{27}O_2$	714.9	169/669.9
全氟十六酸-$^{13}C_2$	PFHxDA-$^{13}C_2$	$^{13}C_2{}^{12}C_{14}HF_{31}O_2$	815	169.3/769.9

(5) 质量控制与质量保证

全实验流程使用平行样检测、空白加标、基质加标等方法进行数据质控，即每10个样品至少做一个空白样品、一个基质加标和一个平行样。空白试验中不添加待测样品，其他条件均和待测样品的检测条件相同，重复7次空白试验，计算7次平行测定目标物含量值的标准偏差，并乘以置信度为99%时 t 值（自由度为6）即为方法检出限（MDL）。随机抽取若干个实际样品，加入10ng目标物混合标准样品溶液，进行基质加标试验，按照待测样品的方法重复测定3次。随机抽取若干个实际样品，各称取2份平行样，按照上述方法重复测定3次，计算平行样相对标准偏差（RSD）。如表2-15-3所示，41种目标氟化物的MDL为0.01～0.34ng，基质加标回收率为67.9%～174.9%，平行样RSD为0.22%～28.1%。本研究中目标物浓度数据未进行回收率校正。

表2-15-3 全氟化合物的方法检出限、基质加标回收率和平行样相对标准偏差

化合物	MDL /ng	基质加标回收率/%	平行样RSD/%	化合物	MDL /ng	基质加标回收率/%	平行样RSD/%
8:2diPAP	0.13	127.9	19.42	Cl-PFOS	0.01	94.0	5.19
PFODA	0.06	93.9	11.84	PFDA	0.28	120.4	17.6
8:8PFPi	0.02	120.5	0.37	PFOS	0.10	110.7	18.4
PFHxDA	0.09	104.4	9.15	POSA	0.05	97.1	5.85
6:8PFPi	0.02	133.1	16.19	PFNA	0.14	110.6	13.5
6:2diPAP	0.08	160.4	15.15	PFECHS	0.15	110.8	0.52
PFTeDA	0.10	121.4	5.56	PFHpS	0.21	97.9	8.58
6:6PFPi	0.04	165.6	10.14	6:2FTS	0.04	174.9	23.8
PFTrDA	0.06	103.9	7.38	PFOA	0.23	102.6	23.3
8:2Cl-PFESA	0.01	95.5	5.26	PFHxS	0.02	100.1	4.67
10:2FTS	0.02	112.0	0.34	NaDONA	0.01	83.6	0.22
PFDoA	0.05	107.1	25.16	PFHpA	0.34	104.2	8.38

续表

化合物	MDL /ng	基质加标回收率/%	平行样RSD/%	化合物	MDL /ng	基质加标回收率/%	平行样RSD/%
PFDS	0.14	98.8	7.18	PFPeS	0.03	112.7	5.13
N-EtFOSAA	0.05	162.9	17.99	4:2FTS	0.03	78.8	0.75
N-MeFOSAA	0.13	147.1	9.62	PFEESA	0.03	85.3	0.77
PFUdA	0.31	98.7	13.7	PFHxA	0.04	109.8	13.7
PFNS	0.02	106.5	5.82	PFBS	0.06	75.4	20.3
6:2Cl-PFESA	0.03	95.3	5.32	HFPO-DA	0.09	96.8	2.23
8:2FTS	0.03	109.2	0.45	PFMBA	0.13	96.6	1.46
NFDHA	0.12	129.1	6.47	PFPeA	0.18	67.9	28.1
PFBA	0.03	92.1	1.55	—	—	—	—

3. 方法应用

在长江口潮滩沉积物样品中，68.3%的目标物检出率超过 70%，只有不到 10%的目标物未被检出，主要是一些前体物和新型氟化物，高的氟化物检出率也说明长江口潮滩沉积环境中氟化物污染普遍存在。在 2023 年采集的沉积物中 41 种氟化物总含量（Σ_{41}PFCs）范围为 1565～8164pg/g，平均值为 3828pg/g。从同系物组成来看，6:2FTS 占比最高（41%），其次是 PFOA（14%）、PFOS（7%）、PFBS（8%）和 PFUdA（4%），这 5 种同系物占比高达 75%。按照新型、传统和前体物三种类型来分，沉积物中仍然是以传统氟化物和前体物占主导。

已有研究发现全氟辛烷磺酸可随河水经过长距离迁移输送到河口地区，由于河口区域盐度的急剧变化，大部分被沉积到河口的沉积物中。由图 2-15-1 可知，在长江口潮滩沉积物中也观察到显著的空间分异现象，在不同采样年份浒浦、浏河河口和大治河潮滩采样点处均呈现较高值。除了受上游长江来水输送贡献外，浒浦和浏河高值点上游分布着我国知名氟化工园区，分别是常熟氟化工园区和太仓氟化工园区，大治河河道两岸遍布机械制造业。同时也分析了沉积物盐度、pH、粒度、TOC 与前述 5 种 PFCs 主要同系物之间相关性，发现只有 PFOS 和 PFBS 与沉积物 TOC 含量呈显著正相关（$p<0.05$）。因此，推断长江口潮滩氟化物空间分异主要受上游长江来水输送、区域产业排放和环境因子 TOC 共同影响。

图 2-15-1 也给出了沉积物中氟化物含量的时间变化，2023 年与 2019 年 Σ_{41}PFCs 平均比值为 1.66，在 2023 年有 5 个采样点处 Σ_{41}PFCs 高于 2019 年，除了浒浦和大治河采样点外，吴淞口、三岔口和芦潮港潮滩沉积物中 Σ_{41}PFCs 检出量明显增长，这些点位主要位于上海东南区域，说明上海本地涉氟产业活动明显增加。尤其需要关注的是三岔口 2023 年潮滩沉积物中 Σ_{41}PFCs 是 2019 年的 4.5 倍，三岔口同系物组成中 6:2FTS 占比高达 82%，它主要是替代 PFOS 做铬雾抑制剂和发泡剂，三岔口潮滩附近分布着电镀厂，而该点也紧邻

浦东机场，已有研究表明浦东机场消防演练废水排放是长江口附近水域中 PFAS 的重要来源。同时三岔口上游 20km 处坐落着白龙港污水厂，而现行污水处理工艺对氟化物去除率低，氟化物会随处理后污水进入周边环境。因此推断该点较高的氟化物含量主要受电镀厂、浦东机场和上游白龙港污水厂污水排放的共同影响。

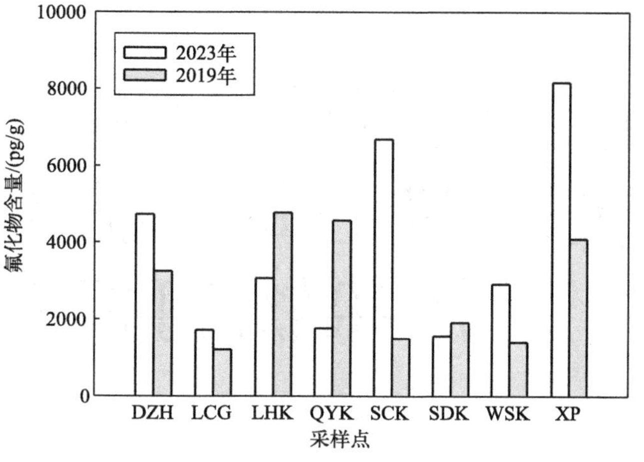

图 2-15-1 长江口滨岸潮滩沉积物氟化物含量空间分布

4. 结论与展望

本研究通过对超高效液相色谱串联质谱仪的色谱-质谱条件和样品前处理过程中萃取方式、氮吹浓缩方式、固相萃取柱淋洗液与洗脱液等条件进行优化，并将优化后的方法应用于实际样品进行验证，建立了检测潮滩沉积物中 41 种全氟化合物的快速同步提取和检测方法。41 种目标氟化物的方法检出限为 0.01～0.34ng，基质加标回收率为 67.9%～174.9%，平行样相对标准偏差为 0.22%～28.1%。相较于其他氟化物测试方法，本方法在保证较高回收率（平均回收率大于 95%）的前提下还大大节省了前处理过程中的溶剂消耗量和氮吹浓缩时间。应用于其他类型样品（如水体、土壤、灰尘等）中氟化物检测时也获得了较高的灵敏度、精密度和回收率，是一种普适性的快速同步检测方法，便于推广应用。

案例16

基于全二维气相色谱-飞行时间质谱技术对上海农田土中有机污染物的高通量筛查

1. 研究背景

随着全球工业化进程加快，人工合成的化学品日益增多，截至 2023 年在美国化学文摘服务社（CAS）上登记注册的化学品数量已超 2 亿，而受管控的化学品仅 0.2%。这些有机化学品在其全生命周期的各个阶段都可能被释放到周边环境中，并最终通过大气干湿沉降、污水灌溉、污泥施用、农业化学品使用等途径进入农田土壤。根据 2014 年发布的《全国土壤污染状况调查公报》，我国已有 19.4%的农田土壤受到明显的有机物污染，有机氯农药如六六六和滴滴涕以及多环芳烃（PAHs）类有机污染物均有不同程度超标。据报道，我国农田中累积的持久性有机污染物、抗生素、微塑料和内分泌干扰物等新污染物的污染风险凸显，对耕地质量提升、农产品质量安全和农业绿色发展都构成了威胁，因此亟须加强对农田土中有机污染物识别、风险防范与治理。

传统的靶向分析仅针对管控污染物使用标准样品进行定性定量，对复杂基质中有机污染物的种类分析非常有限。再加上一些有机物含量较低且同分异构体较多，在使用一维气相色谱-质谱联用技术（GC-MS）对其分析时常常出现峰重叠、峰容量不足的现象，且灵敏度也较低，为有机物鉴定带来很多困难，因此全二维气相色谱技术应运而生。全二维气相色谱是通过调制解调器将两根互相独立且具有不同极性和分离机理的色谱柱串联起来，实现物质的正交分离，使其理论峰容量比传统气相色谱法高出一个数量级，检测灵敏度也得到极大提高。由于全二维强大的分离能力，只需在仪器分析之前进行简单的样品净化处理，目前全二维气相色谱飞行时间质谱技术（GC×GC-TOFMS）已广泛应用于复杂环境样品（土壤、沉积物、水体、生物体等）中未知有机物的非靶向筛查。

基于GC×GC-TOFMS技术非靶向、高通量、高灵敏度筛查的优势，本研究以上海市为例，对农田土中有机污染物进行高通量筛查和定性识别，通过谱库匹配和相对保留指数的筛查提升识别结果的准确性，对不同农田土中共性和差异性有机物进行分析，并对检出丰度较高的有机物进行溯源分析，以期为上海农田土中有机污染物的识别提供应用参考。

2. 检测方法与质控

(1) 实验材料与仪器

① 试剂

色谱纯（HPLC级）二氯甲烷、丙酮和正己烷均购自国药集团化学试剂有限公司，实验用水为Millipore超纯水。

② 材料

玻璃鸡心瓶、玻璃移液管、GC进样小瓶和预开口瓶盖等。

注意事项：所有的玻璃器皿使用前依次使用重铬酸钾/硫酸洗液清洗，大量自来水冲洗和超纯水淋洗。烘干后放入马弗炉提前在450℃下高温烘烤6h以去除有机物降低背景空白，使用前再用丙酮、二氯甲烷和正己烷依次淋洗。

③ 仪器

所需仪器主要包括全二维气相色谱-飞行时间质谱（GC×GC-TOFMS，美国Leco）、加速溶剂萃取仪（ASE350，赛默飞）、平行定量浓缩仪（MultiVap-8，莱伯泰科）、真空冷冻干燥机（Scientz-12N，宁波新芝）、电子分析天平（Sartorius）、马弗炉（SX-12-10N，上海一恒）等。

(2) 样品采集

上海的陆域面积6340平方公里，耕地面积达243万亩（1亩=666.67平方米），主要布局在远郊区域，大部分农田分布在交通道路沿线。基于对上海路网分布、交通状况和农田分布等资料搜集和调研，于2017年4月在上海不同道路等级沿线农田区域布设了8个采样点（表2-16-1），分布于国道、省道和城市次干道沿线。在每个采样点靠近且平行公路侧100m范围内以25m为间隔共布设4个采样点，在每个采样点采用梅花式布点法，即在1m×1m地块中心和四角共采集5份子样（0～10cm）。每个样点共采集20份子样组成一个代表样，用玻璃瓶密封保存带回实验室进行四分法处理。取适量样品真空冷冻干燥，去除砂砾和动植物残体，研磨过200目筛，在−20℃下保存待用。

(3) 样品前处理流程

准确称取2g左右过筛后的样品，加入适量铜粉和硅藻土混匀后装入34mL不锈钢萃取池中，选用萃取溶剂二氯甲烷用加速溶剂萃取仪（ASE350，赛默飞）在压力1500psi和100℃下循环萃取2次，静态萃取5min。萃取液转移到浓缩杯中置于平行定量浓缩仪（MultiVap-8，莱伯泰科）在40℃水浴下氮吹浓缩至约1mL，−20℃下保存等待上机。

表 2-16-1　采样点分布

道路等级	道路名称	采样点	经度/°E	纬度/°N	有无防护林	路基距农田距离	居民区分布状况	作物类型
国道	G1503 上海绕城高速	S1	121.220	31.362	有	10m	400m 后有村落	水稻
	G50 沪渝高速	S2	121.146	31.141	有	高架下	200m 后有村落	蚕豆、油菜花
	G50 沪渝高速	S3	121.036	31.091	有	10m	50m 附近有农户	农家菜
	G15 沈海高速	S4	121.382	30.809	有	20m	400m 后有村落	水稻
省道	S20 外环高速	S5	121.427	31.401	有	10m	200m 后有村落	油菜花
	S20 外环高速	S6	121.337	31.333	无	高架下	200m 处有农户	水稻
	S2 沪芦高速	S7	121.650	31.131	有	5m	50m 处有农户	农家菜
城市次干道	沈太路	S8	121.052	31.056	有	2m	1000m 后有村落	水稻、毛豆

（4）仪器分析

采用全二维气相色谱-飞行时间质谱（GC×GC-TOFMS，美国 Leco）进行非靶向筛查。仪器配备了安捷伦 7890 气相色谱仪和 Pegasus BT4D 质谱仪。采用 DB-5MS 色谱柱（30m×250μm×0.25μm）用于第一维分离，Rxi-17SilMS 色谱柱（2m×250μm×0.25μm）用于第二维分离。使用氦气作载气，流速为 1.4mL/min。采用不分流模式，进样量为 1μL，进样口温度为 280℃。柱温程序如下：第一维色谱柱初始温度 50℃，保持 3min，之后以 8℃/min 的速度升至 300℃，然后以 2℃/min 的速度升至 310℃，保持 10min。第二维炉温补偿温度为 15℃，调制解调器补偿温度为 25℃，调制周期为 6s。电子轰击电离源温度为 250℃，二维扫描频率为 200Hz，采集质荷比范围为 50～1000。

使用仪器自带的 ChromaTOF-GC 软件对数据进行采集和处理。数据处理包括基线校正、选取信噪比（S/N）＞100 的峰、正构烷烃保留指数计算、NIST 谱库检索（涵盖约 240000 种化学品的 EI 源质谱）以及化合物分类等。在谱库检索过程中筛选出信噪比大于 10 且与谱库匹配度大于 700 的化合物并计算峰面积。在实际样品中对空白样品信号进行扣除，保留样品中大于空白峰面积 10 倍的色谱峰。计算化合物保留指数与谱库中该物质保留指数的相对标准偏差（ΔRI），从而筛选出相对偏差在±2%之内的化合物。

3. 方法应用

如图 2-16-1 所示，上海 8 份农田土壤检测到的特征峰总数为 38704，经过空白过滤和手动排查去除背景干扰和匹配错误的峰，谱库匹配相似度高于 700 的特征峰总计 9100，各样品经谱库匹配筛查出的物质数量超过 1000 个，平均占检出峰总数约 25%，绝大多数化合物并未收录在 NIST 谱库中或匹配度偏低，可能导致一些人为源污染物的漏筛。在每个采样点中，筛查出的化合物保留指数与 NIST 谱库中该化合物保留指数的 ΔRI 在±10%以内的物质有 415～525 种，ΔRI 在±2%以内的物质有 275～341 种。相对谱库偏差在±2%以内的物质匹配结果较为准确，误差较小，可将其完全定性为所鉴定的化合物，而误差在±2%～

±10%之间时误差偏大，可将其定性为疑似化合物。因此选取 ΔRI 在±2%以内的化合物进行下一步分析。

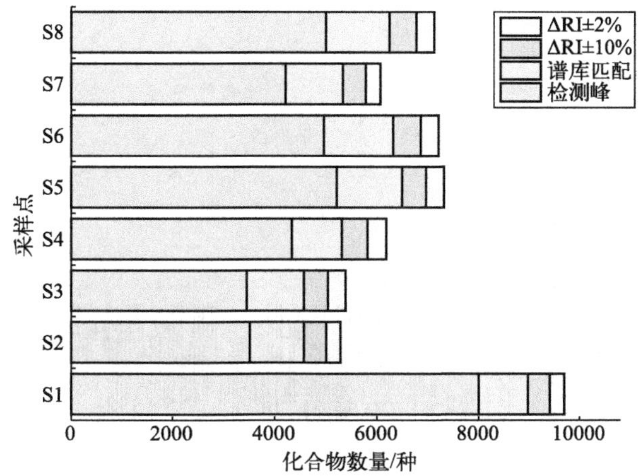

彩图

图 2-16-1 上海农田土壤中不同筛查方法鉴定出的物质数量

图 2-16-2 给出了上海农田土多个样本组中共同鉴定到的物质数以及在一个组中特异性鉴定到的物质数。结果表明，在 8 个采样点中共同鉴定出的物质总计 66 种（表 2-16-2），S/N 较高的前 10 种物质主要是多环芳烃类、邻苯二甲酸酯类、苯酚类、噻吩类和四氯乙烷类。这些物质主要来源于人为源，如多环芳烃类主要来自化石燃料燃烧，邻苯二甲酸酯类主要来自塑料制品释放，苯酚作为重要的有机化工原料，广泛应用于制造树脂、塑料、农药、染料等，噻吩类作为制取染料和塑料的原料，可用于制造染料、医药、树脂、抗生素等，四氯乙烷主要用于制造氯乙烷类产品，也可用于制造杀虫剂、除草剂等。推测这些污染物主要通过机动车源（燃油、塑料制品磨损）排放、杀虫剂/除草剂/抗菌剂使用以及邻近工业源大气排放和干湿沉降等途径进入农田土壤中。

从图 2-16-2 中也可看出，不同采样点土壤中检出的有机物具有一定差异，S8 和 S4 采样点与其他采样点相比特异性物质数量较多，可能由于这两个采样点附近工业类型与人为活动与其他区域存在差异。在 4 个国道采样点中，S4、S3、S1 鉴定出的特异性物质（67～89种）也明显多于 S2 采样点（46 种）。在 3 个省道采样点中，S5 和 S6 采样点鉴定出的特异性物质数（65～68 种）也高于 S7（47 种）。这也说明在同等道路等级沿线农田土中，特异性物质种类也存在明显差异，推测可能受交通流量、车辆类型和区域工业布局的共同影响。

按元素组成可将上海农田土中鉴定出的化合物分为含有以下 7 类组成结构：CH、CHO、CH(O)N、CH(O)S、CH(O)P、CH(O)Br 和 CH(O)Cl。仅对 ΔRI 在±2%以内的化合物进行分析，如图 2-16-3 所示，这 7 类元素组成峰面积占总峰面积的比例依次为 CHO>CH>CH(O)N>CH(O)S>CH(O)Cl>CH(O)P>CH(O)Br。在各采样点中 CHO 和 CH 类化合物在全部化合物中占主导，峰面积分别占比为 39.9%～59.1%和 30.2%～45.8%，

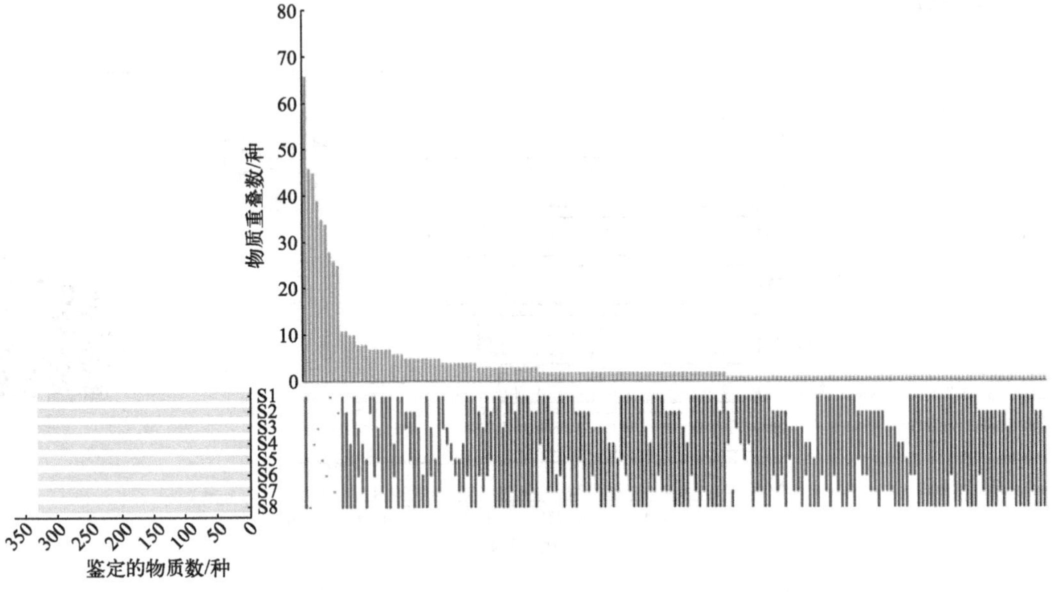

图 2-16-2　上海农田土采样点间物质重叠数韦恩图

图中左侧柱状图代表每个样本组鉴定的物质数，右侧上方柱状图代表样本间物质交集数，右侧下方矩阵点重叠部分代表多个样本组共同鉴定出的物质数，非重叠部分代表相应样本组特异性鉴定到的物质数

表 2-16-2　上海 8 个农田土中共同检出的 66 种化合物信息

化合物	CAS	分子式	化合物	CAS	分子式
荧蒽	206-44-0	$C_{16}H_{10}$	邻苯二甲酸二乙酯	84-66-2	$C_{12}H_{14}O_4$
苝	198-55-0	$C_{20}H_{12}$	惹烯	483-65-8	$C_{18}H_{18}$
棕榈酸	1957-10-3	$C_{16}H_{32}O_2$	2-单棕榈酸甘油	23470-00-0	$C_{19}H_{38}O_4$
1,1,2,2-四氯乙烷	79-34-5	$C_2H_2Cl_4$	乙酰丁香酮	2478-38-8	$C_{10}H_{12}O_4$
2,4-二特丁基苯酚	96-76-4	$C_{14}H_{22}O$	蒽醌	84-65-1	$C_{14}H_8O_2$
邻苯二甲酸二异丁酯	84-69-5	$C_{16}H_{22}O_4$	4-甲基联苯	644-08-6	$C_{13}H_{12}$
邻苯二甲酸二丁酯	84-74-2	$C_{16}H_{22}O_4$	4,4′-二甲基联苯	613-33-2	$C_{14}H_{14}$
八硫杂环辛烷	10544-50-0	S_8	十一酸	112-37-8	$C_{11}H_{22}O_2$
二苯并噻吩	132-65-0	$C_{12}H_8S$	1-丙基辛基苯	4536-86-1	$C_{17}H_{28}$
p,*p*′-DDE	72-55-9	$C_{14}H_8Cl_4$	苯甲酸乙酯	93-89-0	$C_9H_{10}O_2$
6-甲基-2-庚酮	928-68-7	$C_8H_{16}O$	5,5-二甲基-2(5*H*)-呋喃酮	20019-64-1	$C_6H_8O_2$
壬酸	112-05-0	$C_9H_{18}O_2$	对叔戊基苯酚	80-46-6	$C_{11}H_{16}O$
苯甲醛	100-52-7	C_7H_6O	苯甲酸苄酯	120-51-4	$C_{14}H_{12}O_2$
甲基己基甲酮	111-13-7	$C_8H_{16}O$	2,3-二甲基马来酸酐	766-39-2	$C_6H_6O_3$

续表

化合物	CAS	分子式	化合物	CAS	分子式
联苯	92-52-4	$C_{12}H_{10}$	戊基苯	538-68-1	$C_{11}H_{16}$
硬脂酸	1957-11-4	$C_{18}H_{36}O_2$	己二酮	110-13-4	$C_6H_{10}O_2$
1,2-二苯氧乙烷	104-66-5	$C_{14}H_{14}O_2$	乙二醇苯醚	122-99-6	$C_8H_{10}O_2$
三氯丙基磷酸酯	6145-73-9	$C_9H_{18}Cl_3O_4P$	2-羟基苯脘	1990-2-8	$C_7H_6O_2$
壬醛	124-19-6	$C_9H_{18}O$	3,6-二庚酮	1703-51-1	$C_7H_{12}O_2$
2,2′,5,5′-四甲基-1,1′-联苯	3075-84-1	$C_{16}H_{18}$	2-甲基-9,10-蒽醌	84-54-8	$C_{15}H_{10}O_2$
5-甲基-2-呋喃酮	62873-16-9	$C_6H_8O_2$	去氢松香酸	1740-19-8	$C_{20}H_{28}O_2$
苯甲醇	100-51-6	C_7H_8O	苯甲酸丙酯	2315-68-6	$C_{10}H_{12}O_2$
苯甲酸-2-乙基己基酯	5444-75-7	$C_{15}H_{22}O_2$	氯二甲苯酚	88-04-0	C_8H_9ClO
2,3,5-三甲基菲	3674-73-5	$C_{17}H_{16}$	茴香醛	123-11-5	$C_8H_8O_2$
十二烷酸	143-07-7	$C_{12}H_{24}O_2$	1*H*-吲哚-3-甲醛	487-89-8	C_9H_7NO
4-甲基-3-戊烯酸	504-85-8	$C_6H_{10}O_2$	2-吡咯烷酮	616-45-5	C_4H_7NO
3-辛酮	106-68-3	$C_8H_{16}O$	1-茚酮	83-33-0	C_9H_8O
正癸酸	334-48-5	$C_{10}H_{20}O_2$	氯化苄	100-44-7	C_7H_7Cl
2,6,6-三甲基-2-环己烯-1,4-二酮	1125-21-9	$C_9H_{12}O_2$	苯乙醇	1960-12-8	$C_8H_{10}O$
石竹烯	87-44-5	$C_{15}H_{24}$	己内酰胺	105-60-2	$C_6H_{11}NO$
正癸醛	112-31-2	$C_{10}H_{20}O$	苯乙酰胺	103-81-1	C_8H_9NO
2-乙基-3-甲基马来酰亚胺	20189-42-8	$C_7H_9NO_2$	苯并三唑	95-14-7	$C_6H_5N_3$
丁香醛	134-96-3	$C_9H_{10}O_4$	香豆素	91-64-5	$C_9H_6O_2$

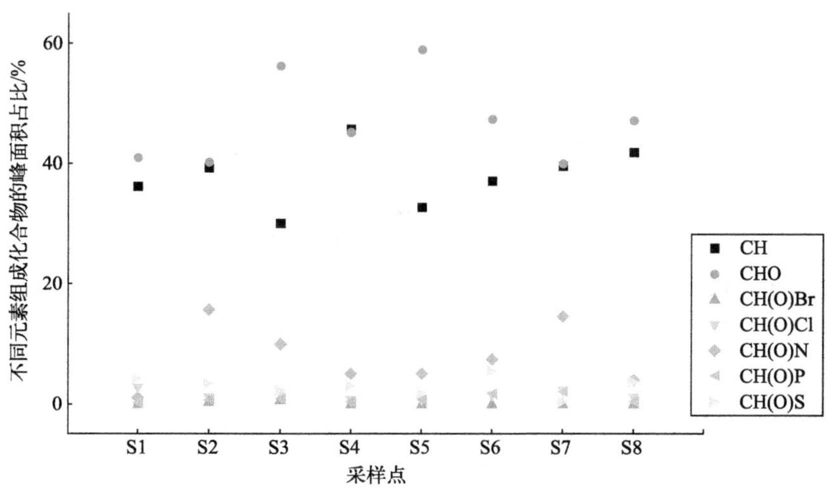

图 2-16-3　上海农田土中化合物元素组成

数量占比分别为 48.5%～56.1%和 22.5%～29.8%。元素组成为 CHO 的化合物主要包括酮类、醛类、醇类、酸类、酯类、呋喃酮、酚类与环氧烷物质。元素组成为 CH 的化合物主要包括饱和烷烃、芳烃、烯烃与环烷烃。

本研究进一步分析了当前农田土中较为关注的人为源有机污染物，如烷烃、邻苯二甲酸酯、多环芳烃、磷酸盐类，以及含硫、溴、氯和磷的有机物。在 ChromaTOF 软件中对这些污染物进行了分类分析。图 2-16-4 展示了采样点 S2 全二维气相分类图谱，也发现烷烃占比较高（4.20%～10.76%），其次是多环芳烃（PAHs，1.20%～5.14%）和邻苯二甲酸酯（PAEs，0.10%～1.26%），含氯、硫、溴、磷的有机物占比稍低。在道路交通沿线农田土壤中普遍检出的烷烃、PAHs 和 PAEs 类物质可能主要受交通源释放影响，如汽油、柴油燃烧会向大气中排放大量烷烃和 PAHs，车辆行驶过程中塑料、橡胶磨损以及润滑油挥发泄漏等也会释放大量 PAEs 类物质。这些污染物吸附在颗粒物上就近沉降，也可通过地表径流冲刷进入路边农田土中。本研究中农田土检出的含氯化合物主要为含氯农药，如滴滴涕、林丹、氯苯类农药等；含硫化合物主要为苯并噻吩和噻唑，噻吩天然存在于石油中，其含量可高达数个百分点。含溴化合物主要为溴代阻燃剂，如多溴联苯醚、三溴苯酚等，广泛添加于各种塑料制品中。含磷化合物主要为有机磷酸酯类（OPEs），如磷酸三苯酯、磷酸三丁酯等。OPEs 作为多溴联苯醚和多氯联苯的替代品，大量应用于工业生产，但其常以物理形态混入材料致使其易在产品的生产、使用和回收过程中通过挥发、磨损等方式进入农田土中，农用地膜、污水灌溉以及大气干湿沉降都是农田土中 OPEs 的主要来源。

彩图

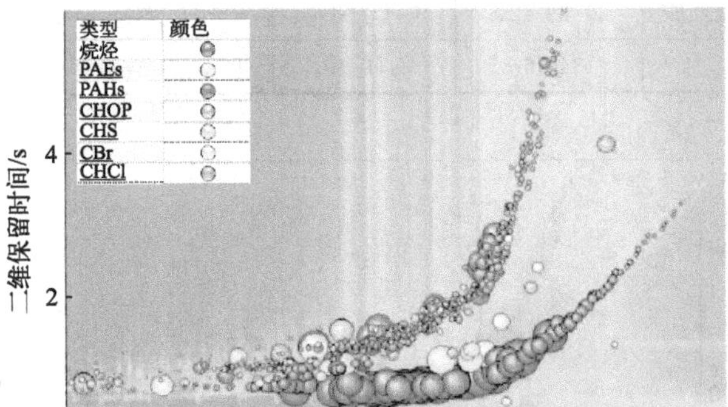

图 2-16-4　上海农田土各类有机物全二维气相图谱

4. 结论与展望

本研究采用全二维气相色谱-飞行时间质谱对上海农田土中未知有机物进行了非靶向筛查，通过谱库匹配最终筛选出与谱库保留指数偏差在±2%以内的化合物不超过 350 种，确保了未知物定性筛查的准确性。共性分析表明有66种有机物在这8个采样点均被检出，但不同采样点土壤中检出的有机物具有一定差异。费雪比率计算进一步筛查出了29种具有明显组内和组间差异的有机物，推测这些化合物显著的区域差异主要受邻近区域工业活动、污水灌溉和居民生活源排放的影响。元素丰度分析表明在各采样点中CHO和CH类化合物在全部化合物中占主导。分类分析表明烷烃、多环芳烃和邻苯二甲酸酯是含量较高的三类人为源有机污染物，推断其可能主要受交通源（汽油、柴油燃烧，塑料、橡胶磨损以及润滑油挥发和泄漏等）释放影响。本研究展示了全二维色质联用技术在识别农田土壤中未知有机物中的巨大优势，这将为后期开展这些有机污染物的定量筛查和风险评估提供基础依据与支持。

参考文献

[1] 张庆华，王璞，李晓敏，等．持久性有机污染物的分析方法与检测技术[M]．北京：科学出版社，2019.

[2] 关玉春，吴宇峰，王艳丽．典型环境介质中新污染物分析测试技术[M]．天津：天津大学出版社，2024.

[3] 韩长秀，毕成良，唐雪娇．环境仪器分析[M]. 2版．北京：化学工业出版社，2019.

[4] 陈玲，王颖，郜洪文．现代环境分析技术[M]. 3版．北京：科学出版社，2023.

[5] 吴蔓莉，张崇淼．环境分析化学[M]．北京：清华大学出版社，2013.

[6] 江桂斌．环境样品前处理技术[M]. 2版．北京：化学工业出版社，2016.

[7] 陈皓，李明利，刘海玲，等．环境现代仪器分析实验[M]．上海：同济大学出版社，2020.

[8] 刘维屏，都韶婷，刘璟．环境仪器分析[M]．北京：高等教育出版社，2025.

[9] 胡坪，王氢．仪器分析(第五版)学习指导[M]．北京：高等教育出版社，2021.

[10] 钱沙华，韦进宝．环境仪器分析[M]．北京：中国环境科学出版社，2004.

[11] 魏黎明，李菊白，欧庆瑜，等．固相微萃取法在环境监测中的应用[J]．分析化学，2004，32(12)：1667-1672.

[12] Barceló D，Hennion M C. On-line sample handling strategies for the trace-level determination of pesticides and their degradation products in environmental waters[J]. Analytica Chimica Acta，1995，318(1)：1-41.

[13] Jeannot M A，Cantwell F F. Solvent microextraction into a single drop[J]. Analytical Chemistry，1996，68(13)：2236-2240.

[14] 卢佩章，戴朝政．色谱理论基础[M]．北京：科学出版社，1989.

[15] 方惠群，史坚，倪君蒂．仪器分析原理[M]．南京：南京大学出版社，1994.

[16] 刘约权．现代仪器分析[M]. 3版．北京：高等教育出版社，2015.

[17] 张祥民．现代色谱分析[M]．上海：复旦大学出版社，2004.

[18] 汪尔康．21世纪的分析化学[M]．北京：科学出版社，1999.

[19]Rouessac F，Rouessac A. Chemical analysis：Modern instrumentation methods and techniques [M]. Hoboken，NJ，USA：John Wiley & Sons，2000.

[20] 于世林．高效液相色谱方法及应用[M]. 3版．北京：化学工业出版社，2019.

[21] 欧阳津，那娜，秦卫东，等．液相色谱检测方法[M]. 3版．北京：化学工业出版社，2020.

[22]Snyder L R，Kirkland J J，Dolan J W. 现代液相色谱技术导论[M]．陈小明，唐雅妍，译．北京：人民卫生出版社，2012.

[23] 孙尔康，张剑荣，陈国松，等．仪器分析实验[M]. 3版．南京：南京大学出版社，2019.

[24] 季欧．质谱分析法(上册)[M]．北京：原子能出版社，1978.

[25]Qu K，Dan D Z. 环境分析化学(英文)Environmental analytical chemistry[M]．北京：高等教育出版社，2024.

[26] 陈耀祖，涂亚平．有机质谱原理及应用[M]．北京：科学出版社，2001.

[27] 丛源珠，苏克曼．分析化学手册：质谱分析[M]．北京：化学工业出版社，2000.

[28] Tian Z Y，Peter K T，Gipe A D，et al. Suspect and nontarget screening for contaminants of emerging concern in an urban estuary[J]. Environmental Science & Technology，2020，54(2)：889-901.

[29] Köppe T，Jewell K S，Dietrich C，et al. Application of a non-target workflow for the identification of specific contaminants using the example of the Nidda river basin[J]. Water Research，2020，178：115703.

[30] El-Deen A K，Shimizu K. Suspect and non-target screening workflow for studying the occurrence，fate，and environmental risk of contaminants in wastewater using data-independent acquisition[J]. Journal of Chromatography A，2022，1667：462905.

[31] Kurek J，MacKeigan P W，Veinot S，et al. Ecological legacy of DDT archived in lake sediments from eastern Canada[J]. Environmental Science & Technology，2019，53(13)：7316-7325.

[32] Ciucure C T，Geana E I，Arseni M，et al. Status of different anthropogenic organic pollutants accumulated in sediments from Olt River Basin，Romania：From distribution and sources to risk assessment[J]. Science of The Total Environment，2023，886：163967.

[33] Lv M，Luan X L，Guo X T，et al. A national-scale characterization of organochlorine pesticides(OCPs)in intertidal sediment of China：Occurrence，fate and influential factors[J]. Environmental Pollution，2020，257：113634.

[34] Wang S S，Wang Q，Yuan Z J，et al. Organochlorine pesticides in riparian soils and sediments of the middle reach of the Huaihe River：A traditional agricultural area in China[J]. Chemosphere，2022，296：134020.

[35] Yunker M B，MacDonald R W，Vingarzan R，et al. PAHs in the Fraser River Basin：A critical appraisal of PAH ratios as indicators of PAH source and composition[J]. Organic Geochemistry，2002，33(4)：489-515.

[36] Cai M G, Liu M Y, Hong Q Q, et al. Fate of polycyclic aromatic hydrocarbons in seawater from the western Pacific to the Southern Ocean (17. 5°N to 69. 2°S) and their inventories on the Antarctic shelf[J]. Environmental Science & Technology, 2016, 50(17): 9161-9168.

[37] Xue R, Chen L, Lu Z B, et al. Spatial distribution and source apportionment of PAHs in marine surface sediments of Prydz Bay, East Antarctica[J]. Environmental Pollution, 2016, 219: 528-536.

[38] Batterman S, Godwin C, Chernyak S, et al. Brominated flame retardants in offices in Michigan, USA[J]. Environment International, 2010, 36(6): 548-556.

[39]李月．大型办公场所内环境中多溴联苯醚分布特征与暴露风险评估 [D]. 上海:同济大学, 2015.

[40] Yu D, Yang J, Li T, et al. Levels and distribution of dechloranes in sediments of Lake Taihu, China[J]. Environmental Science and Pollution Research International, 2015, 22(9): 6601-6609.

[41] An Q, Aamir M, Mao S D, et al. Current pollution status, spatial features, and health risks of legacy and emerging halogenated flame retardants in agricultural soils across China[J]. Science of The Total Environment, 2022, 803: 150043.

[42] Cao X H, Lu Y L, Zhang Y Q, et al. An overview of hexabromocyclododecane (HBCDs) in environmental media with focus on their potential risk and management in China[J]. Environmental Pollution, 2018, 236: 283-295.

[43] Meng X Z, Duan Y P, Yang C, et al. Occurrence, sources, and inventory of hexabromocyclododecanes (HBCDs) in soils from Chongming Island, the Yangtze River Delta (YRD) [J]. Chemosphere, 2011, 82(5): 725-731.

[44] 杨静，邬言，李月，等．上海淀山湖表层沉积物中卤代阻燃剂时空分布[J]. 中国环境科学, 2024, 44(6): 3376-3386.

[45] Alzieu C. Tributyltin case study of a chronic contaminant in the coastal environment[J]. Ocean & Coastal Management, 1998, 40(1): 23-36.

[46] Chen C Z, Chen L, Huang Q H, et al. Organotin contamination in commercial and wild oysters from China: Increasing occurrence of triphenyltin[J]. Science of The Total Environment, 2019, 650: 2527-2534.

[47] Sayer C D, Hoare D J, Simpson G L, et al. TBT causes regime shift in shallow lakes[J]. Environmental Science & Technology, 2006, 40 (17): 5269-5275.

[48] Champ M A. A review of organotin regulatory strategies, pending actions, related costs and benefits[J]. Science of The Total Environment, 2000, 258(1-2): 21-71.

[49] Díez S, Jover E, Albaigés J, et al. Occurrence and degradation of butyltins and wastewater marker compounds in sediments from Barcelona harbor, Spain[J]. Environment International, 2006, 32(7): 858-865.

[50] Hung T C, Lee T Y, Liao T F. Determination of butyltins and phenyltins in oysters and fishes from Taiwan coastal waters [J]. Environmental Pollution, 1998, 102(2-3): 197-203.

[51] Braun J M. Early-life exposure to EDCs: Role in childhood obesity and neurodevelopment[J]. Nature Reviews Endocrinology, 2017, 13 (3): 161-173.

[52] Brown Jr J S. Effects of bisphenol-A and other endocrine disruptors compared with abnormalities of schizophrenia: An endocrine-disruption theory of schizophrenia[J]. Schizophrenia Bulletin, 2009, 35(1): 256-278.

[53] Jankowska A, Polańska K, Koch H M, et al. Phthalate exposure and neurodevelopmental outcomes in early school age children from Poland[J]. Environmental Research, 2019, 179: 108829.

[54] Glassmeyer S T, Furlong E T, Kolpin D W, et al. Transport of chemical and microbial compounds from known wastewater discharges: Potential for use as indicators of human fecal contamination[J]. Environmental Science & Technology, 2005, 39(14): 5157-5169.

[55] Tauxe-Wuersch A, De Alencastro L F, Grandjean D, et al. Occurrence of several acidic drugs in sewage treatment plants in Switzerland and risk assessment[J]. Water Research, 2005, 39(9): 1761-1772.

[56] Jones-Lepp T L, Stevens R. Pharmaceuticals and personal care products in biosolids/sewage sludge: The interface between analytical chemistry and regulation[J]. Analytical and Bioanalytical Chemistry, 2007, 387(4): 1173-1183.

[57] 王娅南，彭洁，谢双，等．固相萃取-高效液相色谱-串联质谱法测定地表水中 40 种抗生素[J]. 环境化学, 2020, 39(1): 188-196.

[58]温智皓．黄浦江水体中 5 种典型酸性药物污染特征及生态风险评价[D]. 上海:同济大学, 2014.

[59] Gwenzi W, Shamsizadeh Z, Gholipour S, et al. The air-borne antibiotic resistome: Occurrence, health risks, and future directions[J]. Science of The Total Environment, 2022, 804: 150154.

[60] Huang F Y, Chen L P, Zhang C, et al. Prioritization of antibiotic contaminants in China based on decennial national screening data and their persistence, bioaccumulation and toxicity[J]. Science of The Total Environment, 2022, 806: 150636.

[61]王余意，黄晔，杨静，等．长江口及其近岸海域抗生素的时空分异特征与生态风险评估[J]. 华东师范大学学报(自然科学版), 2024(06): 136-150.

[62] Kabir E R, Rahman M S, Rahman I. A review on endocrine disruptors and their possible impacts on human health[J]. Environmental Toxicology and Pharmacology, 2015, 40(1): 241-258.

[63] Xiao Y, Han D M, Currell M, et al. Review of endocrine disrupting compounds (EDCs) in China's water environments: Implications for environmental fate, transport and health risks[J]. Water Research, 2023, 245: 120645.

[64] Bourgin M, Bichon E, Antignac J P, et al. Chlorination of bisphenol A: Non-targeted screening for the identification of transformation products and assessment of estrogenicity in generated water[J]. Chemosphere, 2013, 93(11): 2814-2822.

[65] Cochran K H, Westerman D C, Montagner C C, et al. Chlorination of emerging contaminants for application in potable wastewater reuse: Disinfection byproduct formation, estrogen activity, and cytotoxicity[J]. Environmental Science & Technology, 2024, 58(1): 704-716.

[66] Jiang R R, Liu J H, Huang B, et al. Assessment of the potential ecological risk of residual endocrine-disrupting chemicals from wastewater treatment plants[J]. Science of The Total Environment, 2020, 714: 136689.

[67] Lien G W, Chen C Y, Wang G S. Comparison of electrospray ionization, atmospheric pressure chemical ionization and atmospheric pressure photoionization for determining estrogenic chemicals in water by liquid chromatography tandem mass spectrometry with chemical derivatizations[J]. Journal of Chromatography A, 2009, 1216(6): 956-966.

[68] Honda L, Becerra-Herrera M, Richter P. Liquid chromatography-time-of-flight high-resolution mass spectrometry study and determination of the dansylated products of estrogens and their hydroxylated metabolites in water and wastewater[J]. Analytical and Bioanalytical Chemistry, 2018, 410(30): 7909-7919.

[69] Yu Q M, Yang X D, Zhao F Z, et al. Spatiotemporal variation and removal of selected endocrine-disrupting chemicals in wastewater treatment plants across China: Treatment process comparison[J]. Science of The Total Environment, 2022, 835: 155374.

[70] Sohn S, Kim M K, Lee Y M, et al. Removal characteristics of 53 micropollutants during ozonation, chlorination, and UV/H_2O_2 processes used in drinking water treatment plant[J]. Chemosphere, 2024, 352: 141360.

[71] Kutralam-Muniasamy G, Shruti V C, Pérez-Guevara F, et al. Microplastic diagnostics in humans: "The 3Ps" Progress, problems, and prospects[J]. Science of The Total Environment, 2023, 856: 159164.

[72] 范姿, 卞倩. 气载微塑料对呼吸系统的影响及机制研究进展[J]. 环境化学, 2023, 42(6): 1792-1802.

[73] Yan Z H, Liu Y F, Zhang T, et al. Analysis of microplastics in human feces reveals a correlation between fecal microplastics and inflammatory bowel disease status[J]. Environmental Science & Technology, 2022, 56(1): 414-421.

[74] Prata J C. Airborne microplastics: Consequences to human health?[J]. Environmental Pollution, 2018, 234: 115-126.

[75] Huang S M, Huang X X, Bi R, et al. Detection and analysis of microplastics in human sputum[J]. Environmental Science & Technology, 2022, 56(4): 2476-2486.

[76] Enyoh C E, Verla A W, Verla E N, et al. Airborne microplastics: A review study on method for analysis, occurrence, movement and risks [J]. Environmental Monitoring and Assessment, 2019, 191(11): 668.

[77] Catarino A I, Macchia V, Sanderson W G, et al. Low levels of microplastics (MP) in wild mussels indicate that MP ingestion by humans is minimal compared to exposure via household fibres fallout during a meal[J]. Environmental Pollution, 2018, 237: 675-684.

[78] Gasperi J, Wright S L, Dris R, et al. Microplastics in air: Are we breathing it in?[J]. Current Opinion in Environmental Science & Health, 2018, 1: 1-5.

[79] Zhang J J, Wang L, Trasande L, et al. Occurrence of polyethylene terephthalate and polycarbonate microplastics in infant and adult feces [J]. Environmental Science & Technology Letters, 2021, 8(11): 989-994.

[80] Thompson R C, Olsen Y, Mitchell R P, et al. Lost at sea: Where is all the plastic?[J]. Science, 2004, 304(5672): 838.

[81] Aves A R, Revell L E, Gaw S, et al. First evidence of microplastics in Antarctic snow[J]. The Cryosphere, 2022, 16(6): 2127-2145.

[82] Käppler A, Fischer D, Oberbeckmann S, et al. Analysis of environmental microplastics by vibrational microspectroscopy: FTIR, Raman or both?[J]. Analytical and Bioanalytical Chemistry, 2016, 408(29): 8377-8391.

[83] Chen C Z, Liu F, Quan S T, et al. Microplastics in the bronchoalveolar lavage fluid of Chinese children: Associations with age, city development, and disease features[J]. Environmental Science & Technology, 2023, 57(34): 12594-12601.

[84] Reth M, Zencak Z, Oehme M. New quantification procedure for the analysis of chlorinated paraffins using electron capture negative ionization mass spectrometry[J]. Journal of Chromatography A, 2005, 1081(2): 225-231.

[85] Wang C, Gao W, Liang Y, et al. Concentrations and congener profiles of chlorinated paraffins in domestic polymeric products in China [J]. Environmental Pollution, 2018, 238: 326-335.

[86] Zeng L X, Wang T, Han W Y, et al. Spatial and vertical distribution of short chain chlorinated paraffins in soils from wastewater irrigated farmlands[J]. Environmental Science & Technology, 2011, 45(6): 2100-2106.

[87] 罗冬梅. 长三角典型城市土壤短链氯化石蜡(SCCPs)的赋存特征及风险评价[D]. 上海: 华东师范大学, 2020.

[88] Zhang T, Sun H W, Qin X L, et al. Benzophenone-type UV filters in urine and blood from children, adults, and pregnant women in China: Partitioning between blood and urine as well as maternal and fetal cord blood[J]. Science of The Total Environment, 2013, 461/462: 49-55.

[89] Li A J, Zhuang T F, Song M Y, et al. Occurrence, placental transfer, and health risks of emerging endocrine-disrupting chemicals in pregnant women[J]. Journal of Hazardous Materials, 2023, 459: 132157.

[90] Schildroth S, Bethea T N, Wesselink A K, et al. Personal care products, socioeconomic status, and endocrine-disrupting chemical mixtures

in black women[J]. Environmental Science & Technology, 2024, 58(8): 3641-3653.

[91] Wong F, de Wit C A, Newton S R. Concentrations and variability of organophosphate esters, halogenated flame retardants, and polybrominated diphenyl ethers in indoor and outdoor air in Stockholm, Sweden[J]. Environmental Pollution, 2018, 240: 514-522.

[92] Liao K Z, Zhao Y, Qu J L, et al. Organophosphate esters concentrations in human serum and their associations with Sjögren syndrome[J]. Environmental Pollution, 2023, 331: 121941.

[93] Hou R, Xu Y P, Wang Z J. Review of OPFRs in animals and humans: Absorption, bioaccumulation, metabolism, and internal exposure research[J]. Chemosphere, 2016, 153: 78-90.

[94] Toms L L, Harden F, Paepke O, et al. Higher accumulation of polybrominated diphenyl ethers in infants than in adults[J]. Environmental Science & Technology, 2008, 42(19): 7510-7515.

[95] You L, Kou J, Wang M D, et al. An exposome atlas of serum reveals the risk of chronic diseases in the Chinese population[J]. Nature Communications, 2024, 15(1): 2268.

[96] Wei G L, Li D Q, Zhuo M N, et al. Organophosphorus flame retardants and plasticizers: Sources, occurrence, toxicity and human exposure[J]. Environmental Pollution, 2015, 196: 29-46.

[97] van der Veen I, de Boer J. Phosphorus flame retardants: Properties, production, environmental occurrence, toxicity and analysis[J]. Chemosphere, 2012, 88(10): 1119-1153.

[98] Wang X, Zhu Q Q, Yan X T, et al. A review of organophosphate flame retardants and plasticizers in the environment: Analysis, occurrence and risk assessment[J]. Science of The Total Environment, 2020, 731: 139071.

[99] Ma Y, Saito Y, Ta T K O, et al. Distribution of organophosphate esters influenced by human activities and fluvial-tidal interactions in the Dong Nai River System, Vietnam[J]. Science of The Total Environment, 2022, 812: 152649.

[100] Giesy J P, Kannan K. Perfluorochemical surfactants in the environment[J]. Environmental Science & Technology, 2002, 36(7): 146A-152A.

[101] Liang M, Xian Y P, Wang B, et al. High throughput analysis of 21 perfluorinated compounds in drinking water, tap water, river water and plant effluent from Southern China by supramolecular solvents-based microextraction coupled with HPLC-Orbitrap HRMS[J]. Environmental Pollution, 2020, 263: 114389.

[102] 李雨珊，杨静，李晔，等．复杂环境基质中全氟化合物检测方法的优化及应用[J]. 华东师范大学学报(自然科学版)，2024(6)：39-51.

[103] 程欣，高丽荣，张潆心，等．全二维气相色谱-质谱法在新污染物筛查中的应用[J]. 科学通报，2024，69(6)：672-687.

[104] Pena-Abaurrea M, Jobst K J, Ruffolo R, et al. Identification of potential novel bioaccumulative and persistent chemicals in sediments from Ontario (Canada) using scripting approaches with GC×GC-TOF MS analysis[J]. Environmental Science & Technology, 2014, 48(16): 9591-9599.

[105] 曹龙，张朝升，陈秋丽，等．邻苯二甲酸酯的环境污染和生态行为及毒理效应研究进展[J]. 生态毒理学报，2018，13(2)：34-46.

[106] 杨静，邬言，李月，等．基于全二维气相色谱-飞行时间质谱技术对上海农田土壤中有机污染物的高通量筛查[J]. 华东师范大学学报(自然科学版)，2024(6)：52-61.

附录 A　斯德哥尔摩公约 POPs 清单

附表 A-1　斯德哥尔摩公约 POPs 清单

分类	化学品名称
附件 A 禁止/消除的化学品	艾氏剂、狄氏剂、异狄氏剂、七氯、毒杀芬、多氯联苯、氯丹、灭蚁灵、六氯苯、十氯酮、五氯苯、五氯苯酚及其盐类和酯类、六溴联苯、林丹、α-六氯环己烷、β-六氯环己烷、四溴二苯醚和五溴二苯醚、六溴二苯醚和七溴二苯醚、十溴二苯醚、硫丹、六溴环十二烷、六氯丁二烯、多氯萘、短链氯化石蜡、三氯杀螨醇、毒死蜱、长链全氟羧酸及其盐和相关化合物全氟辛酸及其盐类和相关化合物、全氟己基磺酸及其盐类和其相关化合物、甲氧滴滴涕、得克隆、UV-328 类有机物
附件 B 限制生产和使用的化学品	滴滴涕、全氟辛基磺酸及其盐类和全氟辛基磺酰氟
附件 C 减少或消除无意产生的污染物	多氯代二苯并对二噁英、多氯代二苯并呋喃、六氯苯、多氯联苯、五氯苯、多氯萘、六氯丁二烯

注：表中信息更新至 2025 年 5 月。

附录 B　重点管控新污染物清单（2023 年版）

附表 B-1　重点管控新污染物清单（2023 年版）

编号	新污染物名称	CAS 号	主要环境风险管控措施
一	全氟辛基磺酸及其盐类和全氟辛基磺酰氟（PFOS 类）	例如： 1763-23-1 307-35-7 2795-39-3 29457-72-5 29081-56-9 70225-14-8 56773-42-3 251099-16-8	1. 禁止生产。 2. 禁止加工使用（以下用途除外）。 用于生产灭火泡沫药剂（该用途的豁免期至 2023 年 12 月 31 日止）。 3. 将 PFOS 类用于生产灭火泡沫药剂的企业，应当依法实施强制性清洁生产审核。 4. 进口或出口全氟辛基磺酸及其盐类和全氟辛基磺酰氟，应办理有毒化学品进（出）口环境管理放行通知单。自 2024 年 1 月 1 日起，禁止进出口。 5. 已禁止使用的，或者所有者申报废弃的，或者有关部门依法收缴或接收且需要销毁的全氟辛基磺酸及其盐类和全氟辛基磺酰氟，根据国家危险废物名录或者危险废物鉴别标准判定属于危险废物的，应当按照危险废物实施环境管理。 6. 土壤污染重点监管单位中涉及 PFOS 类生产或使用的企业，应当依法建立土壤污染隐患排查制度，保证持续有效防止有毒有害物质渗漏、流失、扬散
二	全氟辛酸及其盐类和相关化合物[①]（PFOA 类）	—	1. 禁止新建全氟辛酸生产装置。 2. 禁止生产、加工使用（以下用途除外）。 （1）半导体制造中的光刻或蚀刻工艺； （2）用于胶卷的摄影涂料； （3）保护工人免受危险液体造成的健康和安全风险影响的拒油拒水纺织品； （4）侵入性和可植入的医疗装置； （5）使用全氟碘辛烷生产全氟溴辛烷，用于药品生产目的； （6）为生产高性能耐腐蚀气体过滤膜、水过滤膜和医疗用布膜，工业废热交换器设备，以及能防止挥发性有机化合物和 $PM_{2.5}$ 颗粒泄漏的工业密封剂等产品而制造聚四氟乙烯（PTFE）和聚偏氟乙烯（PVDF）； （7）制造用于生产输电用高压电线电缆的聚全氟乙丙烯（FEP）。 3. 将 PFOA 类用于上述用途生产的企业，应当依法实施强制性清洁生产审核。 4. 进口或出口 PFOA 类，被纳入中国严格限制的有毒化学品名录的，应办理有毒化学品进（出）口环境管理放行通知单。 5. 已禁止使用的，或者所有者申报废弃的，或者有关部门依法收缴或接收且需要销毁的全氟辛酸及其盐类和相关化合物，根据国家危险废物名录或者危险废物鉴别标准判定属于危险废物的，应当按照危险废物实施环境管理。 6. 土壤污染重点监管单位中涉及 PFOA 类生产或使用的企业，应当依法建立土壤污染隐患排查制度，保证持续有效防止有毒有害物质渗漏、流失、扬散

续表

编号	新污染物名称	CAS号	主要环境风险管控措施
三	十溴二苯醚	1163-19-5	1. 禁止生产或加工使用(以下用途除外)。 (1)需具备阻燃特点的纺织产品(不包括服装和玩具); (2)塑料外壳的添加剂及用于家用取暖电器、熨斗、风扇、浸入式加热器的部件,包含或直接接触电器零件,或需要遵守阻燃标准,按该零件重量算密度低于10%; (3)用于建筑绝缘的聚氨酯泡沫塑料; (4)以上三类用途的豁免期至2023年12月31日止。 2. 将十溴二苯醚用于上述用途生产的企业,应当依法实施强制性清洁生产审核。 3. 进口或出口十溴二苯醚,被纳入中国严格限制的有毒化学品名录的,应办理有毒化学品进(出)口环境管理放行通知单。自2024年1月1日起,禁止进出口。 4. 已禁止使用的,或者所有者申报废弃的,或者有关部门依法收缴或接收且需要销毁的十溴二苯醚,根据国家危险废物名录或者危险废物鉴别标准判定属于危险废物的,应当按照危险废物实施环境管理。 5. 土壤污染重点监管单位中涉及十溴二苯醚生产或使用的企业,应当依法建立土壤污染隐患排查制度,保证持续有效防止有毒有害物质渗漏、流失、扬散
四	短链氯化石蜡②	例如: 85535-84-8 68920-70-7 71011-12-6 85536-22-7 85681-73-8 108171-26-2	1. 禁止生产或加工使用(以下用途除外)。 (1)在天然及合成橡胶工业中生产传送带时使用的添加剂; (2)采矿业和林业使用的橡胶输送带的备件; (3)皮革业,尤其是为皮革加脂; (4)润滑油添加剂,尤其用于汽车、发电机和风能设施的发动机以及油气勘探钻井和生产柴油的炼油厂; (5)户外装饰灯管; (6)防水和阻燃油漆; (7)黏合剂; (8)金属加工; (9)柔性聚氯乙烯的第二增塑剂(但不得用于玩具及儿童产品中的加工使用); (10)以上九类用途的豁免期至2023年12月31日止。 2. 将短链氯化石蜡用于上述用途生产的企业,应当依法实施强制性清洁生产审核。 3. 进口或出口短链氯化石蜡,应办理有毒化学品进(出)口环境管理放行通知单。自2024年1月1日起,禁止进出口。 4. 已禁止使用的,或者所有者申报废弃的,或者有关部门依法收缴或接收且需要销毁的短链氯化石蜡,根据国家危险废物名录或者危险废物鉴别标准判定属于危险废物的,应当按照危险废物实施环境管理。 5. 土壤污染重点监管单位中涉及短链氯化石蜡生产或使用的企业,应当依法建立土壤污染隐患排查制度,保证持续有效防止有毒有害物质渗漏、流失、扬散

续表

编号	新污染物名称	CAS 号	主要环境风险管控措施
五	六氯丁二烯	87-68-3	1. 禁止生产、加工使用、进出口。 2. 依据《石油化学工业污染物排放标准》(GB 31571)，对涉六氯丁二烯的相关企业，实施达标排放。 3. 已禁止使用的，或者所有者申报废弃的，或者有关部门依法收缴或接收且需要销毁的六氯丁二烯，根据国家危险废物名录或者危险废物鉴别标准判定属于危险废物的，应当按照危险废物实施环境管理。严格落实化工生产过程中含六氯丁二烯的重馏分、高沸点釜底残余物等危险废物管理要求。 4. 土壤污染重点监管单位中涉及六氯丁二烯生产或使用的企业，应当依法建立土壤污染隐患排查制度，保证持续有效防止有毒有害物质渗漏、流失、扬散
六	五氯苯酚及其盐类和酯类	87-86-5 131-52-2 27735-64-4 3772-94-9 1825-21-4	1. 禁止生产、加工使用、进出口。 2. 已禁止使用的，或者所有者申报废弃的，或者有关部门依法收缴或接收且需要销毁的五氯苯酚及其盐类和酯类，根据国家危险废物名录或者危险废物鉴别标准判定属于危险废物的，应当按照危险废物实施环境管理。 3. 土壤污染重点监管单位中涉及五氯苯酚及其盐类和酯类生产或使用的企业，应当依法建立土壤污染隐患排查制度，保证持续有效防止有毒有害物质渗漏、流失、扬散
七	三氯杀螨醇	115-32-2 10606-46-9	1. 禁止生产、加工使用、进出口。 2. 已禁止使用的，或者所有者申报废弃的，或者有关部门依法收缴或接收且需要销毁的三氯杀螨醇，根据国家危险废物名录或者危险废物鉴别标准判定属于危险废物的，应当按照危险废物实施环境管理
八	全氟己基磺酸及其盐类和其相关化合物③ (PFHxS 类)	—	1. 禁止生产、加工使用、进出口。 2. 已禁止使用的，或者所有者申报废弃的，或者有关部门依法收缴或接收且需要销毁的全氟己基磺酸及其盐类和其相关化合物，根据国家危险废物名录或者危险废物鉴别标准判定属于危险废物的，应当按照危险废物实施环境管理
九	得克隆及其顺式异构体和反式异构体	13560-89-9 135821-03-3 135821-74-8	1. 自 2024 年 1 月 1 日起，禁止生产、加工使用、进出口。 2. 已禁止使用的，或者所有者申报废弃的，或者有关部门依法收缴或接收且需要销毁的得克隆及其顺式异构体和反式异构体，根据国家危险废物名录或者危险废物鉴别标准判定属于危险废物的，应当按照危险废物实施环境管理
十	二氯甲烷	75-09-2	1. 禁止生产含有二氯甲烷的脱漆剂。 2. 依据化妆品安全技术规范，禁止将二氯甲烷用作化妆品组分。 3. 依据《清洗剂挥发性有机化合物含量限值》(GB 38508)，水基清洗剂、半水基清洗剂、有机溶剂清洗剂中二氯甲烷、三氯甲烷、三氯乙烯、四氯乙烯含量总和分别不得超过 0.5%、2%、20%。 4. 依据《石油化学工业污染物排放标准》(GB 31571)、《合成树脂工业污染物排放标准》(GB 31572)、《化学合成类制药工业水污染物排放标准》(GB 21904)等二氯甲烷排放管控要求，实施达标排放。

续表

编号	新污染物名称	CAS号	主要环境风险管控措施
十	二氯甲烷	75-09-2	5. 依据《中华人民共和国大气污染防治法》，相关企业事业单位应当按照国家有关规定建设环境风险预警体系，对排放口和周边环境进行定期监测，评估环境风险，排查环境安全隐患，并采取有效措施防范环境风险。 6. 依据《中华人民共和国水污染防治法》，相关企业事业单位应当对排污口和周边环境进行监测，评估环境风险，排查环境安全隐患，并公开有毒有害水污染物信息，采取有效措施防范环境风险。 7. 土壤污染重点监管单位中涉及二氯甲烷生产或使用的企业，应当依法建立土壤污染隐患排查制度，保证持续有效防止有毒有害物质渗漏、流失、扬散。 8. 严格执行土壤污染风险管控标准，识别和管控有关的土壤环境风险
十一	三氯甲烷	67-66-3	1. 禁止生产含有三氯甲烷的脱漆剂。 2. 依据《清洗剂挥发性有机化合物含量限值》(GB 38508)，水基清洗剂、半水基清洗剂、有机溶剂清洗剂中二氯甲烷、三氯甲烷、三氯乙烯、四氯乙烯含量总和分别不得超过 0.5%、2%、20%。 3. 依据《石油化学工业污染物排放标准》(GB 31571)等三氯甲烷排放管控要求，实施达标排放。 4. 依据《中华人民共和国大气污染防治法》，相关企业事业单位应当按照国家有关规定建设环境风险预警体系，对排放口和周边环境进行定期监测，评估环境风险，排查环境安全隐患，并采取有效措施防范环境风险。 5. 依据《中华人民共和国水污染防治法》，相关企业事业单位应当对排污口和周边环境进行监测，评估环境风险，排查环境安全隐患，并公开有毒有害水污染物信息，采取有效措施防范环境风险。 6. 土壤污染重点监管单位中涉及三氯甲烷生产或使用的企业，应当依法建立土壤污染隐患排查制度，保证持续有效防止有毒有害物质渗漏、流失、扬散
十二	壬基酚	25154-52-3 84852-15-3	1. 禁止使用壬基酚作为助剂生产农药产品。 2. 禁止使用壬基酚生产壬基酚聚氧乙烯醚。 3. 依据化妆品安全技术规范，禁止将壬基酚用作化妆品组分
十三	抗生素	—	1. 严格落实零售药店凭处方销售处方药类抗菌药物，推行凭兽医处方销售使用兽用抗菌药物。 2. 抗生素生产过程中产生的抗生素菌渣，根据国家危险废物名录或者危险废物鉴别标准，判定属于危险废物的，应当按照危险废物实施环境管理。 3. 严格落实《发酵类制药工业水污染物排放标准》(GB 21903)、《化学合成类制药工业水污染物排放标准》(GB 21904)相关排放管控要求

续表

编号	新污染物名称		CAS 号	主要环境风险管控措施
十四	已淘汰类④	六溴环十二烷	25637-99-4 3194-55-6 134237-50-6 134237-51-7 134237-52-8	1. 禁止生产、加工使用、进出口。 2. 已禁止使用的，或者所有者申报废弃的，或者有关部门依法收缴或接收且需要销毁的已淘汰类新污染物，根据国家危险废物名录或者危险废物鉴别标准判定属于危险废物的，应当按照危险废物实施环境管理。 3. 已纳入土壤污染风险管控标准的，严格执行土壤污染风险管控标准，识别和管控有关的土壤环境风险
		氯丹	57-74-9	
		灭蚁灵	2385-85-5	
		六氯苯	118-74-1	
		滴滴涕	50-29-3	
		α-六氯环己烷	319-84-6	
		β-六氯环己烷	319-85-7	
		林丹	58-89-9	
		硫丹原药及其相关异构体	115-29-7 959-98-8 33213-65-9 1031-07-8	
		多氯联苯	—	

① PFOA 类是指：(i) 全氟辛酸（335-67-1），包括其任何支链异构体；(ii) 全氟辛酸盐类；(iii) 全氟辛酸相关化合物，即会降解为全氟辛酸的任何物质，包括含有直链或支链全氟基团且以其中（C_7F_{15}）C 部分作为结构要素之一的任何物质（包括盐类和聚合物）。下列化合物不列为全氟辛酸相关化合物：(i) C_8F_{17}-X，其中 X＝F，Cl，Br；(ii) $CF_3[CF_2]_n$-R′涵盖的含氟聚合物，其中 R′＝任何基团，$n>16$；(iii) 具有≥8 个全氟化碳原子的全氟烷基羧酸和膦酸（包括其盐类、脂类、卤化物和酸酐）；(iv) 具有≥9 个全氟化碳原子的全氟烷烃磺酸（包括其盐类、脂类、卤化物和酸酐）；(v) 全氟辛基磺酸及其盐类和全氟辛基磺酰氟。

② 短链氯化石蜡是指链长 C_{10} 至 C_{13} 的直链氯化碳氢化合物，且氯含量按重量计超过 48%，其在混合物中的浓度按重量计大于或等于 1%。

③ PFHxS 类是指：(i) 全氟己基磺酸（355-46-4），包括支链异构体；(ii) 全氟己基磺酸盐类；(iii) 全氟己基磺酸相关化合物，是结构成分中含有 $C_6F_{13}SO_2$—且可能降解为全氟己基磺酸的任何物质。

④ 已淘汰类新污染物的定义范围与《关于持久性有机污染物的斯德哥尔摩公约》中相应化学物质的定义范围一致。

注：1. CAS 号，即化学文摘社（Chemical Abstracts Service，缩写为 CAS）登记号。

2. 用于实验室规模的研究或用作参照标准的化学物质不适用于上述有关禁止或限制生产、加工使用或进出口的要求。除非另有规定，在产品和物品中作为无意痕量污染物出现的化学物质不适用于本清单。

3. 未标注期限的条目为国家已明令执行或立即执行。上述主要环境风险管控措施中未作规定、但国家另有其他要求的，从其规定。

4. 加工使用是指利用化学物质进行的生产经营等活动，不包括贸易、仓储、运输等活动和使用含化学物质的物品的活动。

附录 C　新污染物生态环境监测标准体系表（2024 年版）

附图 C-1　新污染物生态环境监测标准体系框架图

备注：

1.《体系表》中主要新污染物指标对标《新污染物治理行动方案》要求，涵盖了国际公约《关于持久性有机污染物的斯德哥尔摩公约》以及我国当前《重点管控新污染物清单（2023 年版）》中所列持久性有机污染物、内分泌干扰物、抗生素等，同时也包含了微塑料等其他重点新污染物。未来将根据国际公约和管控清单更新情况进行指标增减。

2. 因目前新污染物自动和便携监测仪器尚未发展成熟，暂不考虑仪器及系统技术要求类标准，因此，标准类型主要有生态环境监测技术规范（以下简称技术规范）、生态环境监测分析方法标准（以下简称分析方法标准）和生态环境标准样品（以下简称标准样品）三类。《体系表》所列标准项目与已有现行生态环境监测标准保持衔接，互为补充，不重复、不矛盾。技术规范类标准项目为新污染物环境监测技术指南、高分辨质谱筛查技术指南等。分析方法标准项目涉及的监测介质主要为水和废水、环境空气和废气、土壤和沉积物、固体废物，其中，对于水溶性较弱的指标，暂不考虑水和废水监测介质，对于挥发性较弱的指标，暂不考虑环境空气和废气监测介质。标准样品主要配套分析方法标准。

附表 C-1　我国新污染物标准分析方法汇总表

序号	新污染物名称	标准类型及标准项目名称	标准号
1	全氟化合物（PFOS类、PFOA类和PFHxS类）	水质　全氟辛基磺酸和全氟辛酸及其盐类的测定　同位素稀释/液相色谱-三重四极杆质谱法	HJ 1333—2023
2		水质　17种全氟化合物的测定　高效液相色谱串联质谱法	DB32/T 4004—2021
3		土壤和沉积物　全氟辛基磺酸和全氟辛酸及其盐类的测定　同位素稀释/液相色谱-三重四极杆质谱法	HJ 1334—2023
4		环境空气和废气　三氟甲烷、四氟甲烷、六氟乙烷和六氟化硫的测定　气相色谱-质谱法	HJ 1392—2024
5	多溴联苯醚（十溴、八溴和五溴类）	水质　苯甲醚和甲基叔丁基醚的测定　吹扫捕集/气相色谱-质谱法	HJ 1363—2024
6		水质　多溴二苯醚的测定　气相色谱-质谱法	HJ 909—2017
7		土壤和沉积物　20种多溴联苯的测定　气相色谱-高分辨质谱法	HJ 1243—2022
8		土壤和沉积物　多溴二苯醚的测定　气相色谱-质谱法	HJ 952—2018
9		环境空气 26种多溴二苯醚的测定　高分辨气相色谱-高分辨质谱法	HJ 1270—2022
10		固定污染源废气　氯甲基甲醚和二氯甲基醚的测定　气相色谱法	HJ 1390—2024
11		电子电气产品　六种限用物质(铅、汞、镉、六价铬、多溴联苯和多溴二苯醚)的测定	GB/T 26125—2011
12		塑料制品中多溴联苯和多溴二苯醚的测定　气相色谱-质谱法	GB/T 37639—2019
13		塑料制品中多溴联苯和多溴二苯醚的测定　高效液相色谱法	GB/T 37638—2019
14	得克隆及其异构体	水质　得克隆的测定　气相色谱-质谱联用法	T/ZJEEMA 0007—2024
15	短链氯化石蜡	消费品中重点化学物质检测方法　第1部分:短链氯化石蜡	GB/T 44165.1—2024
16		玩具材料中短链氯化石蜡含量的测定　气相色谱-质谱联用法	GB/T 41524—2022
17		纺织品　短链氯化石蜡的测定	GB/T 40263—2021
18		氯化石蜡产品中短链氯化石蜡的检测方法	T/CCASC 3001—2020
19		皮革和毛皮　化学试验　短链氯化石蜡的测定	GB/T 38405—2019
20		纺织染整助剂产品中短链氯化石蜡的测定	GB/T 38268—2019
21		电子电气产品中短链氯化石蜡的测定　气相色谱-质谱法	GB/T 33345—2016
22	二氯甲烷、三氯甲烷、六氯丁二烯	水质　挥发性有机物的测定　顶空/气相色谱-质谱法	HJ 810—2016
23		水质　挥发性有机物的测定　吹扫捕集/气相色谱-质谱法	HJ 639—2012
24		土壤和沉积物　挥发性有机物的测定　顶空/气相色谱法	HJ 741—2015

续表

序号	新污染物名称	标准类型及标准项目名称	标准号
25	二氯甲烷、三氯甲烷、六氯丁二烯	土壤和沉积物　挥发性有机物的测定　吹扫捕集/气相色谱-质谱法	HJ 605—2011
26		环境空气　65 种挥发性有机物的测定　罐采样/气相色谱-质谱法	HJ 759—2023
27		环境空气　挥发性有机物的测定　吸附管采样-热脱附/气相色谱-质谱法	HJ 644—2013
28		固定污染源废气　挥发性有机物的测定　固相吸附-热脱附/气相色谱-质谱法	HJ 734—2014
29		固体废物　挥发性有机物的测定　顶空/气相色谱-质谱法	HJ 643—2013
30	五氯苯酚及其盐类和酯类	水质　五氯酚的测定　气相色谱法	HJ 591—2010
31		水质　酚类化合物的测定　液液萃取/气相色谱法	HJ 676—2013
32		水质　酚类化合物的测定　气相色谱-质谱法	HJ 744—2015
33		渔业水体中五氯苯酚的测定　液相色谱-串联质谱法	DB43/T 1833—2020
34		土壤和沉积物　半挥发性有机物的测定　气相色谱-质谱法	HJ 834—2017
35		土壤和沉积物　酚类化合物的测定　气相色谱法	HJ 703—2014
36		皮革和毛皮　化学试验　含氯苯酚的测定	GB/T 22808—2021
37		食品安全国家标准　动物源性食品中五氯酚残留量的测定　液相色谱-质谱法	GB 23200.92—2016
38		化妆品中禁用物质 2,4,6-三氯苯酚、五氯苯酚和硫氯酚的测定　高效液相色谱法	GB/T 30929—2014
39		纸、纸板和纸浆　水抽提液中五氯苯酚的测定	GB/T 25002—2010
40	壬基酚	水质　9 种烷基酚类化合物和双酚 A 的测定　固相萃取/高效液相色谱法	HJ 1192—2021
41		食品安全国家标准　食品中壬基酚的测定	GB 5009.302—2025
42		皮革和毛皮　烷基酚及烷基酚聚氧乙烯醚的测定　第 2 部分:间接法	GB/T 33285.2—2024
43		化妆品中壬基苯酚的测定　液相色谱-质谱/质谱法	GB/T 29675—2013
44	二噁英类	水质　二噁英类的测定　同位素稀释高分辨气相色谱-高分辨质谱法	HJ 77.1—2008
45		土壤、沉积物　二噁英类的测定　同位素稀释/高分辨气相色谱-低分辨质谱法	HJ 650—2013
46		土壤和沉积物　二噁英类的测定　同位素稀释高分辨气相色谱-高分辨质谱法	HJ 77.4—2008
47		环境空气和废气　二噁英类的测定　同位素稀释高分辨气相色谱-高分辨质谱法	HJ 77.2—2008
48		固体废物　二噁英类的测定　同位素稀释高分辨气相色谱-高分辨质谱法	HJ 77.3—2008

续表

序号	新污染物名称	标准类型及标准项目名称	标准号
49	三氯杀螨醇	茶叶中 519 种农药及相关化学品残留量的测定　气相色谱-质谱法	GB/T 23204—2008
50		水质　有机氯农药和氯苯类化合物的测定　气相色谱-质谱法	HJ 699—2014
51	抗生素	水质　18 种磺胺类抗生素和甲氧苄氨嘧啶的测定　高效液相色谱-三重四极杆质谱法	HJ 1398—2024
52		食品安全国家标准　动物性食品中 β-受体激动剂残留量的测定　液相色谱-串联质谱法	GB 31658.22—2022
53		动物源食品中阿维菌素类药物残留的测定　酶联免疫吸附法	GB/T 21319—2007
54		动物源性食品中 14 种喹诺酮药物残留检测方法　液相色谱-质谱/质谱法	GB/T 21312—2007
55		消毒剂与抗抑菌剂中抗菌药物检测方法与评价要求	WS/T 684—2020
56	毒杀芬	环境空气　指示性毒杀芬的测定　气相色谱-质谱法	HJ 852—2017
57		土壤和沉积物　毒杀芬的测定　气相色谱-三重四极杆质谱法	HJ 1290—2023
58	六溴环十二烷	电子电气产品中六溴环十二烷的测定　气相色谱-质谱联用法	GB/T 29785—2013
59		玩具中四溴双酚 A 和六溴环十二烷含量的测定　高效液相色谱-串联质谱法	GB/T 38415—2019
60		建筑用绝热制品　六溴环十二烷的限值	GB/T 41077—2021
61	多氯联苯	水质　多氯联苯的测定　气相色谱-质谱法	HJ 715—2014
62		固定污染源废气　12 种多氯联苯的测定　同位素稀释/高分辨气相色谱-高分辨质谱法	HJ 1389—2024
63		土壤和沉积物　多氯联苯混合物的测定　气相色谱法	HJ 890—2017
64		土壤和沉积物　多氯联苯的测定　气相色谱-质谱法	HJ 743—2015
65		环境空气　多氯联苯的测定　气相色谱法	HJ 903—2017
66		环境空气　多氯联苯混合物的测定　气相色谱法	HJ 904—2017
67		环境空气　多氯联苯的测定　气相色谱-质谱法	HJ 902—2017
68		固体废物　多氯联苯的测定　气相色谱-质谱法	HJ 891—2017

续表

序号	新污染物名称	标准类型及标准项目名称	标准号
69	有机氯农药（艾氏剂、氯丹、十氯酮、狄氏剂、异狄氏剂、七氯、五氯苯、六氯苯、α-六氯环己烷、β-六氯环己烷、林丹、灭蚁灵、硫丹原药及其相关异构体、甲氧滴滴涕、滴滴涕）	水质　17 种杂环类农药的测定　高效液相色谱法	HJ 1395—2024
70		水质　有机氯农药和氯苯类化合物的测定　气相色谱-质谱法	HJ 699—2014
71		土壤和沉积物　有机氯农药的测定　气相色谱法	HJ 921—2017
72		土壤和沉积物　有机氯农药的测定　气相色谱-质谱法	HJ 835—2017
73		环境空气　有机氯农药的测定　高分辨气相色谱-高分辨质谱法	HJ 1224—2021
74		环境空气　有机氯农药的测定　气相色谱法	HJ 901—2017
75		环境空气　有机氯农药的测定　气相色谱-质谱法	HJ 900—2017
76		固体废物　有机氯农药的测定　气相色谱-质谱法	HJ 912—2017